教育部高等学校电子信息类专业教学指导委员会规划教材

高等学校电子信息类专业系列教材·新形态教材

MATLAB

程序设计与实战

（微课视频版）

汤全武　主编

汤哲君　刘馨阳　副主编

清华大学出版社

北京

内 容 简 介

本书系统介绍 MATLAB 的程序设计基础知识以及 MATLAB 在信息系统中的应用实例。全书共9章。

为便于读者高效学习，快速掌握 MATLAB 程序设计与实践。作者为本书精心设计了丰富的学习资源，包括扩展资源、教学课件、源代码（约5万行）、微课视频教程（53个）以及在线答疑服务等。

本书适合作为高等院校理工科专业，尤其是新工科类（电子信息工程、电子科学技术、自动化、电气工程、通信工程、电气工程及其自动化、网络工程等）专业学生的教材，也可以作为相关专业研究生、科研与工程技术人员的参考用书。

图书在版编目（CIP）数据

MATLAB 程序设计与实战：微课视频版/汤全武主编. —北京：清华大学出版社，2022.1（2023.8重印）
高等学校电子信息类专业系列教材　新形态教材
ISBN 978-7-302-59386-7

Ⅰ. ①M… Ⅱ. ①汤… Ⅲ. ①Matlab 软件－高等学校－教材 Ⅳ. ①TP317

中国版本图书馆 CIP 数据核字（2021）第 211603 号

责任编辑：曾　珊　李　晔
封面设计：李召霞
责任校对：李建庄
责任印制：刘海龙

出版发行：清华大学出版社
　　　网　　　址：http://www.tup.com.cn, http://www.wqbook.com
　　　地　　　址：北京清华大学学研大厦 A 座　　　邮　　编：100084
　　　社 总 机：010-83470000　　　邮　　购：010-62786544
　　　投稿与读者服务：010-62776969，c-service@tup.tsinghua.edu.cn
　　　质量反馈：010-62772015，zhiliang@tup.tsinghua.edu.cn
　　　课件下载：http://www.tup.com.cn，010-83470236
印 装 者：大厂回族自治县彩虹印刷有限公司
经　　销：全国新华书店
开　　本：185mm×260mm　　印　张：24.25　　字　　数：592 千字
版　　次：2022 年 1 月第 1 版　　印　　次：2023 年 8 月第 2 次印刷
印　　数：2501～3500
定　　价：69.00 元

产品编号：084996-01

前言
FOREWORD

MATLAB 软件是最流行、应用最广泛的科学计算软件之一。它具有强大的矩阵计算功能、数值计算功能、符号运算功能、M 语言编程功能、数据可视化功能、用户界面设计功能、系统仿真分析功能以及众多的工具箱。广泛应用于科学计算、信号处理与通信、图像处理与地理信息、信号测量测试、数学建模与分析、控制设计与分析、财经金融建模与分析等领域；成为高等数学、线性代数、概率论与数理统计、信号与系统、数字信号处理、数字图像处理、自动控制原理等课程的基本教学工具。同时，国内外众多高校对本科生和研究生开设了MATLAB 课程，MATLAB 成为学生必须掌握的基本语言之一，成为教师、科研人员和工程师们进行教学、科学研究和生产设计分析的一个基本工具。

本书以 MATLAB 2020a 为蓝本，结合作者 20 多年从事 MATLAB 语言课程教学、课程改革、毕业设计指导和利用 MATLAB 进行科学研究的经验编著而成，对 MATLAB 的应用所涉及的基本内容及前沿技术由浅入深、由易到难进行介绍，注重实践应用，以案例为驱动，激发学生的学习热情，探索"新工科"建设的新理念、新模式、新方法，助力新工科建设。本书具有以下特点：

（1）由浅入深，循序渐进。每章均给出学习要点和学习目标，以先基础后应用、先理论后实践、循序渐进的原则进行编排，便于读者学习和掌握 MATLAB 语言及其编程方法。

（2）内容丰富，例题新颖。本书结合作者多年的 MATLAB 语言课程教学和使用经验，详细介绍 MATLAB 的基本内容，列举丰富的例题和应用实例，便于读者更好地理解和掌握MATLAB 的各种函数和命令。

（3）理论简洁，实例典型。介绍 MATLAB 基础内容简洁，分析使用方法和技巧详尽，实际工程应用案例算法严谨，从而引导读者更好地用 MATLAB 解决专业领域的实际应用问题。

（4）精心编排，便于查阅。将相关内容和函数命令通过表格的形式归纳总结，便于读者在学习的同时，翻阅查找相关部分的命令、函数。

（5）资源丰富，实训巧妙。本书提供配套的电子教案、教学大纲、所有例题和应用实例的源代码、教材微视频 53 个（通过扫描教材中所附的二维码即可观看）、6 个工具箱（5G 工具箱、计算机视觉工具箱、音频工具箱、信号处理工具箱、通信工具箱、控制系统工具箱）功能简介（通过扫描教材中所附的二维码即可查看）等教学资料。为了便于读者上机做实验，每章提供了相应的实训内容。

本书包括 9 章内容。

第 1 章：MATLAB 概述，主要介绍 MATLAB 及其通用命令、工具箱及模块、MATLAB 的帮助系统、MATLAB 的数据类型、MATLAB 的运算符。

第 2 章：MATLAB 矩阵运算及应用，主要介绍矩阵创建、矩阵的运算、矩阵的分析、稀疏矩阵、矩阵及其运算应用。

第 3 章：MATLAB 数值计算及应用，主要介绍多项式计算、数据统计与分析、数据插值、数值微积分及应用。

第 4 章：MATLAB 符号运算及应用，主要介绍符号运算、符号函数的导数、符号函数的积分、级数、符号方程求解、符号运算应用。

第 5 章：MATLAB 程序设计及应用，主要介绍 M 文件、程序控制结构、函数文件、程序调试、程序设计应用。

第 6 章：MATLAB 绘图及应用，主要介绍二维绘图、三维绘图、隐函数绘图、绘图应用。

第 7 章：MATLAB GUI 设计及应用，主要介绍句柄图形对象、控件和属性的基本原理及操作、用户菜单的建立、GUI 的设计原则及步骤、对话框的设计、回调函数的使用、可视化图形用户界面设计。

第 8 章：MATLAB 工具箱及应用，主要介绍 MATLAB 工具箱、MATLAB 信号处理工具箱及应用、MATLAB 通信系统工具箱及应用、MATLAB 控制系统工具箱及应用。

第 9 章：Simulink 仿真及应用，主要介绍 Simulink 操作基础、Simulink 的建模与仿真、Simulink 公共模块库、子系统及其封装技术、用 MATLAB 命令创建和运行 Simulink 模型，以及应用实例。

本书适合作为高等院校理工科专业，尤其是新工科类(电子信息工程、电子科学技术、自动化、电气工程、通信工程、电气工程及其自动化、网络工程等)专业的教学用书，也可以作为研究生、科研与工程技术人员的参考用书。建议授课学时为 48 学时，若为 32 学时，可以省略每章的应用案例讲授，留给学生自学。同时，作者为本书精心配套了丰富的学习资源。便于读者高效学习，快速掌握 MATLAB 程序设计与实践。

本书由汤全武任主编，汤哲君、刘馨阳任副主编。第 1、8、9 章由汤全武(宁夏大学)编写，第 2、3、4 章由汤哲君(浙江大学伊利诺伊大学厄巴纳香槟校区联合学院)编写，第 5 章由张然(宁夏警官职业学院)编写，第 6 章由史崇升(中国电信有限公司宁夏分公司)编写，第 7 章由刘馨阳(宁夏大学新华学院)编写。研究生何昊瀚同学为本书录制了相应的微视频，朱赫同学参与收集整理了部分资料。在本书的编写过程中，作者参考和引用了相关教材和资料，在此一并向教材和资料的作者表示诚挚的谢意。同时，非常感谢本书的责任编辑曾珊以及清华大学出版社的同仁。

本书是宁夏回族自治区"十三五"电气信息类重点专业群建设的研究成果之一，并得到了该项目的资助；同时是 2020 年第一批教育部产学合作育人项目的研究成果；也是宁夏大学西部一流专业计划"电子信息工程(卓越工程师方向)"建设的成果之一，并得到了该项目的资助。

为了便于教师教学，本书提供配套的电子教案、教学大纲、所有例题和应用实例的源代码、教材微视频 53 个和 6 个工具箱功能简介(扫描书中的二维码即可查看)等教学资料，可到清华大学出版社网站本书页面下载。欢迎选用本书作为教材的教师联系作者索取实训内容源代码，联系邮箱：tangqw@nxu.edu.cn。

由于编者的水平有限，书中难免存在不妥之处，欢迎使用本书的教师、学生和科技人员批评指正，殷切希望得到读者使用本书的宝贵意见与建议(邮箱：tangqw@nxu.edu.cn)，以便再版时改进和提高。

编　者

2021 年 10 月

学习建议
STUDY SUGGESTION

本课程的授课对象为电子信息工程、电子科学技术、自动化、电气工程、通信工程、电气工程及其自动化、网络工程等专业的本科生,课程类别属于专业基础类。参考学时为48学时,包括课程理论教学环节32学时和实验教学环节16学时,若为32学时,可以省略每章的应用案例讲授,留给学生自学。

课程理论教学环节主要包括课堂讲授和演示教学。理论教学以课堂讲授为主,部分内容可以通过学生自学加以理解和掌握。演示教学针对课程内容涉及的各种案例进行演示、分析和探讨,要求学生根据教师的课堂演示和讨论结果在课后进行实验,重复课堂的演示过程,并就实验过程中出现的各种问题进行课内讨论讲评。同时,本书配有多个微视频。

微视频索引

实验教学环节针对每章的内容进行安排,由于实验内容较多,有些实验存在较大难度,部分学生可能无法按时在实验课时内完成,此时允许学生课后继续自学完成,老师进一步提供在线支持和问题答疑。因为本门课程的工程实践性非常强,实验老师应该确保每位同学独立地完成相应的实验内容,并且在实验课堂上负责点评和检查。

本课程的主要知识点、重点及课时分配见下表。

章　题	知 识 单 元	要求	重　　点	推荐学时
第1章 MATLAB概述	1.1 MATLAB简介	了解	（1）MATLAB各种表达式的书写规则及常用函数的使用； （2）MATLAB的运算规则	4
	1.2 MATLAB的常用命令简介	了解		
	1.3 MATLAB的工具箱及模块简介	了解		
	1.4 MATLAB的帮助系统	了解		
	1.5 MATLAB的数据类型	掌握		
	1.6 MATLAB的运算符	掌握		
	实训项目一	掌握		
第2章 MATLAB矩阵运算及应用	2.1 矩阵创建	掌握	（1）矩阵的创建方法； （2）矩阵分析的方法； （3）矩阵的运算及其实际应用	4
	2.2 矩阵的运算	掌握		
	2.3 矩阵的分析	掌握		
	2.4 稀疏矩阵	理解		
	2.5 矩阵及其运算应用	掌握		
	实训项目二	掌握		
第3章 MATLAB数值计算及应用	3.1 多项式计算	掌握	（1）多项式的运算； （2）常用的数据统计与分析的基本方法； （3）数据插值的基本方法； （4）数值微积分的原理	4
	3.2 数据统计与分析	理解		
	3.3 数据插值	理解		
	3.4 数值微积分	掌握		
	3.5 应用实例	掌握		
	实训项目三	掌握		

续表

章　题	知 识 单 元	要求	重　　点	推荐学时
第4章 MATLAB 符号运算及应用	4.1 符号运算基础	掌握	(1) 符号表达式的运算规则以及符号矩阵运算; (2) 符号函数极限及导数的方法; (3) 符号函数定积分和不定积分的方法; (4) 微分方程和代数方程符号求解的方法	4
	4.2 符号函数的导数	掌握		
	4.3 符号函数的积分	掌握		
	4.4 级数	理解		
	4.5 符号方程求解	掌握		
	4.6 符号运算应用实例	掌握		
	实训项目四	掌握		
第5章 MATLAB 程序设计及应用	5.1 M文件	理解	(1) MATLAB 的 3 种程序控制结构; (2) MATLAB 函数文件的编写方法; (3) MATLAB 的程序设计应用	8
	5.2 程序控制结构	掌握		
	5.3 函数文件	掌握		
	5.4 程序调试	了解		
	5.5 程序设计应用	掌握		
	实训项目五	掌握		
第6章 MATLAB 绘图及应用	6.1 二维绘图	掌握	(1) MATLAB 基本二维图形、三维图形的绘制及基本操作; (2) MATLAB 特殊图形的绘制,如柱状图、饼状图; (3) MATLAB 绘图的应用	8
	6.2 三维绘图	掌握		
	6.3 隐函数绘图	理解		
	6.4 绘图应用	掌握		
	实训项目六	掌握		
第7章 MATLAB GUI 设计及应用	7.1 GUI 的常见设计技术	理解	(1) MATLAB 图形对象属性的设置及其访问; (2) 控件和属性的基本原理和操作; (3) 用户菜单的建立; (4) 对话框设计的原理和操作	4
	7.2 菜单设计	掌握		
	7.3 对话框设计	掌握		
	7.4 可视化图形用户界面设计	掌握		
	7.5 基于 MATLAB GUI 的日历设计	理解		
	实训项目七	掌握		
第8章 MATLAB 工具箱及应用	8.1 MATLAB 工具箱	了解	(1) MATLAB 信号处理工具箱及应用; (2) MATLAB 通信系统工具箱及应用; (3) MATLAB 控制系统工具箱及应用	4
	8.2 MATLAB 信号处理工具箱及应用	理解		
	8.3 MATLAB 通信工具箱及应用	理解		
	8.4 MATLAB 控制系统工具箱及应用	理解		
	实训项目八	掌握		
第9章 Simulink 仿真及应用	9.1 Simulink 操作基础	掌握	(1) Simulink 的操作; (2) Simulink 的建模与仿真的方法; (3) 子系统及其封装技术的方法	6
	9.2 Simulink 的建模与仿真	掌握		
	9.3 Simulink 公共模块库	了解		
	9.4 子系统及其封装技术	理解		
	9.5 用 MATLAB 命令创建和运行 Simulink 模型	了解		
	9.6 应用实例	掌握		
	实训项目九	掌握		
	综合复习		归纳总结	2

CONTENTS

目 录

第1章

MATLAB 概述

MATLAB 源于 Matrix Laboratory，即矩阵实验室，是由美国 MathWorks 公司发布的主要面对科学计算、数据可视化、系统仿真以及交互式程序设计的高科技计算环境。主要应用于工程计算、控制设计、信号处理与通信、图像处理、信号检测、金融建模设计与分析等领域。MATLAB 软件的官方网站为 http://www.mathworks.com，中国网站为 http://www.mathworks.cn/。

本章要点：

（1）MATLAB 及其通用命令、工具箱及模块简介。

（2）MATLAB 的帮助系统。

（3）MATLAB 的数据类型。

（4）MATLAB 的运算符。

学习目标：

（1）了解 MATLAB 语言的基本特点和基本功能。

（2）了解 MATLAB 的基本界面。

（3）了解 MATLAB 的通用命令。

（4）了解 MATLAB 的帮助系统。

（5）了解 MATLAB 的数据类型及字符串的生成。

（6）掌握 MATLAB 各种表达式的书写规则及常用函数的使用。

（7）掌握 MATLAB 的运算规则。

1.1 MATLAB 简介

MATLAB 将数值分析、矩阵计算、科学数据可视化以及非线性动态系统的建模和仿真等诸多强大功能集成在一个易于使用的视窗环境中，为科学研究、工程设计以及必须进行有效数值计算的众多科学领域提供了一种全面的解决方案，并在很大程度上摆脱了传统非交互式程序设计语言（如 C、FORTRAN）的编辑模式，代表了当今国际科学计算软件的先进水平。

MATLAB 和 Mathematica、Maple 并称为三大数学软件。它在数学类科技应用软件中在数值计算方面首屈一指。MATLAB 软件提供了大量的工具箱，可以用于工程计算、控制设计、信号处理与通信、图像处理、信号检测、金融建模设计与分析等领域，解决这些应用领域内特定类型的问题。MATLAB 的基本数据单位是矩阵,非常符合科技人员对数学表达式的书写格式,利用 MATLAB 解决问题要比 C 或 FORTRAN 等语言简单方便得多。

目前 MATLAB 软件已经发展成为适合多学科、多种工作平台的功能强大的大型软件。在欧美等高等学校,MATLAB 软件已经成为线性代数、数字信号处理、动态系统仿真等课程的基本教学工具。

1.1.1　MATLAB 的发展

20 世纪 70 年代,美国新墨西哥大学计算机科学系主任 Cleve Moler 为了减轻学生编程的负担,用 FORTRAN 编写了最早的 MATLAB。1984 年由 John Little、Cleve Moler、Steve Bangerth 合作成立了 MathWorks 公司,正式把 MATLAB 推向市场。此后的各 MATLAB 版本都是用 C 语言编写。到 20 世纪 90 年代,MATLAB 已成为国际控制界的标准计算软件。

MATLAB 支持 UNIX、Linux 和 Windows 等多种操作系统。MATLAB 版本更新非常快,现在每年更新两次,上半年推出 a 版本,下半年推出 b 版本。MATLAB 主要版本如表 1-1 所示。

表 1-1　MATLAB 的发展

版　　本	编　　号	发 布 时 间	版　　本	编　　号	发 布 时 间
MATLAB 1.0	—	1984 年	MATLAB 7.10	R2010a	2010 年
MATLAB 2	—	1986 年	MATLAB 7.11	R2010b	2010 年
MATLAB 3	—	1987 年	MATLAB 7.12	R2011a	2011 年
MATLAB 3.5	—	1990 年	MATLAB 7.13	R2011b	2011 年
MATLAB 4	—	1992 年	MATLAB 7.14	R2012a	2012 年
MATLAB 4.2c	R7	1994 年	MATLAB 8.0	R2012b	2012 年
MATLAB 5.0	R8	1996 年	MATLAB 8.1	R2013a	2013 年
MATLAB 5.1	R9	1997 年	MATLAB 8.2	R2013b	2013 年
MATLAB 5.2	R10	1998 年	MATLAB 8.3	R2014a	2014 年
MATLAB 5.3	R11	1999 年	MATLAB 8.4	R2014b	2014 年
MATLAB 6.0	R12	2000 年	MATLAB 8.5	R2015a	2015 年
MATLAB 6.5	R13	2002 年	MATLAB 8.6	R2015b	2015 年
MATLAB 7	R14	2004 年	MATLAB 9.0	R2016a	2016 年
MATLAB 7.2	R2006a	2006 年	MATLAB 9.1	R2016b	2016 年
MATLAB 7.3	R2006b	2006 年	MATLAB 9.2	R2017a	2017 年
MATLAB 7.4	R2007a	2007 年	MATLAB 9.3	R2017b	2017 年
MATLAB 7.5	R2007b	2007 年	MATLAB 9.4	R2018a	2018 年
MATLAB 7.6	R2008a	2008 年	MATLAB 9.5	R2018b	2018 年
MATLAB 7.7	R2008b	2008 年	MATLAB 9.6	R2019a	2019 年
MATLAB 7.8	R2009a	2009 年	MATLAB 9.7	R2019b	2019 年
MATLAB 7.9	R2009b	2009 年	MATLAB 9.8	R2020a	2020 年

1.1.2　MATLAB 的基本功能

MATLAB 将高性能的数值计算和可视化功能集成在一起,并提供了大量的内置函数,从而被广泛地应用于科学计算、控制系统和信息处理等领域的分析、仿真和设计工作,而且利用 MATLAB 产品的开放式结构可以很容易地对 MATLAB 的功能进行扩充,从而在不断深化对问题的认识的同时,不断完善 MATLAB 产品以提高产品自身的竞争能力。可靠的数值计算和符号计算功能、强大的绘图功能、简单易学的语言体系以及为数众多的应用工具箱是 MATLAB 区别于其他科技应用软件的显著标志。

1. 数值计算与符号计算功能

MATLAB 以矩阵作为数据操作的基本单位,这使得矩阵运算变得非常简洁、方便、高效。MATLAB 的数值计算功能是 MATLAB 的重要组成部分,也是最基础的部分,包括线性代数和矩阵分析与变换、数据处理与基本统计、快速傅里叶变换(FFT)、相关与协方差分析、稀疏矩阵运算、三角及其他初等函数、Bessel、beta 及其他特殊函数、线性方程及微分方程求解、多维数组的支持等各种算法。高质量的数值计算功能为 MATLAB 赢得了声誉。

在实际应用中,除了数值计算外,往往需要得到问题的解析解,这属于符号计算的领域。MATLAB 和著名的计算语言 Maple 相结合,使其具有了符号计算功能。

2. 图形化显示功能

MATLAB 自诞生之日起就具有数据可视化功能,将向量和矩阵用图形表现出来,并且可以对图形进行标注和打印。高层绘图包括二维绘图、三维绘图,例如,散点图、直线图、封闭折线图、网线图、等值线图、极坐标图、直方图等丰富多样的数据可视化手段;交互的文本注释编辑能力;提供文件 I/O 来显示绘制图形,支持多种图像文件格式,例如,EPS、TIFF、JPEG、PNG、BMP、HDF、AVI、PCX 等;软硬件支持的 OpenGL 渲染;支持动画和声音;多种光源设置、照相机和透视控制;对图形界面元素提供了交互式可编程的控制方法——句柄图形;能够打印或者导出数据图形文件到其他的应用程序,例如,Word 和 PowerPoint 中,共享开发的结果。

3. M 语言编程功能

MATLAB 具有程序结构控制、函数调用、数据结构、输入/输出、面向对象等程序语言特征,所以也可以像使用 BASIC、FORTRAN、C 等传统编程语言一样,使用 MATLAB 语言进行程序设计,而且简单易学、编程效率高。

用户可以在 MATLAB 中使用 M 语言编写脚本文件或者函数以实现用户所需要的功能。MATLAB 语法简单,许多语句类似于通常的数学表达式,再加上运用函数库,使得许多在 C 语言或 FORTRAN 语言中需要用大量语句处理的问题,在 MATLAB 中用很简单的语句就可以解决。

4. 编译功能

MATLAB 可以通过编译器将用户编写的 M 文件或者函数生成函数库,支持 Java 语言编程,提供 COM 服务和 COM 控制,输入输出各种 MATLAB 及其他标准格式的数据文件。通过这些功能,将 MATLAB 源程序编译为独立于 MATLAB 集成环境运行的 EXE 文件以及将 MATLAB 程序转换为 C 语言程序的编译器,使 MATLAB 能够同其他高级编程语言混合使用,大大提高了实用性。

5. 图形用户界面开发功能

利用图形化的工具创建图形用户界面开发环境(guide),支持多种界面元素:按钮

(push button)、单选按钮(radio button)、复选框(check box)、滑块(slider)、文本编辑框(edit box)和 ActiveX 控件,并提供界面外观、属性、行为响应等设置方式来实现相应的功能。利用图形界面,用户可以很方便地和计算机进行交流。

6. Simulink 建模仿真功能

Simulink 是 MATLAB 的重要组成部分,可以用来对各种动态系统进行建模、分析和仿真。Simulink 包含了强大的功能模块,而且可通过简单的图形拖曳、连线等操作构建出系统框图模型,同时,Simulink 与基于有限状态机理论的 Stateflow 紧密集成,可以针对任何能用数学来描述的系统进行建模。

7. 自动代码生成功能

自动代码生成工具主要有 Real-Time Workshop 和 Stateflow Coder,通过代码生成工具可以直接将 Simulink 与 Stateflow 建立的模型转换为简洁可靠的程序代码,操作简单,整个代码生成的过程都是自动完成的,极大地方便了用户。

8. 专业应用工具箱

MATLAB 的工具箱加强了对工程及科学中特殊应用的支持。这些工具箱对工程师十分友好,可扩展性强。将某几个工具箱联合使用,可以得到一个功能强大的计算组合包,满足工程师的特殊要求。于是,MATLAB 产品被广泛应用于科学计算、信号处理与通信、图像处理与地理信息、信号测量测试、数学建模与分析、控制设计与分析、财经金融建模与分析等领域。

1.1.3　MATLAB 的特点

由于 MATLAB 软件功能强大,而且简单易学,已经成为高校教师、科研人员和工程技术人员的必学软件,能够极大地提高工作效率和质量。与其他的计算机高级语言相比,MATLAB 软件有许多非常明显的优点。

1. 界面友好,容易使用

MATLAB 软件中有很多的工具,这些基本都采用图形用户界面。MATLAB 的用户界面非常接近 Windows 的标准界面,操作简单,界面比较友好。最新的 MATLAB 版本提供了完整的联机查询、帮助系统,极大地方便了用户的使用。MATLAB 软件提供的 M 文件调试环境也非常简单,能够很好地报告出现的错误及出错的原因。MATLAB 软件是采用 C 语言开发的,它的流程控制语句和语法与 C 语言非常相近。如果初学者有 C 语言的基础,就会很容易地掌握 MATLAB 编程和开发。MATLAB 编程语言非常符合科技人员对数学表达式的书写格式,便于非计算机专业人员使用。MATLAB 语言可移植性好、可拓展性强,已经广泛应用于科学研究及工程计算各个领域。

2. 强大的科学计算和数据处理能力

MATLAB 软件的内部函数库提供了非常丰富的函数,可以方便地实现用户所需的各种科学计算和数据处理功能。这些函数所采用的算法包含了科研和工程计算中的最新研究成果,并经过了各种优化和容错处理。这些内部函数经过了无数次的检验和验证,稳定性非常好,出错的可能性非常小。利用 MATLAB 软件进行科学计算和数据处理,相当于站在巨人的肩膀上,可以节省用户大量的编程时间。用户可以将自己主要的精力放到更具有创造性的工作上,把烦琐的底层工作交给 MATLAB 软件的内部函数去做。

3. 强大的图形处理功能

MATLAB 软件具有非常强大的数据可视化功能,可非常方便地绘制各种复杂的二维图形、三维图形和多维图形。MATLAB 具有强大的图形处理功能,自带很多绘图函数,还可以非常方便地给图形添加标注、标题、坐标轴等。MATLAB 对于三维图形,还可以设置视角、色彩控制及光照效果等。此外,MATLAB 软件还可以创建三维动画效果及隐函数绘图等,可用于科学计算和工程绘图。

4. 应用广泛的专业领域工具箱

在 MATLAB 软件对许多专门的领域都开发了功能强大的工具箱,在 MATLAB 软件中共有 50 多个工具箱。这些工具箱都是由特定领域的专家开发的,用户可以直接使用工具箱学习、应用和评估不同的方法而不需要自己编写代码。MATLAB 工具箱中的函数源代码都是可读和可修改的,用户可通过对源程序的修改或加入自己编写的程序可构造新的专用工具箱。

5. 实用的程序接口

MATLAB 软件是一个开放的平台。通过 MATLAB 软件的外部程序接口,用户可以非常方便地利用 MATLAB 同其他的开发语言或软件进行交互,发挥各自的优势,提高工作效率。利用 MATLAB 软件的编译器可以将 M 文件转换为可执行文件或动态连接库,可以独立于 MATLAB 软件运行。在 MATLAB 软件中,还可以调用 C/C++语言、FORTRAN 语言、Java 语言等编写的程序。此外,MATLAB 软件还可以和办公软件,例如 Word 和 Excel 软件等进行很好的交互。

1.1.4　MATLAB 的安装、退出及卸载

MATLAB 的安装非常简单,将 MATLAB 安装光盘插入到光驱,然后直接运行 setup.exe 进行安装。下面详细介绍 MATLAB 2020a 的安装、退出和卸载过程。

1. MATLAB 的安装

(1) 右击 MATLAB R2020a 压缩包,选择解压。打开解压之后的文件夹,双击打开 MATLAB R2020a.iso 文件(Windows 7 系统需先解压 MATLAB R2020a.iso 文件),右击 setup 文件,选择"以管理员的身份运行"。之后显示软件许可协议对话框,如图 1-1 所示。选择"是"单选按钮,接受软件许可协议,然后单击"下一步"按钮。

(2) 此时进入"输入文件安装密钥"对话框,如图 1-2 所示。在其中填入 MATLAB 2020a 的序列号,然后单击"下一步"按钮。

(3) 在如图 1-3 所示的"选择许可证文件"对话框中,单击"浏览"按钮,从解压后的 MATLAB R2020a 的 crack 文件夹中选中 license_standalone.lic 文件,然后单击"打开"按钮,之后单击"下一步"按钮。

(4) 单击"浏览"按钮,选择软件的安装路径,这里选择安装到 D:\Matlab2020a 文件夹中(文件较大,约 19GB,不建议安装到 C 盘),如图 1-4 所示,然后单击"下一步"按钮。

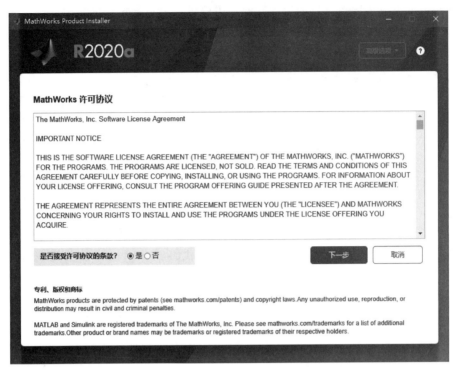

图 1-1 "MathWorks 许可协议"对话框

图 1-2 输入文件安装密钥

图 1-3　选择许可证文件

图 1-4　安装路径选择

（5）在进入的"选择产品"对话框中，用户可以选择需要安装的产品，这里选择安装全部产品，如图 1-5 所示，单击"下一步"按钮。

图 1-5　"选择产品"对话框

（6）如图 1-6 所示，选中"将快捷方式添加到桌面"复选框，然后单击"下一步"按钮。

图 1-6　"选择选项"对话框

（7）此时进入"确认选择"对话框，如图 1-7 所示，单击"开始安装"按钮。

图 1-7　"确认选择"对话框

（8）开始 MATLAB 2020a 的正式安装，并显示安装的进度，如图 1-8 所示。安装的速度取决于计算机的硬件配置，计算机配置越好，所需安装时间越短。

图 1-8　安装进度对话框

(9) 安装完成后单击"完成"按钮。

(10) 打开解压后的 Matlab R2020a 文件夹,打开 crack 文件夹,如图 1-9 所示。

名称	修改日期	类型	大小
crack	2020/4/9 20:23	文件夹	
MATLAB R2020a.iso	2020/4/1 12:10	光盘映像文件	21,930,45…

> 新加卷 (D:) > Matlab > Matlab R2020a

图 1-9　Matlab R2020a 文件夹

(11) 复制 bin 文件到安装路径下进行替换:打开安装包解压后的 Matlab R2020a 文件夹,将 crack 文件夹下的 bin 文件复制到安装目录下,并选择"替换目标中的文件"。

(12) 若桌面没有 MATLAB 的快捷启动方式,则在安装路径\bin 下,右击 matlab 选择"发送到桌面快捷方式"。

2. MATLAB 的启动和退出

MATLAB 2020a 安装结束后,用户可以通过 3 种方式启动:

(1) 单击"开始"菜单中的 MATLAB 来启动 MATLAB 系统;

(2) 在 MATLAB 的安装目录下找到 MATLAB.exe 然后单击运行;

(3) 在桌面建立 MATLAB 的快捷菜单,通过双击快捷方式图标 ▲ ,启动 MATLAB 系统。

MATLAB 的启动目录是 C:\Documents and Settings\Administrator\My Documents\MATLAB,可以进行修改。右击桌面上的 MATLAB 2020a 快捷图标,在弹出的快捷菜单中选择"属性"命令,会弹出快捷菜单的属性设置窗口。设置 MATLAB 的初始目录为 D:\MATLAB\2020a\bin\matlab.exe。

退出 MATLAB 软件有 3 种方法:

(1) 在 MATLAB 的主窗口中选择 File→Exit MATLAB 命令,或按快捷键 Ctrl+Q;

(2) 在 MATLAB 的命令行窗口中输入 exit 或 quit;

(3) 单击 MATLAB 主窗口右上角的关闭按钮,进行关闭。

3. MATLAB 的卸载

用户如果想卸载 MATLAB 软件,可以通过 Windows 控制面板中的添加或删除程序来卸载 MATLAB 软件。单击"更改/删除"按钮,弹出对话框,用户可以在其中选择要卸载的程序或工具箱,系统默认全部程序和工具箱都为选中状态。单击 Uninstall 按钮,可进行 MATLAB 的卸载。

1.1.5　MATLAB 的工作界面

MATLAB 2020a 的工作界面如图 1-10 所示,主要包括菜单、工具栏、当前工作目录、命令行窗口、工作空间窗口和历史命令窗口。

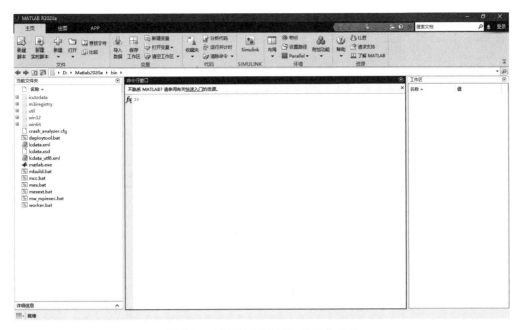

图 1-10   MATLAB 2020a 的工作界面

1.2   MATLAB 的常用命令简介

在 MATLAB 中，会经常用到很多命令，需要熟练掌握，例如，在命令行窗口输入命令：clc，清除命令行窗口中所显示的内容。MATLAB 的常用命令如表 1-2 所示。

表 1-2   MATLAB 的常用命令

命 令	说 明	命 令	说 明
cd	改变当前目录	edit	打开 M 文件编辑器
dir 或 ls	列出当前文件夹下的文件	mkdir	创建目录
clc	清除命令行窗口的内容	pwd	显示当前工作目录
type	显示文件内容	what	显示当前目录下的 M 文件、MAT 和 MEX 文件
clear	清除工作空间中的变量		
disp	显示文字内容	which	函数或文件的位置
exit 或 quit	关闭 MATLAB	help	获取函数的帮助信息
save	保存变量到磁盘	pack	收集内存碎片
load	从磁盘调入数据变量	path 或 genpath	显示搜索路径
who	列出工作空间中的变量名	clf	清除图形窗口的内容
whos	显示变量的详细信息	delete	删除文件
!	调用 DOS 命令		

MATLAB 中的一些标点符号有特殊的含义，例如，利用百分号％进行程序的注释，利用"…"进行程序的续行。MATLAB 中常用的标点符号，如表 1-3 所示。

表 1-3　MATLAB 的标点符号

标点符号	说　明	标点符号	说　明
:	冒号,具有多种应用	.	小数点或对象的域访问
;	分号,区分矩阵的行或取消运行	..	父目录
	结果的显示	...	续行符号
,	逗号,区分矩阵的列	!	感叹号,执行 DOS 命令
( )	括号,指定运算的顺序	=	等号,用来赋值
[ ]	方括号,定义矩阵	'	单引号,定义字符串
{ }	大括号,构造单元数组	%	百分号,程序的注释
@	创建函数句柄		

在 MATLAB 中,键盘按键能够方便地进行程序的编辑,有时可以起到事半功倍的效果,常用的键盘按键及其作用如表 1-4 所示。

表 1-4　常用的键盘按键

键盘按键	说　明	键盘按键	说　明
↑	调出前一个命令	→	光标向右移动一个字符
↓	调出后一个命令	Ctrl+←	光标向左移动一个单词
←	光标向左移动一个字符	Ctrl+→	光标向右移动一个单词
Home	光标移动到行首	Del	清除光标后的字符
End	光标移动到行尾	Backspace	清除光标前的字符
Esc	清除当前行	Ctrl+C	中断正在执行的程序

此外,通过在命令行窗口输入 editpath 或 pathtool 可以调用设置搜索路径窗口。通过在命令行窗口输入:path(path,'d:\matlab2011\program'),可以将目录 d:\matlab2011\program 添加到搜索路径中。还可以采用函数 addpath() 进行添加,在命令行窗口输入:addpath d:\matlab2011\program-end,添加到搜索路径的末尾。如果将 end 改为 begin,则添加到搜索路径的开始处。利用函数 rmpath() 从搜索路径中删除某个路径。

【例 1-1】　利用函数 ver() 获取 MATLAB 或工具箱的版本信息。

在 MATLAB 的命令行窗口输入:ver('matlab') 可以查看 MATLAB 的版本信息,如下所示。

```
ver('matlab')
------------------------------------------------------------
MATLAB 版本 : 9.8.0.1323502 (R2020a)
MATLAB 许可证编号 : 123456
操作系统 : Microsoft Windows 10 专业版 Version 10.0 (Build 18362)
Java 版本 : Java 1.8.0_202 - b08 with Oracle Corporation Java HotSpot(TM) 64 - Bit Server VM
mixed mode
------------------------------------------------------------
MATLAB                              版本 9.8            (R2020a)
```

【例 1-2】　利用函数 ver() 查看图像处理工具箱的版本信息。

在 MATLAB 的命令行窗口输入:ver('images'),查看图像处理工具箱的版本信息,如下所示。

```
ver('images')
--------------------------------------------------------------------
MATLAB 版本: 9.8.0.1323502 (R2020a)
MATLAB 许可证编号: 123456
操作系统: Microsoft Windows 10 专业版 Version 10.0 (Build 18362)
Java 版本: Java 1.8.0_202 – b08 with Oracle Corporation Java HotSpot(TM) 64 – Bit Server VM
mixed mode
--------------------------------------------------------------------
Image Processing Toolbox          版本 11.1          (R2020a)
```

1.3　MATLAB 的工具箱及模块简介

1.3.1　MATLAB 的常用工具箱

在 MATLAB 软件中,拥有 50 多个工具箱。这些工具箱又可以分为功能工具箱和学科工具箱。功能工具箱用来扩充 MATLAB 的符号计算、数据可视化、建模和仿真、实时控制等功能。学科工具箱的专业性比较强,例如金融工具箱、信号处理工具箱、模糊逻辑工具箱等。除内部函数外,所有 MATLAB 工具箱的 M 文件都是可读和可修改的,用户通过对源程序的修改或加入自己编写的程序,可构造新的专用工具箱。MATLAB 的常用工具箱如表 1-5 所示。

表 1-5　MATLAB 的常用工具箱

序　号	类　　别	工　　具　　箱	说　　明
1	数学统计与优化	Symbolic Math Toolbox	符号数学工具箱
2		Partial Differential Equation Toolbox	偏微分方程工具箱
3		Statistics and Machine Learning Toolbox	统计和机器学习工具箱
4		Curve Fitting Toolbox	曲线拟合工具箱
5		Optimization Toolbox	优化工具箱
6		Global Optimization Toolbox	全局优化工具箱
7		Neural Network Toolbox	神经网络工具箱
8		Model-Based Calibration Toolbox	基于模型矫正工具箱
9		Text Analytics Toolbox	文本分析工具箱
10	控制系统设计与分析	Control system Toolbox	控制系统工具箱
11		System Indentification Toolbox	系统辨识工具箱
12		Fuzzy Logic Toolbox	模糊逻辑工具箱
13		Robust Control Toolbox	稳健性控制工具箱
14		Model Predictive Control Toolbox	模型预测控制工具箱
15		Aerospace Toolbox	航空航天工具箱
16		Automated Driving System Toolbox	自动驾驶系统工具箱
17		Predictive Maintenance Toolbox	预测维护工具箱
18		Robotics System Toolbox	机器人系统工具箱

续表

序 号	类 别	工 具 箱	说 明
19	信号处理与通信	Signal Processing Toolbox	信号处理工具箱
20		DSP System Toolbox	DSP 系统工具箱
21		Communications System Toolbox	通信系统工具箱
22		Wavelet Toolbox	小波工具箱
23		Fixed-Point Toolbox	定点运算工具箱
24		RF Toolbox	射频工具箱
25		Audio System Toolbox	音频系统工具箱
26		Phased Array System Toolbox	相控阵系统工具箱
27		LTE Toolbox	LTE 工具箱
28		Sensor Fusion and Tracking Toolbox	传感器融合跟踪工具箱
29		WLAN Toolbox	WLAN 工具箱
30		LTE HDL Toolbox	LTE HDL 工具箱
31		5G Toolbox	5G 工具箱
32	图像处理与计算机视觉	Image Processing Toolbox	图像处理工具箱
33		Computer Vision System Toolbox	计算机视觉系统工具箱
34		Image Acquisition Toolbox	图像采集工具箱
35		Mapping Toolbox	映射工具箱
36		Vision HDL Toolbox	视觉 HDL 工具箱
37	测试与测量	Data Acquisition Toolbox	数据采集工具箱
38		Instrument Control Toolbox	仪表控制工具箱
39		OPC Toolbox	OPC 开发工具
40		Vehicle Network Toolbox	车载网络工具箱
41	计算金融	Financial Toolbox	金融工具箱
42		Econometrics Toolbox	计算经济学工具箱
43		Datafeed Toolbox	数据输入工具箱
44		Fixed-Income Toolbox	固定收益工具箱
45		Financial Derivatives Toolbox	衍生金融工具箱
46		Financial Instruments Toolbox	金融工具箱
47		Risk Management Toolbox	风险管理工具箱
48		Trading Toolbox	交易工具箱
49	并行计算	Parallel Computing Toolbox	并行计算工具箱
50		MATLAB Distributed Computing Server	MATLAB 分布式计算服务器
51	计算生物	Bioinformatics Toolbox	生物信息工具箱
52		Biology Toolbox	生物学工具箱

1.3.2　MATLAB 的常用模块

MATLAB 的常用模块如表 1-6 所示。

表 1-6　MATLAB 的常用模块

序号	类别	模块	说明
1	应用发布	MATLAB Compiler	MATLAB 编译器
2		MATLAB Compiler SDK	MATLAB 编译器 SDK
3		MATLAB Production Server	MATLAB 生产服务器
4		Spreadsheet Link	电子表格链接
5	代码生成	MATLAB Coder	MATLAB 代码生成
6		Filter Design HDL Coder	滤波器设计 HDL 代码生成
7		GPU Coder	GPU 编码器
8		HDL Coder	HDL 编码器
9		HDL Verifier	HDL 验证器
10		Embedded Coder	嵌入式编码器
11		Simulink Coder	Simulink 编码器
12		Simulink PLC Coder	Simulink PLC 编码器
13	数据库访问与报告	Database Toolbox	数据库工具箱
14		MATLAB Report Generator	MATLAB 报告生成
15	控制系统设计与分析	Simulink Control Design	Simulink 控制器设计
16		Simulink Design Optimization	Simulink 设计优化
17		Aerospace Blockset	航空航天模块
18		Powertrain Blockset	动力传动系统模块
19		Vehicle Dynamics Blockset	车辆动力学模块
20	物理建模	Simscape	物理模型仿真模块组
21		Sim Mechanics	机构动态仿真模块组
22		Sim Driveline	传动系统系统仿真模块组
23		Sim Hydraulics	液压仿真模块组
24		Sim RF	RF 仿真模块组
25		Sim Electronics	电子仿真模块组
26		Sim Power Systems	动力系统仿真模块组
27	验证、确认和测试	HDL Verifier	HDL 验证器
28		Polyspace Bug Finder	多空间缺陷探测
29		Polyspace Code Prover	多空间码证明器
30		Simulink Code Inspector	Simulink 代码检查器
31		Simulink Coverage	Simulink 覆盖
32		Simulink Design Verifier	Simulink 设计验证器
33		Simulink Requirements	Simulink 要求
34		Simulink Test	Simulink 测试
35		Simulink Real-Time	Simulink 桌面实时
36	Simulink 桌面实时	Simulink 3D Animation	Simulink 三维动画
37		Simulink Report Generator	Simulink 报表生成器

1.4 MATLAB 的帮助系统

MATLAB 2020a 提供了非常完善的帮助系统。用户可以通过查询帮助系统,获取函数的调用情况和需要的信息。对于任何 MATLAB 的使用者,都必须学会使用 MATLAB 的帮助系统,因为没有人能够清楚地记住上万个不同函数的调用情况,所以 MATLAB 的帮助系统是学习 MATLAB 编程和开发最好的教科书,讲解非常清晰、易懂。下面对 MATLAB 的帮助系统进行介绍。

1.4.1 命令窗口查询帮助

在 MATLAB 中,可以在命令行窗口中通过帮助命令来查询帮助信息,最常用的帮助命令是 help。常用的帮助命令如表 1-7 所示。

表 1-7 常用的帮助命令

命 令	说 明
help	在命令行窗口进行查询
which	获取函数或文件的路径
lookfor	查询指定关键字相关的 M 文件
helpwin	在浏览器中打开帮助窗口,可以带参数
helpdesk	在浏览器中打开帮助窗口,显示帮助的首页
doc	在帮助窗口中显示函数查询的结果
demo	在帮助窗口显示例子程序

【例 1-3】 help 的使用。
(1) 在 MATLAB 的命令行窗口输入:help,输出结果为:

```
help
```

不熟悉 MATLAB 请参阅有关快速入门的资源。
要查看文档,请打开帮助浏览器。
(2) 在 MATLAB 的命令行窗口输入:help log,可以查询函数 log() 的帮助信息,该函数用来求自然对数。输出结果为:

```
help log
log - 自然对数
    此 MATLAB 函数返回数组 X 中每个元素的自然对数 ln(x).
    Y = log(X)
    另请参阅 exp, log10, log1p, log2, loglog, logm, reallog, semilogx, semilogy
    log 的参考页
名为 log 的其他函数
```

在命令行窗口可以利用 help 命令进行函数的查询,简单易用,而且运行速度快。但是使用 help 命令时需要准确地给出函数的名字,如果记不清楚函数的名字,就很难找到。此时,可以利用 lookfor 命令进行查询。

【例 1-4】　lookfor 的使用。

lookfor 命令按照关键字查询所有相关的 M 文件，在 MATLAB 命令行窗口输入 lookfor logarithm，将查询所有和对数有关的函数，结果为：

```
lookfor logarithm
log          - Natural logarithm.
log10        - Common (base 10) logarithm.
log2         - Base 2 logarithm and dissect floating point number.
reallog      - Real logarithm.
logspace     - Logarithmically spaced vector.
logm         - Matrix logarithm.
betaln       - Logarithm of beta function.
gammaln      - Logarithm of gamma function.
quatlog      - Calculate the natural logarithm of a quaternion.
log          - Overload natural logarithm for DataMatrix object.
log10        - Overload common (base 10) logarithm for DataMatrix object.
log2         - Overload base 2 logarithm for DataMatrix object.
betaln       - Logarithm of beta function for codistributed arrays
gammaln      - Logarithm of gamma function of codistributed array
log          - Natural logarithm of codistributed array
log10        - Common (base 10) logarithm of codistributed array
log2         - Base 2 logarithm and dissect floating point number of codistributed array
reallog      - Real logarithm of codistributed array
logspace     - Build codistributed arrays of logarithmically equally spaced
...
semilogx     - Create semilogarithmic plot with logarithmic x - axis
semilogy     - Create semilogarithmic plot with logarithmic y - axis
logsig       - Logarithmic sigmoid transfer function.
loglog       - Plot the specified parameters on an X - Y plane using logarithmic
semilogx     - Plot the specified parameters on an X - Y plane using a logarithmic
semilogy     - Plot the specified parameters on an X - Y plane using a logarithmic
...
gammaln      - gamma 函数的对数
此 MATLAB 函数返回 gamma 函数的对数 gammaln(A) = log(gamma(A))。输入 A 必须是非负数和实数。
使用 gammaln 命令可避免直接使用 log(gamma(A)) 计算时可能会出现的下溢和上溢。
Y = gammaln(A)
另请参阅 gamma, gammainc, gammaincinv, psigammaln 的文档
名为 gammaln 的其他函数
...
semilogx - 半对数图
此 MATLAB 函数使用 x 轴的以 10 为基数的对数刻度和 y 轴的线性刻度创建一个绘图。它绘制 Y 的列
对其索引的图。Y 的值可以是数值、日期时间、持续时间或分类值。如果 Y 包含复数值，则 semilogx(Y)
等同于 semilogx(real(Y),imag(Y))。semilogx 函数在此函数的其他所有用法中将忽略虚部。
semilogx(Y)
semilogx(X1,Y1,...)
semilogx(X1,Y1,LineSpec,...)
```

```
semilogx(...,'PropertyName',PropertyValue,...)
semilogx(ax,...)
h = semilogx(...)
另请参阅 LineSpec, loglog, plot, semilogy, Line 属性 semilogx 的文档
名为 semilogx 的其他函数
...
```

【例 1-5】 利用 which 获取函数的路径。

在 MATLAB 中,利用 which 可以获取函数的路径。例如,在命令行窗口输入 which std,可以获取函数 std()的位置信息,结果为:

```
which std
D:\Matlab2020a\toolbox\matlab\datafun\std.m
```

1.4.2　MATLAB 2020a 联机帮助系统

MATLAB 联机帮助系统(帮助窗口)相当于一个信息浏览器。使用帮助窗口可以查看和搜索所有 MATLAB 的帮助文档信息,还能运行有关演示例题程序。有两种方法可打开MATLAB 帮助窗口。

(1) 单击 MATLAB 主窗口工具栏中的帮助按钮，选择文档、示例等。

(2) 在命令窗口中运行 doc 命令。

在浏览器中打开 MATLAB 2020a 的帮助系统,如图 1-11 所示。单击示例,选择二维绘图,如图 1-12 所示,打开实时脚本,显示如图 1-13 所示,同时在 MATLAB 主窗口中显示实时编辑器,如图 1-14 所示。

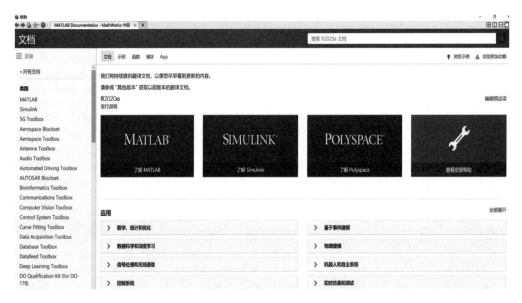

图 1-11　MATLAB 2020a 的帮助界面

图 1-12　MATLAB 2020a 的二维绘图示例界面(一)

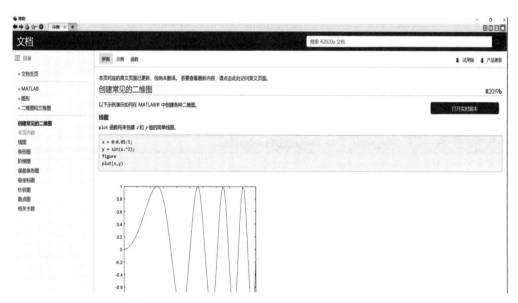

图 1-13　MATLAB 2020a 的二维绘图示例界面(二)

在 MATLAB 的命令行窗口输入 doc std,可以查询函数 std()的帮助信息,如图 1-15 所示;或在如图 1-11 所示的查询窗口中输入 std,可以查询函数 std()的帮助信息,如图 1-16 所示。在图 1-16 右侧列出了所有函数 std()的重载函数,用户可以用鼠标进行选择,并查看该函数的详细情况。

如果用户在命令行窗口输入 helpwin\doc 命令后,可直接进入帮助界面,也可输入 doc name。例如,输入 doc general 后,将获得 MATLAB 系统的通用命令,如图 1-17 所示。如果在命令行窗口输入 help general,将会在命令行窗口显示 MATLAB 系统的通用命令。

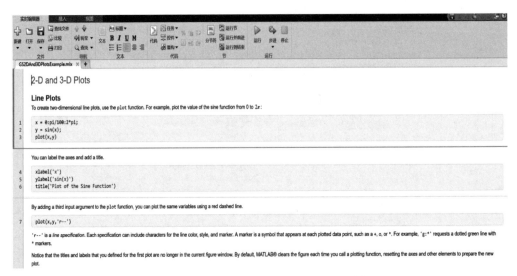

图 1-14   MATLAB 2020a 的二维绘图示例实时编辑器界面

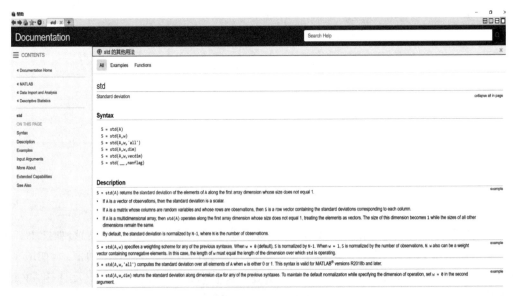

图 1-15   利用帮助系统进行函数查询(一)

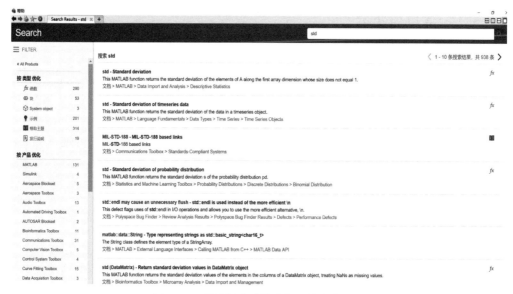

图 1-16 利用帮助系统进行函数查询(二)

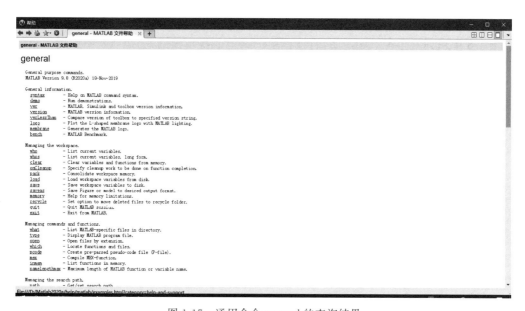

图 1-17 通用命令 general 的查询结果

1.5 MATLAB 的数据类型

MATLAB 数据类型的最大特点是每种类型的数据都是以矩阵的形式存在的。MATLAB 常用的数据类型包括数值型、字符型、元胞数组、结构体和函数句柄等。其中数值型又包括双精度类型、单精度类型和整型。MATLAB 支持不同数据类型的转换,增加了数据处理的灵活性。

1.5.1　常量与变量

1. 特殊常量

在 MATLAB 中,常量和变量是基本的语言元素。MATLAB 的数值采用传统的十进制表示,可带负号或小数点。MATLAB 还提供了一些内部常量,也可以理解为 MATLAB 默认的预定义变量。这些特殊常量具有特定的意义,用户在定义变量名时应避免使用。随着 MATLAB 启动,这些常数就被产生。表 1-8 给出了 MATLAB 的常用特殊变量。

表 1-8　MATLAB 中的常用特殊常量

特殊变量名	取值及说明	特殊变量名	取值及说明
ans	运算结果的默认变量名	nargin(nargout)	函数输入(输出)变量数目
pi	圆周率	computer	计算机类型
eps	机器零阈值,浮点数相对精度	version	MATLAB 版本字符串
Inf 或 inf	无穷大∞	tic	秒表计时开始
i 或 j	虚数单位,有 $i=j=\sqrt{-1}$	tio	秒表计时停止
NaN 或 nan	不定值,如 0/0,inf/inf	date	日历
realmax(realmin)	最大(小)正实数	clock	时钟

表 1-8 中所列常量可不必声明,直接调用。这里值得指出的是,表 1-8 中所列常量的含义是在表中变量名未被用户赋值的情况下才成立的。假如用户对表中任何一个内部常量的字符串进行了赋值,那么该常量的默认含义或者默认值已被用户的新赋值所覆盖,只不过这种"覆盖"是临时的,如果用户运行了 clear 指令将 MATLAB 内存清空,或者 MATLAB 指令窗被重新启动,那么所有的内部常量又会恢复到系统默认的含义。

2. 变量

所有 MATLAB 中定义的变量都以数组或者矩阵形式保存,它提供的数据类型多达十余种,如逻辑型、字符型、数值型、单元数组、结构数组、函数句柄等,但与其他高级语言不同,MATLAB 变量使用无须事先定义和声明,也不需要指定变量的数据类型。MATLAB 语言可以自动根据变量值或对变量操作来识别变量类型。在变量赋值过程中,MATLAB 语言自动使用新值替换旧值,用新值类型替换旧值类型。

MATLAB 变量的命名要遵守以下规则:

(1) 变量名由字母、数字和下画线组成,且第一个字符必须是英文字母,不能有空格和标点符号。如 0abc、b-1、_abc 等都不是合法的。

(2) 变量名区分大小写,比如,Myname 和 myname 表示两个不同的变量。pi 代表系统默认的圆周率,但 Pi、PI 和 pI 都不是。

(3) 变量名的长度上限为 63 个字符,第 63 个字符后面的字符被忽略。

(4) 关键字或者系统的函数名不能作为变量名。如 if、for、function、who 等。

需要指出,在 MATLAB 中,函数名和文件名都要遵守变量名的命名规则。

1.5.2　数值型数据

MATLAB 数值型数据包括整数(有符号和无符号)和浮点数(单精度和双精度),表 1-9

列出了数值型的不同格式。需要注意的是,在默认状态下,数据类型默认为双精度的浮点数。

表 1-9　数值型

数　值　型		说　　明	表　示　范　围
浮点型	double	双精度浮点数	$-2^{128}\sim-2^{-126},2^{-126}\sim2^{128}$
	single	单精度浮点数	$-2^{1024}\sim-2^{-1022},2^{-1022}\sim2^{1024}$
整型	int8	8 位有符号整数	$-2^{7}\sim2^{7}-1$
	int16	16 位有符号整数	$-2^{15}\sim2^{15}-1$
	int32	32 位有符号整数	$-2^{31}\sim2^{31}-1$
	int64	64 位有符号整数	$-2^{63}\sim2^{63}-1$
	uint8	8 位无符号整数	$0\sim2^{8}-1$
	uint16	16 位无符号整数	$0\sim2^{16}-1$
	uint32	32 位无符号整数	$0\sim2^{32}-1$
	uint64	64 位无符号整数	$0\sim2^{64}-1$

MATLAB 所能表示的最小实数称为 MATLAB 的数值精度,在 MATLAB 7 以上版本中,MATLAB 的数据精度为 2^{-1074},任何绝对值小于 2^{-1074} 的实数,MATLAB 都将其视为 0。如 MATLAB 使用内置常量 eps 作为浮点运算的相对精度,值为 2.2204×10^{-16}。

MATLAB 所能显示的有效位数称为 MATLAB 的显示精度,默认状态下,若数据为整数,则以整数显示;若为实数,则以保留小数点后 4 位的浮点数显示。

MATLAB 的数据输出格式可有 format 命令设置或改变数据输出格式。format 命令的格式为:

format 格式符

其中,格式符决定数据的输出格式,而不影响数据的计算和存储,如表 1-10 所示。

表 1-10　控制数据输出格式的格式符及其含义

格　式　符	含　　义
short	输出小数点后 4 位,最多不超过 7 位有效数字。对于大于 1000 的实数,用 5 位有效数字的科学记数形式输出
long	15 位有效数字形式输出
short e	5 位有效数字的科学记数形式输出
long e	15 位有效数字的科学记数形式输出
short g	从 short 和 short e 中自动选择最佳输出方式
long g	从 long 和 long e 中自动选择最佳输出方式
rat	近似有理数表示
hex	十六进制表示
＋	正数、负数、零分别用＋、－、空格表示
bank	银行格式,元、角、分表示
compact	输出变量之间没有空行
loose	输出变量之间有空行

如果输出矩阵的每个元素都是纯整数,MATLAB 就用不加小数点的纯整数格式显示结果。只要矩阵中有一个元素不是纯整数,MATLAB 就按当前的输出格式显示计算结果。默认的输出格式是 short 格式。此外,还可以用 digits 和 vps 函数来控制显示精度。

【例 1-6】 利用 format、short、long、rat、digits 和 vps 函数控制显示精度。

在 MATLAB 命令行窗口输入命令如下:

```
clc;clear;close all
eps
format long
eps
format short
eps
format rat
eps
digits(10)
vpa(pi)
vpa(pi,20)
```

运行程序输出结果为:

```
ans =
     2.2204e - 016
ans =
     2.220446049250313e - 016
ans =
     2.2204e - 016
ans =
     1/4503599627370496
ans =
     3.141592654
ans =
     3.1415926535897932385
```

1.5.3 字符型数据

MATLAB 的字符和字符串运算也相当强大。在 MATLAB 中,字符串可以用单引号('')进行赋值,字符串的每个字符(含空格)都是字符串的一个元素。MATLAB 包含很多字符串相关操作函数,并提供了实现数字和字符之间的转换函数,具体如表 1-11 所示。

表 1-11 字符串操作与处理函数

函 数	功 能
char	生成字符串,将数值转变成字符串
strcat	水平连接字符串,构成更长的字符向量
stevcat	垂直连接字符串,构成字符串矩阵
strcmp	比较字符串,判断是否一致
strfind	在其他字符串中寻找此字符串
strrep	替换字符串中的子串

函　　数	功　　能
strsplit	在指定的分隔符处拆分字符串
strtok	寻找字符串中记号
strmatch	查询匹配的字符串
mat2str	将矩阵转换成字符串
str2num	将字符串转换成数值
lower	转换字符串为小写
sprinf	将输出的数字转换为字符串,再格式化输出数据到命令窗口
upper	转换字符串为大写
strncmp	比较字符串前 n 个字符,判断是否一致
blanks	生成空字符串
deblank	将字符串尾部的空格删除
double	将字符串转变成 ASCII 码数值
ischer	判断变量是否为字符类型
strcmpi	比较字符串,比较时忽略字符的大小写
strncmpi	比较字符串前 n 个字符,比较时忽略字符的大小写
strjust	对齐排列字符串
setstr	将 ASCII 码值转换成字符
num2str	将数值转换成字符串
int2str	将整数转换成字符串
sscanf	读取格式化字符串并将其转换为数字

不同数值之间的转换函数如表 1-12 所示。

表 1-12　不同数值之间的转换函数

函　　数	功　　能
hex2num	将十六进制整数字符串转换成双精度数据
hex2dcc	将十六进制整数字符串转换成十进制整数
dec2hex	将十进制整数转换成十六进制整数字符串
bin2dec	将二进制整数字符串转换成十进制整数
dec2bin	将十进制整数转换成二进制整数字符串
base2dec	将指定数制类型的数字字符串转换成十进制整数
dec2base	将十进制整数转换成指定数制类型的数字字符串
abs	将字符串转变成 ASCII 码数值

关于字符串的写法,还要注意两点:

(1) 若字符串中的字符含有单撇号,则该单撇号字符需用两个单撇号来表示,如:

```
disp('I''m a teacher.')
```

将输出:

```
I'm a teacher.
```

（2）对于较长的字符串可以用字符串向量表示，即用[]括起来。如：

```
clc,clear
f = 70;
c = (f - 32)/1.8;
disp(['Room temperature is',num2str(c),'degrees C.'])
```

其中，disp 函数的自变量是一个长字符串。输出为：

```
Room temperature is 21.1111 degrees C.
```

在使用函数 str2num 时需要注意：被转换的字符串仅能包含数字、小数点、字符 e 或者 d、数字的正号或者负号、复数的虚部字符 i 或者 j，使用时要注意空格。

【例 1-7】 建立一个字符串向量，然后对该向量做如下处理：

（1）取第 1～5 个字符组成的子字符串。

（2）将字符串倒过来重新排列。

（3）将字符串中的小写字母变成相应的大写字母，其余字符不变。

（4）统计字符串中小写字母的个数。

命令如下：

```
ch = 'ABc123d4e56Fg9';
subch = ch(1:5)                        %取子字符串
subch =
        ABc12
revch = ch(end: - 1:1)                 %将字符串倒排
revch =
        9gF65e4d321cBA
k = find(ch > = 'a'&ch < = 'z');       %找小写字母的位置
ch(k) = ch(k) - ('a' - 'A');           %将小写字母变成相应的大写字母
char(ch)                               %统计小写字母的个数
ans =
    ABC123D4E56FG9
length(k)                              %统计小写字母的个数
ans =
    4
```

1.5.4　元胞数组

元胞数组是 MATLAB 中的一种特殊数据类型，元胞数组的基本组成单位是元胞，元胞可以存放任意类型、任意大小的数组，而且同一个元胞数组中各元胞的内容可以不同。

MATLAB 中元胞数组可以通过赋值语句直接定义，也可以由 cell 函数预先分配存储空间再对元胞元素逐个赋值。元胞数组直接定义可以使用括号{}，而使用 cell 创建空元胞数组可以节约内存占用，提高执行效率。

MATLAB 中元胞数组的相关操作函数及功能如表 1-13 所示。

表 1-13　元胞数组的操作函数及功能

函　数	功　能	函　数	功　能
cell	生成元胞数组	cellfun	对元胞数组中元素指定不同的函数
cellstr	生成字符型元胞数组	iscell	判断是否为元胞数组
celldisp	显示元胞数组的内容	reshape	改变元胞数组的结构
cellplot	图形显示元胞数组的内容	cell2mat	将元胞数组转换为普通的矩阵
mat2cell	将普通的矩阵转换为元胞数组	num2cell	将数值数组转换为元胞数组
deal	将输入参数赋值给输出	length	元胞元素的长度
ndims	元胞元素的维数	prodofsize	元胞元素包含的元素个数

1.5.5　结构体

结构体是 MATLAB 中另一种能够存放不同类型数据的数据类型,它与元胞数组的区别在于结构体是以指针的方式来传递数据的,而元胞数组则直接进行值传递。结构体与元胞数组在程序中的合理使用,能够让程序简洁易懂,操作方便。

MATLAB 中结构体的定义有两种方式:一种是直接赋值,另一种是通过 struct 函数来定义。

直接赋值需要指出结构体的属性名称,以指针操作符“.”连接结构体变量名与属性名。对某属性进行赋值时,MATLAB 会自动生成包含此属性的结构体变量,而且同一结构体变量中,属性的数据类型不要求完全一致,这也是 MATLAB 语言灵活性的体现。

结构体变量也可以构成数组,即结构体数组,对结构体数组进行赋值操作时,可以只对部分元素赋值,此时未被赋值的元素将赋以空矩阵,可以随时对其进行赋值。

使用 struct 函数低于结构体时应采用如下调用方式:

结构体变量名 = struct(属性名 1,属性值 1,属性名 2,属性值 2,…)

MATLAB 中结构体的相关操作函数及功能如表 1-14 所示。

表 1-14　结构体的操作函数及功能

函　数	功　能	函　数	功　能
struct	生成结构体变量	isfield	判断是否为结构体变量的属性
fiedname	得到结构体变量的属性名	isstruct	判断是否为结构体变量
getfield	得到结构体变量的属性值	rmfield	删除结构体变量中的属性
setfield	设定结构体变量的属性值	orderfields	将结构体字段排序
cell2 struct	将元胞数组转换为结构体	struct2cell	将结构体转换为元胞数组

1.6　MATLAB 的运算符

运算符从其功能来分大致有 3 种:算术运算符、关系运算符和逻辑运算符。现在分别介绍它们的构成和使用。

1.6.1　算术运算符

MATLAB 中的算术运算符不只是完成传统意义上的算术所需的四则运算,另外还有幂、转置等运算。由于 MATLAB 具有强大的矩阵运算功能,所以它的很多运算符都是针对矩阵操作的。表达式所采用的运算符如表1-15所示。

表1-15 算术运算符及其功能

运 算 符	功 能	运 算 符	功 能	运 算 符	功 能
＋	加	－	减	*	乘
.*	点乘	./	点右除	/	右除
.\	点左除	.^	点乘方	^	乘方
\	左除	.'	转置	:	冒号操作符

说明:

(1) 加、减、乘和乘方运算规则与传统的数学定义一样,用法也相同。

(2) 点运算(点乘、点乘方、点左除和点右除)是指对应元素点对点运算,要求参与运算矩阵是维度要一样。需要指出的是,点左除与点右除不一样,A./B是指A的对应元素除以B的对应元素,A.\B是指B的对应元素除以A的对应元素。

(3) MATLAB除法相对复杂些,对于单个数值运算,右除和传统除法一样,即$a/b=a\div b$;而左除与传统除法相反,即$a\backslash b=b\div a$。对于矩阵运算,左除$A\backslash B$相当于矩阵方程组$AX=B$的解,即$X=A\backslash B=inv(A)*B$;右除A/B相当于矩阵方程组$XA=B$的解,即$X=B/A=B*inv(A)$。

MATLAB提供了许多常用数学函数,若函数自变量是一个矩阵,运算规则是将函数逐项作用于矩阵的元素上,得到的结果是一个与自变量同维数的矩阵。表1-16列出了常用的数学函数及功能。

表1-16 常用的数学函数及功能

函数类型	函 数	功 能	函数类型	函 数	功 能
三角函数	sin	正弦函数	指数对数函数	exp	自然指数
	cos	余弦函数		pow2	2的幂
	tan	正切函数		log	自然对数
	cot	余切函数		log10	常用对数
	asin	反正弦函数		log2	以2为底的对数
	acos	反余弦函数		expm	以e为底的矩阵指数函数
	atan	反正切函数	复数函数	abs	复数的模
	acot	反余切函数		angle	复数的相角
	sinh	双曲正弦函数		real	复数的实部
	cosh	双曲余弦函数		imag	复数的虚部
	tanh	双曲正切函数		conj	复数的共轭
	coth	双曲余切函数		complex	创建复数
	asinh	反双曲正弦函数	基本函数	abs	绝对值
	acosh	反双曲余弦函数		sqrt	平方根
	atanh	反双曲正切函数		rem	求余数或模运算
	acoth	反双曲余切函数		mod	求余数或模运算
取整函数	round	四舍五入取整		sign	符号函数
	fix	向零方向取整		lcm	x和y的最小公倍数
	floor	向－∞方向取整		gcd	x和y的最大公约数
	ceil	向＋∞方向取整		nchoosek	二项式系数或所有组合数

说明：

（1）abs 函数可以求实数的绝对值、复数的模和字符串的 ASCII 码值。

（2）用于取整的函数有 round、fix、floor、ceil，要注意它们的区别。如 round(1.49)=1，fix(1.49)=1，floor(1.49)=1，ceil(1.49)=2，round(-1.51)=-2，fix(-1.51)=-1，floor(-1.51)=-2、ceil(-1.51)=-1。

（3）MATLAB 中以 10 为底的对数函数是 log10(x)，而不是 lg(x)；自然指数函数是 exp(x)，而不是 e^(x)。

（4）符号函数 sign(x)的值有 3 种，当 x=0 时，sign(x)=0；当 x>0 时，sign(x)=1；当 x<0 时，sign(x)=-1。

（5）MATLAB 的三角函数都是对弧度进行操作，使用三角函数时，需要将度数转换为弧度，转换公式为：弧度=2*pi*（度数/360）。

（6）rem 和 mod 函数的区别：rem(x,y) 和 mod(x,y)要求 x、y 必须为相同大小的实矩阵或为标量。当 y≠0 时，rem(x,y)=x-y.*fix(x./y)，而 mod(x,y)=x-y.*floor(x./y)；当 y=0 时，rem(x,0)=NaN，而 mod(x,0)=x。显然，当 x、y 同号时，rem(x,y)与 mod(x,y)相等。rem(x,y)的符号与 x 相同，而 mod(x,y)的符号与 y 相同。设 x=5，y=3，则 rem(x,y) 和 mod(x,y)的结果都是 2。又设 x=-5，y=3，则 rem(x,y) 和 mod(x,y)的结果分别是-2 和 1。

【例 1-8】 计算表达式 $\dfrac{5+\cos 47°}{1+\sqrt{7}-2i}$ 的值，并将结果赋给变量 x，然后显示出结果。

代码如下：

微视频 1-1

```
x = (5 + cos(47 * pi/180))/(1 + sqrt(7) - 2 * i)          % 计算表达式的值
```

运行结果为：

```
x =
    1.1980 + 0.6572i
```

1.6.2　关系运算符

MATLAB 提供了 6 种关系运算符：小于、小于或等于、大于、大于或等于、等于、不等于。比较运算符的作用主要是用来比较两个数值的大小，它们的含义不难理解，但要注意其书写方法与数学中的不等式符号不尽相同，如表 1-17 所示。

表 1-17　比较运算符及功能

运　算　符	功　　能	运　算　符	功　　能	运　算　符	功　　能
>	大于	>=	大于或等于	==	等于
<	小于	<=	小于或等于	~=	不等于

值得指出的是一般的表示等于的运算符在 MATLAB 中写为"=="，传统意义上的等号"="在 MATLAB 运算中用于赋值运算。

关系运算符的运算法则为：

(1) 当两个比较量是标量时,直接比较两数的大小。若关系成立,则关系表达式结果为1,否则为0。

(2) 当参与比较的量是两个维数相同的矩阵时,比较是对两矩阵相同位置的元素按标量关系运算规则逐个进行,并给出元素比较结果。最终的关系运算的结果是一个维数与原矩阵相同的矩阵,它的元素由0或1组成。

(3) 当参与比较的一个是标量,而另一个是矩阵时,则把标量与矩阵的每一个元素按标量关系运算规则逐个比较,并给出元素比较结果。最终的关系运算的结果是一个维数与原矩阵相同的矩阵,它的元素由0或1组成。

【例 1-9】 建立五阶方阵 A ,判断 A 的元素是否能被 3 整除。

代码如下:

```
A = [24,35,13,22,63;23,39,47,80,80; ...
90,41,80,29,10;45,57,85,62,21;37,19,31,88,76]
P = rem(A,3) == 0              % 判断 A 的元素是否可以被 3 整除
```

运行结果为:

```
A =
    24    35    13    22    63
    23    39    47    80    80
    90    41    80    29    10
    45    57    85    62    21
    37    19    31    88    76
P =
     1     0     0     0     1
     0     1     0     0     0
     1     0     0     0     0
     1     1     0     0     1
     0     0     0     0     0
```

1.6.3 逻辑运算符

MATLAB 提供了 3 种逻辑运算符:与、或和非。逻辑运算符的主要功能是判断参与比较的对象之间的某种逻辑关系。表 1-18 列出了各种逻辑运算符及其对应的功能。

表 1-18 逻辑运算符及其对应功能

运算符	函数	含　义	举	例
&	and	与、和	A = [1,1,1,0,0] B = [0,0,1,1,1]	A&B⇒[0,0,1,0,0]
|	or	或		A|B⇒[1,1,1,1,1]
~	not	否、非		~A=[0,0,0,1,1]
&&		若符号两端表达式皆为真,则返回 true(1),否则返回 0	(a~=0) && (a/b>3)	
||		若符号两端表达式有一式为真,则返回 true(1),否则返回 0	(a == 0) || (a/b>0)	

说明：

（1）二进制数字位逻辑操作时,往往首先把运算量转换为二进制表示,然后逻辑运算在两个二进制数的自右到左相应数位间进行,输出的结果为运算所得的二进制数所对应的十进制数。当逻辑运算中没有标量时,参与运算的数组必须维数相同,运算在两数组的对应位置元素间进行。如 A=20,B=12,则 bitand(A,B)=4,bitor(A,B)=28,bitxor(A,B)=24。

（2）"&&"和"||"操作都有其特殊的性质,两者都属于先决逻辑操作符。进行"&&"操作时,先观察运算符左侧的参与运算的表达式是否为"假";若是,则马上给出运算结果为"假",而不必再观察运算符右侧的参与运算量。当左侧的运算量为"真"时,才接着对右侧运算量进行计算或者判断,进而执行"与"逻辑运算。进行"||"操作时,首先判断左侧的运算量是否为"真";若是,立即给出计算结果"真",而不必观察右侧参与运算量;若不是,则对右侧运算量进行观察,进而执行"与"操作。

逻辑运算的运算法则为：

（1）在逻辑运算中,确认非零元素为真,用 1 表示,零元素为假,用 0 表示。

（2）设参与逻辑运算的是两个标量 a 和 b,那么,

a&b　a,b 全为非零时,运算结果为 1,否则为 0。

a|b　a,b 中只要有一个非零,运算结果为 1。

~a　当 a 是零时,运算结果为 1;当 a 非零时,运算结果为 0。

（3）若参与逻辑运算的是两个同维矩阵,那么运算将对矩阵相同位置上的元素按标量规则逐个进行。最终运算结果是一个与原矩阵同维的矩阵,其元素由 1 或 0 组成。

（4）若参与逻辑运算的一个是标量,一个是矩阵,那么运算将在标量与矩阵中的每个元素之间按标量规则逐个进行。最终运算结果是一个与矩阵同维的矩阵,其元素由 1 或 0 组成。

（5）逻辑非是单目运算符,也服从矩阵运算规则。

（6）在算术、关系、逻辑运算中,算术运算优先级最高,逻辑运算优先级最低。

【例 1-10】　在 $[0,3\pi]$ 区间,求 $y=\sin(x)$ 的值。要求：

（1）消去负半波,即 $(\pi,2\pi)$ 区间内的函数值置 0。

（2）$\left(\dfrac{\pi}{3},\dfrac{2\pi}{3}\right)$ 和 $\left(\dfrac{7\pi}{3},\dfrac{8\pi}{3}\right)$ 区间内取值均为 $\sin\dfrac{\pi}{3}$。

微视频 1-2

方法 1：

```
x = 0:pi/100:3 * pi;
y = sin(x);
y1 = (x < pi|x > 2 * pi). * y;          % 消去负半波
q = (x > pi/3&x < 2 * pi/3)|(x > 7 * pi/3&x < 8 * pi/3);
qn = ~q;
y2 = q * sin(pi/3) + qn. * y1;          % 按第(2)个要求处理
```

方法 2：

```
x = 0:pi/100:3 * pi;
y = sin(x);
y1 = (y >= 0). * y;                     % 消去负半波
```

```
p = sin(pi/3);
y2 = (y >= p) * p + (y < p). * y1;              % 按第(2)个要求处理
```

此例说明,由于 MATLAB 以 0 和 1 表示关系运算和逻辑运算的结果,所以巧妙利用关系运算和逻辑运算能对函数值进行分段处理,即不需条件判断就能求分段函数的值。以本题的处理结果作为绘图数据,可以得到消顶的正弦半波曲线。

此外,MATLAB 还提供了一些关系与逻辑运算函数,如表 1-19 所示。

表 1-19 关系与逻辑运算函数及其含义

函　　数	功　　能
all	若向量的所有元素非零,则结果为 1
any	向量中任何一个元素非零,都给出结果 1
exist	检查变量在工作空间是否存在,若存在,则结果为 1,否则为 0
find	找出向量或矩阵中非零元素的位置
isempty	若被查变量是空阵,则结果为 1
isglobal	若被查变量是全局变量,则结果为 1
isinf	若元素是 ±inf,则结果矩阵相应位置元素取 1,否则取 0
isnan	若元素是 nan,则结果矩阵相应位置元素取 1,否则取 0
isfinite	若元素值大小有限,则结果矩阵相应位置元素取 1,否则取 0
issparse	若变量是稀疏矩阵,则结果矩阵相应位置元素取 1,否则取 0
isstr	若变量是字符串,则结果矩阵相应位置元素取 1,否则取 0
xor	若两矩阵对应元素同为 0 或非 0,则结果矩阵相应位置元素取 0,否则取 1
bitand	二进制数字位逻辑操作符,位方式的逻辑与运算
bitor	二进制数字逻辑操作符,位方式的逻辑或运算
bitcmp	二进制数字逻辑操作符,位方式的逻辑非运算
bitxor	二进制数字逻辑操作符,位方式的逻辑异或运算

【例 1-11】 建立矩阵 A,然后找出在[10,20]区间的元素的位置。

(1) 建立矩阵 A。

代码如下:

```
A = [4,15, - 45,10,6;56,0,17, - 45,0]
A =
     4    15    - 45    10    6
    56     0     17    - 45    0
```

(2) 找出大于 4 的元素的位置。

代码如下:

```
find(A > = 10 & A < = 20)
ans =
     3
     6
     7
```

实训项目一

本实训项目的目的如下：

- 熟悉启动和退出 MATLAB 的方法。
- 熟悉 MATLAB 命令窗口的组成。
- 掌握 MATLAB 各种表达式的书写规则及常用函数的使用。
- 掌握 MATLAB 的基本运算规则。

1-1　先求下列表达式的值,然后显示 MATLAB 工作空间的使用情况并保存全部变量。

(1) $f_1 = \arctan\left(\dfrac{2\pi a - |b| / 2\pi c}{\sqrt{d}}\right)$,其中 $a = 5.3, b = -13, c = 2.6, d = 7$。

(2) $f_2 = \dfrac{\mathrm{e}^{x+y}}{\lg(x+y)}$,其中 $x = 1.67, y = 3.36$。

(3) $f_3 = \dfrac{2\sin 85^\circ}{3 + \mathrm{e}^2}$。

(4) $f_4 = \dfrac{1}{2}\ln(z + \sqrt{1 + z^2})$,其中 $z = \begin{pmatrix} 1 & 3+2\mathrm{i} \\ -0.45 & 6 \end{pmatrix}$。

(5) $f_5 = \begin{cases} t^2, & 0 \leqslant t < 1 \\ t^2 + 1, & 1 \leqslant t < 3, \\ t^2 - 3t + 1, & 3 \leqslant t < 5 \end{cases}$ 其中 $t = 0 : 0.5 : 4.5$。

1-2　已知:

$$A = \begin{bmatrix} 14 & 5 & -6 \\ 25 & -4 & 78 \\ 31 & 2 & 49 \end{bmatrix}, \quad B = \begin{bmatrix} 4 & -15 & -11 \\ 5 & 54 & 8 \\ -31 & -20 & 9 \end{bmatrix}$$

求下列表达式的值。

(1) $A + 6 * B$ 和 $A - B + I$(I 为单位阵)

(2) $A * B$ 和 $A . * B$

(3) $A \wedge 3$ 和 $A . \wedge 3$

(4) A / B 和 $A \backslash B$

1-3　完成下列操作:

(1) 求在 $[100, 999]$ 区间能被 21 整除的数的个数。

(2) 建立一个字符串,删除其中的大写字母。

1-4　已知:

$$C = \begin{bmatrix} 5 & -6 \\ -4 & 8 \\ 2 & 9 \end{bmatrix}, \quad D = \begin{bmatrix} 4 & -5 \\ 5 & 8 \\ -3 & -2 \end{bmatrix}$$

完成下列计算。

(1) $C < D$

（2）$C \& D$

（3）$C \mid D$

（4）$\sim C \mid \sim D$

1-5　设两个复数 $a=1+2i, b=3-4i$，计算 $a+b, a-b, a \times b, a/b$。

1-6　在 MATLAB 中运行以下命令，说明显示日期和时间的具体含义。

（1）clock

（2）Date

（3）Calendar

（4）y ＝ 1900：1999；

E＝eomday(y,2 * ones(length(y),1)');

y(find(E==29))

（5）t＝datestr(now)

（6）datestr(now, 2)

（7）datestr(now, 'dd. mm. yyyy')

（8）datestr(datenum('24. 01. 2003', 'dd. mm. yyyy'), 2)

（9）datestr(now,23)

（10）datestr(now,16)

第2章

MATLAB 矩阵运算及应用

MATLAB 意为矩阵实验室，它的基本数据单位就是矩阵，并且大部分运算都是基于矩阵进行的，所以矩阵是 MATLAB 最基本和最重要的数据对象。矩阵的运算是数值分析领域的重要问题。将矩阵分解为简单矩阵的组合可以在理论和实际应用上简化矩阵的运算。对于一些应用广泛而形式特殊的矩阵，例如，稀疏矩阵和准对角矩阵，有特定的快速运算算法。在天体物理学、量子力学等领域，也会出现无穷维的矩阵，是矩阵的一种推广。可见学好 MATLAB 的矩阵运算是极其重要且非常具有实用价值的。

在 MATLAB 语言中，矩阵主要分为 3 类：数值矩阵、符号矩阵和特殊矩阵。其中，数值矩阵又分为实数矩阵和复数矩阵。每种矩阵生成方法不完全相同。本章主要介绍数值矩阵、特殊矩阵的创建方法和运算及其应用。

本章要点：

（1）矩阵创建。

（2）矩阵的运算。

（3）矩阵的分析。

（4）稀疏矩阵。

（5）矩阵及其运算应用。

学习目标：

（1）掌握矩阵的创建方法。

（2）理解特殊矩阵的生成。

（3）掌握矩阵分析的方法。

（4）了解矩阵的超越函数。

（5）理解稀疏矩阵的产生过程。

（6）掌握矩阵的运算及其实际应用。

2.1 创建矩阵

在 MATLAB 中，有多种矩阵的创建方法，下面分别进行介绍，用户在使用时应根据实际情况，选择最优方法。

2.1.1　矩阵的创建方法

1. 直接输入法

MATLAB 语言最简单的创建矩阵的方法是通过键盘在命令窗口直接输入矩阵,直接输入法的规则为:

(1) 将所有矩阵元素置于一个方括号[　]内;

(2) 按矩阵行的顺序输入各元素,同一行的各元素之间用空格或逗号分隔;

(3) 不同行的元素之间用分号分隔,或者用回车符分隔。例如,输入命令:

```
A = [1 2 3 4 5;5 6 8 7 10]
```

则输出为:

```
A =
    1    2    3    4    5
    5    6    8    7   10
```

或输入命令:

```
A = [6  7  8  5  6
     7  5  2  3  4
    11 12 13 14 15]
```

则输出为:

```
A =
    6    7    8    5    6
    7    5    2    3    4
   11   12   13   14   15
```

使用 MATLAB 语言创建复数矩阵,方法和创建一般实数矩阵一样,虚数单位用 i 或者 j 表示。例如,输入命令:

```
a = exp(2);
B = [1,2 + i * a,a * sqrt(a);sin(pi/4),a/5,3.5 + 6i]
```

则输出为:

```
B =
   1.0000            2.0000 + 7.3891i   20.0855
   0.7071            1.4778              3.5000 + 6.0000i
```

说明:

(1) 虚部和虚数单位之间可以使用乘号 * 连接,也可以省略 * 。

(2) 复数矩阵元素可以用运算表达式。

(3) 虚数单位用 i 或者 j,显示时都是 i。

2. 冒号表达式法

在 MATLAB 中,冒号是一个重要的运算符。利用它可以产生行向量。冒号表达式的一般格式为:

```
e1:e2:e3
```

其中,e1 为初始值,e2 为步长,e3 为终止值。冒号表达式产生一个由 e1 开始到 e3 结束,以步长 e2 自增的行向量。例如,输入命令:

```
t = 0:1:5
```

则输出为:

```
t =
     0   1   2   3   4   5
```

若步长 e2 为 1,则可以省略。

3. 利用函数生成矩阵

在 MATLAB 中,可以利用函数生成行向量,如表 2-1 所示。

表 2-1 生成矩阵的函数

函　　数	功　　能
linspace	生成线性等分行向量,元素之间是等差数列
logspace	生成对数等分行向量,元素之间是对数等比数列

linspace 有两种调用方式:

(1) y=linspace(a,b)生成一个行向量 y,其元素由区间[a,b]上的 100 个线性等分点构成。

(2) y=linspace(a,b,n)生成一个行向量 y,其元素由区间[a,b]上的 n 个线性等分点构成。

logspace 有 3 种调用方式:

(1) y=logspace(a,b)生成一个行向量 y,其元素由区间[10a,10b]上的 50 个对数等分点构成。

(2) y=logspace(a,b,n)生成一个行向量 y,其元素由区间[10a,10b]上的 n 个对数等分点构成。

(3) y=logspace(a,pi)生成一个行向量 y,其元素由区间[10a,π]上的 50 个对数等分点构成。

【例 2-1】 在[10,100]上分别生成 11 个线性等分和对数等分向量。

输入命令:

```
y1 = linspace(10,100,11)
y2 = logspace(1,2,11)
```

则输出为:

```
y1 =
    10    19    28    37    46    55    64    73    82    91   100
y2 =
Columns 1 through 8
10.0000 12.5893 15.8489   19.9526   25.1189   31.6228   39.8107 50.1187
  Columns 9 through 11
  63.0957   79.4328  100.0000
```

4. 利用 M 文件生成矩阵

对于一些比较大且复杂的矩阵,可以为它专门建立一个 M 文件,在命令窗口中直接调用文件,此种方法比较适合大型矩阵创建,便于修改。需要注意的是,M 文件中的矩阵变量名不能与文件名相同,否则会出现变量名和文件名混乱的情况。

【例 2-2】 利用 M 文件建立 MYMAT 矩阵。

(1) 启动有关编辑程序或 MATLAB 文本编辑器,并输入待建矩阵:

```
MYMAT = [101,102,103,104,105,106,107,108,109;
         201,202,203,204,205,206,207,208,209;
         301,302,303,304,305,306,307,308,309]
```

(2) 把输入的内容存盘(设文件名为 mymatrix.m)。

(3) 在 MATLAB 命令窗口中输入 mymatrix,即运行该 M 文件,就会自动建立一个名为 MYMAT 的矩阵,可供以后使用。

2.1.2　特殊矩阵的生成

在 MATLAB 中,有一类特殊形式的矩阵称为特殊矩阵,提供了特殊矩阵生成函数,利用这些函数可以方便地生成一些特殊矩阵。表 2-2 是 MATLAB 中常见的特殊矩阵函数。

表 2-2　常见的特殊矩阵函数

函　　数	功　　能
eye	产生单位矩阵
zeros	产生一个零矩阵
ones	产生全 1 矩阵
magic	产生魔方阵
pascal	产生帕斯卡矩阵
hilp	产生希尔伯特矩阵
invhilp	产生希尔伯特逆矩阵
toeplitz	产生托普利兹矩阵
rand	产生 0~1 间均匀分布的随机矩阵
randn	产生均值为 0,方差为 1 的标准正态分布的随机矩阵
diag	获取矩阵的对角线元素,也可产生一个对角矩阵
tril	取一个矩阵的下三角矩阵
triu	取一个矩阵的上三角矩阵
vander	产生以向量 V 为基础向量的范德蒙矩阵
compan	产生伴随矩阵
hankel	产生 hankel 矩阵

微视频 2-1

【例 2-3】 建立随机矩阵:

(1) 在区间 $[20,50]$ 内均匀分布的五阶随机矩阵。

(2) 均值为 0.6、方差为 0.1 的五阶正态分布随机矩阵。

输入命令:

```
x = 20 + (50 − 20) * rand(5)
y = 0.6 + sqrt(0.1) * randn(5)
```

则输出为:

```
x =
    44.4417    22.9262    24.7284    24.2566    39.6722
    47.1738    28.3549    49.1178    32.6528    21.0714
    23.8096    36.4064    48.7150    47.4721    45.4739
    47.4013    48.7252    34.5613    43.7662    48.0198
    38.9708    48.9467    44.0084    48.7848    40.3621
y =
     0.4632     0.9766     0.5410     0.6360     0.6931
     0.0733     0.9760     0.8295     0.9373     0.1775
     0.6396     0.5881     0.4140     0.6187     0.8259
     0.6910     0.7035     1.2904     0.5698     1.1134
     0.2375     0.6552     0.5569     0.3368     0.3812
```

【例 2-4】 将 $101 \sim 125$ 的 25 个数填入一个 5 行 5 列的表格中,使其每行每列及对角线的和均为 565。

输入命令:

```
M = 100 + magic(5)
```

则输出为:

```
M =
    117   124   101   108   115
    123   105   107   114   116
    104   106   113   120   122
    110   112   119   121   103
    111   118   125   102   109
```

【例 2-5】 求五阶希尔伯特矩阵及其逆矩阵。

输入命令:

```
format rat                    % 以有理数形式输出
H = hilb(5)
H = invhilb(5)
format short                  % 恢复默认输出格式
```

则输出为:

```
H =
         1              1/2            1/3            1/4            1/5
        1/2             1/3            1/4            1/5            1/6
        1/3             1/4            1/5            1/6            1/7
        1/4             1/5            1/6            1/7            1/8
        1/5             1/6            1/7            1/8            1/9
H =
        25             −300           1050          −1400            630
      −300             4800         −18900          26880         −12600
      1050           −18900          79380        −117600          56700
     −1400            26880        −117600         179200         −88200
       630           −12600          56700         −88200          44100
```

【例 2-6】　求 $(x+y)^6$ 的展开式。

输入命令：

```
>> pascal(7)
```

则输出为：

```
ans =
     1     1     1     1     1     1     1
     1     2     3     4     5     6     7
     1     3     6    10    15    21    28
     1     4    10    20    35    56    84
     1     5    15    35    70   126   210
     1     6    21    56   126   252   462
     1     7    28    84   210   462   924
```

2.2　矩阵的运算

2.2.1　矩阵的算术运算

MATLAB 的基本算术运算有 +(加)、−(减)、*(乘)、/(右除)、\(左除)、^(乘方)、'(转置)。运算是在矩阵意义下进行的，单个数据的算术运算只是一种特例。

1. 矩阵的加减法

假定有两个矩阵 **A** 和 **B**，则 **A** + **B** 与 **A** − **B** 表示矩阵 **A** 与 **B** 的和与差。运算规则是：若矩阵 **A** 和 **B** 的维数相同，则两个矩阵对应元素相加减；若一个标量和一个矩阵相加减，则标量和所有元素分别进行相加减；若矩阵 **A** 和 **B** 的维数不匹配，MATLAB 将给出相应的错误提示信息，提示用户两个矩阵的维数不匹配。

2. 矩阵乘法

假定有两个矩阵 **A** 和 **B**，当 **A** 矩阵列数与 **B** 矩阵的行数相等时，二者可以进行乘法运算，否则是错误的，MATLAB 将给出相应的错误提示信息；若一个标量和一个矩阵相乘，则标量和所有元素分别进行相乘。矩阵乘法用" * "符号表示。

3. 矩阵除法

在 MATLAB 中有两种矩阵除法符号："\"(即左除)和"/"(即右除)。如果 A 矩阵是非奇异方阵,则 $A\backslash B$ 是 A 的逆矩阵乘 B,即 $\mathrm{inv}(A)*B$;而 B/A 是 B 乘 A 的逆矩阵,即 $B*\mathrm{inv}(A)$。一般 $A\backslash B \neq B/A$。

4. 矩阵乘方

$A\char94 n$ 的含义是 A 的 n 次方。如果 A 是一个方阵,n 是一个大于 1 的整数,则 $A\char94 n$ 表示 A 的 n 次幂,即 A 自乘 n 次。

5. 矩阵的转置运算

对实数矩阵进行行列互换;对复数矩阵进行共轭转置。

6. 矩阵的点运算

在 MATLAB 中,有一类特殊的运算,因为其运算符是在有关算术运算符前面加点,所以叫点运算。点运算符有 .*、./、.\和.^。两矩阵进行点运算是指它们的对应元素进行相关运算,要求两矩阵的维数相同。

2.2.2　矩阵的关系运算

矩阵的关系运算参见 1.6.2 节。

2.2.3　矩阵的逻辑运算

矩阵的逻辑运算参见 1.6.3 节。

【例 2-7】 已知 $A=\begin{bmatrix}1 & 1 & 1\\1 & 1 & -1\\1 & -1 & 1\end{bmatrix}$,$B=\begin{bmatrix}1 & 2 & 3\\-1 & -2 & 4\\0 & 5 & 1\end{bmatrix}$,计算:

(1) $3AB-2A$ 和 $3A\cdot B-2A$,并判断 $3AB-2A$ 与 $3A\cdot B-2A$ 是否相等。

(2) $A^{\mathrm{T}}B$。

(3) $\dfrac{A}{B}$ 和 $\dfrac{B}{A}$ 是否相等。

(4) B^3。

(5) $3A\bigcup 2B$ 和 $3A\bigcap 2B$。

输入命令:

```
A=[1 1 1;1 1 -1;1 -1 1];
B=[1 2 3;-1 -2 4;0 5 1];
c=3*A*B-2*A
d=3*A.*B-2*A
c>=d
e=A'*B
f=A/B
g=A\B
f<=g
h=B^3
```

```
i = 3 * A | 2 * B
j = 3 * A&2 * B
```

则输出为：

```
c =
    -2    13    22
    -2   -17    20
     4    29    -2
d =
     1     4     7
    -5    -8   -10
    -2   -13     1
ans =
     0     1     1
     1     0     1
     1     1     0
e =
     0     5     8
     0    -5     6
     2     9     0
f =
    0.7429   -0.2571   -0.2000
    0.4571   -0.5429   -0.2000
    0.8000   -0.2000   -0.6000
g =
   -0.5000    1.5000    2.5000
    0.5000   -1.5000    1.0000
    1.0000    2.0000   -0.5000
ans =
     0     1     1
     1     0     1
     1     1     1
h =
   -14    42    63
   -21   -77    84
     0   105   -14
i =
     1     1     1
     1     1     1
     1     1     1
j =
     1     1     1
     1     1     1
     0     1     1
```

2.3　矩阵的分析

　　MATLAB的数学能力大部分是从它的矩阵函数派生出来的,其中一部分装入MATLAB本身,它从外部的MATLAB建立的M文件库中得到;还有一些是由个别的用户为实现自己的特殊用途加进去的。其他功能函数在帮助程序或命令手册中都可找到。表2-3给出了常用的矩阵分析函数。

表 2-3　常用的矩阵分析函数

函　　数	功　　能	函　　数	功　　能
det	求矩阵的行列式	fliplr	矩阵左右翻转
inv	求矩阵的逆	flipud	矩阵上下翻转
eig	求矩阵的特征值和特征向量	resharp	矩阵阶数重组
rank	求矩阵的秩	rot90	矩阵逆时针旋转 90°
trace	求矩阵的迹	poly	求矩阵特征方程的根
norm	求矩阵的范数	cond	求矩阵的条件数
rref	将矩阵化为行最简形式		

2.3.1　对角阵与三角阵

1. 对角阵

　　只有对角线上有非0元素的矩阵称为对角矩阵,对角线上的元素相等的对角矩阵称为数量矩阵,对角线上的元素都为1的对角矩阵称为单位矩阵。矩阵的对角线有许多性质,如转置运算时对角线元素不变,相似变换时对角线的和(称为矩阵的迹)不变等。在研究矩阵时,很多时候需要将矩阵的对角线上的运算提取出来形成一个列向量,有时又需要用一个向量构造一个对角阵。

　　1) 提取矩阵的对角线元素

　　设 A 为 $m \times n$ 矩阵,diag(A)函数用于提取矩阵 A 主对角线元素,产生一个具有 $\min(m, n)$ 个元素的列向量。如:

```
A = [1,2,3;4,5,6];
D = diag(A)
D =
     1
     5
```

　　diag(A)函数还有一种形式 diag(A,k),其功能是提取第 k 条对角线的元素。与主对角线平行,往上为第 1 条,第 2 条,……,第 n 条对角线,往下为第 -1 条,第 -2 条,……,第 $-n$ 条对角线。主对角线为第 0 条对角线。如:

```
D1 = diag(A,1)
D1 =
     2
     6
```

2)构造对角矩阵

设 V 为具有 m 个元素的向量,diag(V)将产生一个 $m \times m$ 对角矩阵,其主对角线元素即为向量 V 的元素。如:

```
diag([1,3,-2,-6])
ans =
    1    0    0    0
    0    3    0    0
    0    0   -2    0
    0    0    0   -6
```

diag(V)函数也有另一种形式 diag(V,k),其功能是产生一个 $n \times n(n = m + |k|)$ 对角阵,其第 k 条对角线的元素即为向量 V 的元素。如:

```
diag([1:3,-2])
ans =
    1    0    0    0
    0    2    0    0
    0    0    3    0
    0    0    0   -2
```

微视频 2-2

【例 2-8】　先建立 5×5 矩阵 A,然后将 A 的第 1 行元素乘以 1,第 2 行乘以 2,……,第 5 行乘以 5。

用一个对角阵左乘一个矩阵时,相当于用对角阵的第 1 个元素乘以该矩阵的第 1 行,用对角阵的第 2 个元素乘以该矩阵的第 2 行,以此类推。因此,只需按要求构造一个对角阵 D,并用 D 左乘 A 即可。命令如下:

```
A = [17,0,1,0,15;23,5,7,14,16;4,0,13,0,22;10,12,19,21,3;...
11,18,25,2,19];
D = diag(1:5);
D * A                    %用D左乘A,对A的每行乘以一个指定常数
```

则输出为:

```
ans =
   17     0     1     0    15
   46    10    14    28    32
   12     0    39     0    66
   40    48    76    84    12
   55    90   125    10    95
```

如果要对 A 的每一列元素乘以同一个数,可以用一个对角阵右乘矩阵 A。

2. 三角矩阵

三角矩阵又进一步分为上三角矩阵和下三角矩阵。所谓上三角矩阵,即矩阵的对角线以下的元素全为 0 的一种矩阵,而下三角矩阵则是对角线以上的元素全为 0 的一种矩阵。

1)上三角矩阵

求矩阵 A 的上三角矩阵的 MATLAB 函数是 triu(A)。例如,提取矩阵 A 的上三角元

素,形成新的矩阵 **B**。

triu(A)函数也有另一种形式 triu(A,k),其功能是求矩阵 **A** 的第 k 条对角线以上的元素。例如,提取矩阵 **A** 的第 2 条对角线以上的元素,形成新的矩阵 **B**。命令如下:

```
A = [1 2 3 -2;-1 -2 4 -7; 0 5 1 8;-4 6 2 0];
B = triu(A)
B = triu(A,2)
```

则输出为:

```
B =
     1     2     3    -2
     0    -2     4    -7
     0     0     1     8
     0     0     0     0
B =
     0     0     3    -2
     0     0     0    -7
     0     0     0     0
     0     0     0     0
```

2) 下三角矩阵

在 MATLAB 中,提取矩阵 **A** 的下三角矩阵的函数是 tril(A)和 tril(A,k),其用法与提取上三角矩阵的函数 triu(A)和 triu(A,k)完全相同。如:

```
A = [1 2 3 -2;-1 -2 4 -7; 0 5 1 8;-4 6 2 0];
B = tril(A)
B = tril(A,-2)
B =
     1     0     0     0
    -1    -2     0     0
     0     5     1     0
    -4     6     2     0
B =
     0     0     0     0
     0     0     0     0
     0     0     0     0
    -4     6     0     0
```

2.3.2 矩阵的转置与旋转

1. 矩阵的转置

矩阵的转置操作使用转置运算符单撇号(')。

2. 矩阵的旋转

矩阵的旋转操作使用函数 rot90(A,k)将矩阵 **A** 旋转 90°的 k 倍,当 k 为 1 时可省略。

3. 矩阵的左右翻转

对矩阵实施左右翻转是将原矩阵的第一列和最后一列调换,第二列和倒数第二列调换,依次类推。MATLAB 对矩阵 **A** 实施左右翻转的函数是 fliplr(A)。

4. 矩阵的上下翻转

MATLAB 对矩阵 **A** 实施上下翻转的函数是 flipud(A)。

【例 2-9】 **A**′ 是矩阵 **A** 的转置,**B** 是将矩阵 **A** 旋转 180°得到的,**C** 是矩阵 **A** 左右翻转得到的,**D** 是矩阵 **A** 上下翻转得到的,求 **A**′、**B**、**C**、**D**。

命令如下:

微视频 2-3

```
A = [14 21 3 - 2; - 17 - 2 4 - 7; 0 5 31 8; - 4 6 22 0]
A'
B = rot90(A,2)
C = fliplr(A)
D = flipud(A)
```

则输出为:

```
A =
    14    21     3    - 2
   - 17   - 2     4    - 7
     0     5    31     8
    - 4     6    22     0
ans =
    14   - 17     0    - 4
    21    - 2     5     6
     3     4    31    22
    - 2    - 7     8     0
B =
     0    22     6    - 4
     8    31     5     0
    - 7     4    - 2   - 17
    - 2     3    21    14
C =
    - 2     3    21    14
    - 7     4    - 2   - 17
     8    31     5     0
     0    22     6    - 4
D =
    - 4     6    22     0
     0     5    31     8
   - 17   - 2     4    - 7
    14    21     3    - 2
```

2.3.3 矩阵的逆与伪逆

1. 矩阵的逆

对于一个方阵 **A**,如果存在一个与其同阶的方阵 **B**,使得:

$$\boldsymbol{A} \cdot \boldsymbol{B} = \boldsymbol{B} \cdot \boldsymbol{A} = \boldsymbol{I} \quad (\boldsymbol{I} \text{ 为单位矩阵})$$

则称 **B** 为 **A** 的逆矩阵,当然,**A** 也是 **B** 的逆矩阵。

求一个矩阵的逆是一件非常烦琐的工作,容易出错,但在 MATLAB 中,求一个矩阵的逆非常容易。求方阵 A 的逆矩阵可调用函数 inv(A)。

2. 矩阵的伪逆

如果矩阵 A 不是一个方阵,或者 A 是一个非满秩的方阵时,矩阵 A 没有逆矩阵,但可以找到一个与 A 的转置矩阵 A' 同型的矩阵 B,使得:

$$A \cdot B \cdot A = A \quad B \cdot A \cdot B = B$$

此时称矩阵 B 为矩阵 A 的伪逆,也称为广义逆矩阵。在 MATLAB 中,求一个矩阵伪逆的函数是 pinv(A)。

3. 用矩阵求逆方法求解线性方程组

在线性方程组 $Ax=b$ 两边各左乘 A^{-1},有

$$A^{-1}Ax = A^{-1}b$$

由于 $A^{-1}A = I$,故得

$$x = A^{-1}b$$

【例 2-10】　用求逆矩阵的方法解下列线性方程组。

$$\begin{cases} x + 2y + 3z = 5 \\ x + 4y + 9z = -2 \\ x + 8y + 27z = 6 \end{cases}$$

微视频 2-4

命令如下:

```
A = [1,2,3;1,4,9;1,8,27];
b = [5, -2,6]';
x = inv(A) * b
```

则输出为:

```
x =
    23.0000
  -14.5000
    3.6667
```

也可以运用左除运算符"\"求解线性代数方程组。

2.3.4　方阵的行列式

把一个方阵看作一个行列式,并对其按行列式的规则求值,这个值就称为所对应的行列式的值。在 MATLAB 中,求方阵 A 所对应的行列式的值的函数是 det(A)。如:

```
A = rand(5)
B = det(A)
A =
    0.8147    0.0975    0.1576    0.1419    0.6557
    0.9058    0.2785    0.9706    0.4218    0.0357
    0.1270    0.5469    0.9572    0.9157    0.8491
    0.9134    0.9575    0.4854    0.7922    0.9340
    0.6324    0.9649    0.8003    0.9595    0.6787
B =
   -0.0250
```

2.3.5　矩阵的秩与迹

1. 矩阵的秩

矩阵线性无关的行数与列数称为矩阵的秩。在 MATLAB 中,求矩阵秩的函数是 rank(A)。

2. 矩阵的迹

矩阵的迹等于矩阵的对角线元素之和,也等于矩阵的特征值之和。在 MATLAB 中,求矩阵的迹的函数是 trace(A)。

2.3.6　向量和矩阵的范数

矩阵或向量的范数用来度量矩阵或向量在某种意义下的长度。范数可由多种方法定义,其定义不同,范数值也就不同。

1. 向量的 3 种常用范数及其计算函数

设向量 $V = (v_1, v_2, v_3, \cdots, v_n)$,下面是向量的 3 种范数的定义。

1）2-范数

$$\| V \|_2 = \sqrt{\sum_{i=1}^{n} v_i^2}$$

2）1-范数

$$\| V \|_1 = \sum_{i=1}^{n} | v_i |$$

3）∞-范数

$$\| V \|_\infty = \max_{1 \leqslant i \leqslant n} \| v_i \|$$

在 MATLAB 中,求这 3 种向量范数的函数为:

(1) norm(V)或 norm(V,2):计算向量 V 的 2-范数。

(2) norm(V,1):计算向量 V 的 1-范数。

(3) norm(V,inf):计算向量 V 的 ∞-范数。

2. 矩阵的范数及其计算函数

MATLAB 提供了求上述 3 种矩阵范数的函数,其函数调用格式与求向量的范数的函数完全相同。

2.3.7　矩阵的条件数

在 MATLAB 中,计算矩阵 A 的 3 种条件数的函数为:

(1) cond(A,1):计算 A 的 1-范数下的条件数。

(2) cond(A)或 cond(A,2):计算 A 的 2-范数数下的条件数。

(3) cond(A,inf):计算 A 的 ∞-范数下的条件数。

2.3.8　矩阵的特征值与特征向量

在 MATLAB 中,计算矩阵 A 的特征值和特征向量的函数是 eig(A),常用的调用格式有 3 种：

（1）E＝eig(A)：求矩阵 $\boldsymbol{A}$ 的全部特征值，构成向量 $\boldsymbol{E}$。

（2）[V,D]＝eig(A)：求矩阵 $\boldsymbol{A}$ 的全部特征值，构成对角阵 $\boldsymbol{D}$，并求 $\boldsymbol{A}$ 的特征向量构成 $\boldsymbol{V}$ 的列向量。

（3）[V,D]＝eig(A,'nobalance')：与第（2）种格式类似，但第（2）种格式中先对 $\boldsymbol{A}$ 作相似变换后求矩阵 $\boldsymbol{A}$ 的特征值和特征向量，而格式（3）直接求矩阵 $\boldsymbol{A}$ 的特征值和特征向量。

【例 2-11】 用求特征值的方法解方程。

微视频 2-5

$$3x^5 - 7x^4 + 5x^2 + 2x - 18 = 0$$

命令如下：

```
p = [3, - 7,0,5,2, - 18];
A = compan(p);                    % A 的伴随矩阵
x1 = eig(A)                       % 求 A 的特征值
x2 = roots(p)                     % 直接求多项式 p 的零点
```

则输出为：

```
x1 =
   2.1837
   1.0000 + 1.0000i
   1.0000 - 1.0000i
 - 0.9252 + 0.7197i
 - 0.9252 - 0.7197i
x2 =
   2.1837
   1.0000 + 1.0000i
   1.0000 - 1.0000i
 - 0.9252 + 0.7197i
 - 0.9252 - 0.7197i
```

可以看出，两种方法求得的方程的根是完全一致的，实际上，roots 函数正是应用求伴随矩阵的特征值的方法来求方程的根。

2.3.9 矩阵的超越函数

MATLAB 还提供了一些直接作用于矩阵的超越函数，并规定了输入参数必须是方阵，如表 2-4 所示。

表 2-4 常见矩阵的超越函数

函 数	功 能
sqrtm	计算矩阵 $\boldsymbol{A}$ 的平方根
expm、expm1、expm2、expm3	都是求矩阵指数 $e^{\boldsymbol{A}}$
logm	计算矩阵 $\boldsymbol{A}$ 的自然对数
funm	普通矩阵函数。funm(A,'fun')用来计算直接作用于矩阵 $\boldsymbol{A}$ 的由 'fun' 指定的超越函数值；funm(A,'sqrt')可以计算矩阵 $\boldsymbol{A}$ 的平方根

2.4　稀疏矩阵

稀疏矩阵是指矩阵中具有大量的零元素,而仅含少量的非零元素。通常,一个 $m \times n$ 阶实矩阵需要占据 $m \times n$ 个存储单元。这对于一个 m、n 较大的矩阵来说,无疑将要占据相当大的存储空间。然而,对稀疏矩阵来说,若将大量的零元素存储起来,则显然是对硬件资源的一种浪费。为此,MATLAB 为稀疏矩阵提供了方便、灵活而有效的存储技术。

2.4.1　矩阵存储方式

MATLAB 的矩阵有两种存储方式:完全存储方式和稀疏存储方式。

1. 完全存储方式

完全存储方式是将矩阵的全部元素按列存储。以前讲到的矩阵的存储方式都是按这个方式存储的,此存储方式对稀疏矩阵也适用。

2. 稀疏存储方式

稀疏存储方式仅存储矩阵所有的非零元素的值及其位置,即行号和列号。在MATLAB 中,稀疏存储方式也是按列存储的。设

$$A = \begin{bmatrix} 1 & 0 & 0 & 0 \\ 0 & 5 & 0 & 0 \\ 2 & 0 & 0 & 7 \end{bmatrix}$$

是具有稀疏特征的矩阵,其完全存储方式是按列存储全部 12 个元素:

$$1,0,2,0,5,0,0,0,0,0,0,7$$

其稀疏存储方式为:

$$(1,1),1,(3,1),2,(2,2),2,(3,4),7$$

括号内为元素的行列位置,其后面为元素值。

注意:在讲稀疏矩阵时,有两个不同的概念:一是指矩阵的 0 元素较多,该矩阵是一个具有稀疏特征的矩阵,二是指采用稀疏方式存储的矩阵。

2.4.2　稀疏矩阵的产生

稀疏矩阵产生的函数如表 2-5 所示。

表 2-5　稀疏矩阵的产生函数

函　　数	功　　能	函　　数	功　　能
sparse	生成稀疏矩阵	full	将稀疏矩阵转化为满矩阵
spdiags	生成带状(对角)稀疏	speye	生成单位稀疏矩
sprand	生成均匀分布随机稀疏矩阵	sprandsym	生成随机对称稀疏矩阵
sprandn	生成正态分布随机稀疏矩阵	find	稀疏矩阵非零元素的索引
spconvert	将外部数据转化为稀疏矩阵	spfun	针对稀疏矩阵中非零元素应用函数
spy	绘制稀疏矩阵非零元素的分布图	coolperm	稀疏矩阵非零元素的列变换
colmmd	稀疏矩阵非零元素最小度排序	luinc	稀疏矩阵的不完全 LU 分解
cholinc	稀疏矩阵的不完全 cholesky 分解	eigs	稀疏矩阵的特征值分解

1. 将完全存储方式转化为稀疏存储方式

函数 A＝sparse(S)将矩阵 S 转换为稀疏存储方式的矩阵 A。当矩阵 S 是稀疏存储方式时,则函数调用相当于 $A＝S$。

sparse 函数还有其他一些调用格式:

sparse(m,n):生成一个维数为 $m×n$ 的所有元素都是 0 的稀疏矩阵。

sparse(u,v,S):u、v、S 是 3 个等长的向量。S 是要建立的稀疏矩阵的非 0 元素,$u(i)$、$v(i)$ 分别是 $S(i)$ 的行和列下标,该函数建立一个 max(u)行、max(v)列并以 S 为稀疏元素的稀疏矩阵。

[u,v,S]＝find(A):返回矩阵 A 中非 0 元素的下标和元素。这里产生的 u、v、S 可作为 sparse(u,v,S)的参数。

full(A):返回和稀疏存储矩阵 A 对应的完全存储方式矩阵。

【例 2-12】 设

$$X = \begin{bmatrix} 2 & 0 & 0 & 0 & 0 \\ 0 & 0 & 0 & 0 & 0 \\ 0 & 0 & 0 & 5 & 0 \\ 0 & 1 & 0 & 0 & -1 \\ 0 & 0 & 0 & 0 & -5 \end{bmatrix}$$

将 X 转化为稀疏存储方式。

命令如下:

```
X = [2,0,0,0,0;0,0,0,0,0;0,0,0,5,0;0,1,0,0, -1;0,0,0,0, -5];
A = sparse(X)
```

则输出为:

```
A =
   (1,1)        2
   (4,2)        1
   (3,4)        5
   (4,5)       -1
   (5,5)       -5
```

2. 产生稀疏存储矩阵

只把要建立的稀疏矩阵的非 0 元素及其所在行和列的位置表示出来,然后由 MATLAB 自己产生其稀疏存储,这需要使用 spconvert 函数。调用格式为:

```
B = spconvert(A)
```

其中,A 为一个 $m×3$ 或 $m×4$ 的矩阵,其每行表示一个非 0 元素,m 是非 0 元素的个数,A 中每个元素的意义是:

(i,1)　第 i 个非 0 元素所在的行。

(i,2)　第 i 个非 0 元素所在的列。

(i,3)　第 i 个非 0 元素值的实部。

(i,4)　第 i 个非 0 元素值的虚部。

若矩阵的全部元素都是实数,则无须第四列。

该函数将 **A** 所描述的一个稀疏矩阵转化为一个稀疏存储矩阵。

【例 2-13】 根据表示稀疏矩阵的矩阵 **A**,产生一个稀疏存储方式矩阵 **B**。

$$\boldsymbol{A} = \begin{bmatrix} 2 & 2 & 1 \\ 3 & 1 & -1 \\ 4 & 3 & 3 \\ 5 & 3 & 8 \\ 6 & 6 & 12 \end{bmatrix}$$

命令如下:

```
A = [2,2,1;3,1, - 1;4,3,3;5,3,8;6,6,12];
B = spconvert(A)
```

则输出为:

```
B =
   (3,1)      - 1
   (2,2)        1
   (4,3)        3
   (5,3)        8
   (6,6)       12
```

3. 带状稀疏存储矩阵

用 spdiags 函数产生带状稀疏矩阵的稀疏存储,调用格式是:

```
A = spdiags(B,d,m,n)
```

其中,参数 m,n 为原带状矩阵的行数与列数。**B** 为 $r \times p$ 阶矩阵,这里 $r = \min(m,n)$,p 为原带状矩阵所有非零对角线的条数,矩阵 **B** 的第 i 列即为原带状矩阵的第 i 条非零对角线。

【例 2-14】 使用 spdiags 函数产生一个稀疏对角矩阵。

命令如下:

```
e = ones(6,1);
A = spdiags([e - 2 * e e], - 1:1,6,6)     % 产生 6 * 6 稀疏矩阵,其元素是矩阵[e - 2 * e e]中的列
                                          % 元素放在 - 1:1 指定的对角线位置上的元素
```

则输出为:

```
A =
   (1,1)      - 2
   (2,1)        1
   (1,2)        1
   (2,2)      - 2
   (3,2)        1
   (2,3)        1
   (3,3)      - 2
```

```
    (4,3)        1
    (3,4)        1
    (4,4)       -2
    (5,4)        1
    (4,5)        1
    (5,5)       -2
    (6,5)        1
    (5,6)        1
    (6,6)       -2
```

4. 单位矩阵的稀疏存储

单位矩阵只有对角线元素为1,其他元素都为0,是一种具有稀疏特征的矩阵。函数 eye 产生一个完全存储方式的单位矩阵。MATLAB还有一个产生稀疏存储方式的单位矩阵的函数,这就是 speye。函数 speye(m,n)返回一个 $m \times n$ 的稀疏存储单位矩阵。

2.4.3 稀疏矩阵应用

稀疏存储矩阵只是矩阵的存储方式不同,它的运算规则与普通矩阵是一样的。所以,在运算过程中,稀疏存储矩阵可以直接参与运算。当参与运算的对象不全是稀疏存储矩阵时,所得结果一般是完全存储形式。

【例 2-15】 求下列三对角线性代数方程组的解。

$$\begin{bmatrix} 2 & 3 & & & \\ 1 & 4 & 1 & & \\ & 1 & 6 & 4 & \\ & & 2 & 6 & 2 \\ & & & 1 & 1 \end{bmatrix} \begin{bmatrix} x_1 \\ x_2 \\ x_3 \\ x_4 \\ x_5 \end{bmatrix} = \begin{bmatrix} 0 \\ 3 \\ 2 \\ 1 \\ 5 \end{bmatrix}$$

命令如下:

```
B = [1,2,0;1,4,3;2,6,1;1,6,4;0,1,2];    %产生非0对角元素矩阵
d = [-1;0;1];                           %产生非0对角元素位置向量
A = spdiags(B,d,5,5)                     %产生稀疏存储的系数矩阵
f = [0;3;2;1;5];                         %方程右边参数向量
x = (inv(A) * f)'                        %求解
```

则输出为:

```
A =
    (1,1)        2
    (2,1)        1
    (1,2)        3
    (2,2)        4
    (3,2)        1
    (2,3)        1
    (3,3)        6
    (4,3)        2
    (3,4)        4
```

```
    (4,4)        6
    (5,4)        1
    (4,5)        2
    (5,5)        1
x =
  - 0.1667    0.1111    2.7222    - 3.6111    8.6111
```

2.5　矩阵及其运算应用

2.5.1　秩与线性相关性

1. 矩阵和向量组的秩以及向量组的线性相关性

在进行科学计算时,常常要用到矩阵的特征参数,如矩阵的行列式、秩、迹、条件数等,在MATLAB中可以用命令轻松地进行计算。

矩阵的秩是矩阵中最高阶非零子式的阶数,向量组的秩通常由该向量组构成的矩阵来计算。向量组的线性相关性的定义为:

给定向量组 A: $a_1, a_2, \cdots, a_m$,对于任何一组实数 $k_1, k_2, \cdots, k_m$,表达式 $k_1a_1 + k_2a_2 + \cdots + k_ma_m$ 称为向量组 A 的一个线性组合,$k_1, k_2, \cdots, k_m$ 称为这个线性组合的系数。

给定向量组 A: $a_1, a_2, \cdots, a_m$ 和向量 b,如果存在一组实数 $l_1, l_2, \cdots, l_m$,使得 $l_1a_1 + l_2a_2 + \cdots + l_ma_m$,则向量 b 是向量组 A 的线性组合,这时称向量 b 能由向量组 A 线性表示。

【例 2-16】 求向量组 $a_1 = [1, -2, 2, 3]$, $a_2 = [-2, 4, -1, 3]$, $a_3 = [-1, 2, 0, 3]$, $a_4 = [0, 6, 2, 3]$ 的秩,并判断其线性相关性。

命令如下:

```
A=[1 - 2 2 3;-2 4 - 1 3;-1 2 0 3;0 6 2 3];
rank(A)
```

则输出为:

```
ans =
    3
```

由于秩为 3,小于向量的个数,因此向量组线性相关。

2. 向量组的最大无关组

求一个向量组最大无关组的方法有:定义法、解线性方程组法和矩阵法(借助矩阵的子行列式,借助矩阵的初等变换)。矩阵可以通过初等行变换变成行最简形式,从而找出列向量组的最大无关组是一个简便实用的方法。

【例 2-17】 求向量组 $a = [1, -2, 2, 3]$, $b = [-2, 4, -1, 3]$, $c = [-1, 2, 0, 3]$, $d = [0, 6, 2, 3]$, $e = [2, -6, 3, 4]$ 的一个最大无关组。

命令如下:

```
a = [1 - 2 2 3]';
b = [- 2 4 - 1 3]';
c = [- 1 2 0 3]';
d = [0 6 2 3]';
e = [2 - 6 3 4]';
A = [a b c d e]
format rat                    % 以有理格式输出
B = rref(A)                   % 求 A 的行最简形式
```

则输出为：

```
A =
      1     - 2     - 1       0       2
    - 2       4       2       6     - 6
      2     - 1       0       2       3
      3       3       3       3       4
B =
      1             0           1/3           0          16/9
      0             1           2/3           0         - 1/9
      0             0             0           1         - 1/3
      0             0             0           0             0
```

从 **B** 中可以得到，向量组 **a**、**b**、**d** 是其中的一个最大无关组。

2.5.2　线性方程组的求解

对线性方程组求解常用的函数及功能如表 2-6 所示。

表 2-6　线性方程组求解常用的函数及功能

函　数	功　能	函　数	功　能
inv 和 rref	求解具有唯一解	null 和 pinv	求解具有无穷解的基础解系和特解
LU	LU 分解法求解	QR	QR 分解法求解
chol	Cholesky 分解求解	bicg	双共轭梯度法求解
symmlq	LQ 解法求解	cgs	复共轭梯度平方方法求解
bicgstab	稳定双共轭梯度法求解	gmres	广义最小残差法求解
lsqr	共轭梯度法的 LSQR 法求解	qmr	准最小残差求解
minres	最小残差法求解		

1. 利用矩阵的分解求解线性方程组

矩阵分解是指根据一定的原理用某种算法将一个矩阵分解成若干个矩阵的乘积。常见的矩阵分解有 LU 分解、QR 分解、Cholesky 分解，以及 Schur 分解、Hessenberg 分解、奇异分解等。

1）LU 分解

矩阵的 LU 分解就是将一个矩阵表示为一个交换下三角矩阵和一个上三角矩阵的乘积形式。线性代数中已经证明，只要方阵 **A** 是非奇异的，LU 分解就是可以进行的。

MATLAB 提供的 lu 函数用于对矩阵进行 LU 分解，其调用格式为：

(1) [L,U]=lu(X)：产生一个上三角矩阵 U 和一个变换形式的下三角矩阵 L（行交换），使之满足 $X=LU$。注意，这里的矩阵 X 必须是方阵。

(2) [L,U,P]=lu(X)：产生一个上三角矩阵 U 和一个下三角矩阵 L 以及一个置换矩阵 P，使之满足 $PX=LU$。当然矩阵 X 同样必须是方阵。

实现 LU 分解后，线性方程组 $Ax=b$ 的解 $x=U\backslash(L\backslash b)$ 或 $x=U\backslash(L\backslash Pb)$，这样可以大大提高运算速度。

微视频 2-6

【例 2-18】 用 LU 分解求解下列线性方程组。

$$\begin{cases} 2x_1 + x_2 - 5x_3 + x_4 = 13 \\ x_1 - 5x_2 + 7x_4 = -9 \\ 2x_2 + x_3 - x_4 = 6 \\ x_1 + 6x_2 - x_3 - 4x_4 = 0 \end{cases}$$

命令如下：

```
A = [2,1, − 5,1;1, − 5,0,7;0,2,1, − 1;1,6, − 1, − 4];
b = [13, − 9,6,0]';
[L,U] = lu(A);
x = U\(L\b)
```

则输出为：

```
x =
  − 66.5556
   25.6667
  − 18.7778
   26.5556
```

或采用 LU 分解的第 2 种格式，命令如下：

```
A = [2,1, − 5,1;1, − 5,0,7;0,2,1, − 1;1,6, − 1, − 4];
b = [13, − 9,6,0]';
[L,U ,P] = lu(A);
x = U\(L\P * b)
```

结果是一样的。

2）QR 分解

对矩阵 X 进行 QR 分解，就是把 X 分解为一个正交矩阵 Q 和一个上三角矩阵 R 的乘积形式。QR 分解只能对方阵进行。MATLAB 的函数 qr 可用于对矩阵进行 QR 分解，其调用格式为：

(1) [Q,R]=qr(X)——产生一个一个正交矩阵 Q 和一个上三角矩阵 R，使之满足 $X=QR$。

(2) [Q,R,E]=qr(X)——产生一个一个正交矩阵 Q、一个上三角矩阵 R 以及一个置换矩阵 E，使之满足 $XE=QR$。

实现 QR 分解后，线性方程组 $Ax=b$ 的解 $x=R\backslash(Q\backslash b)$ 或 $x=E(R\backslash(Q\backslash b))$。

【例 2-19】 用 QR 分解求解上例中的线性方程组。

命令如下：

```
A = [2,1, - 5,1;1, - 5,0,7;0,2,1, - 1;1,6, - 1, - 4];
b = [13, - 9,6,0]';
[Q,R] = qr(A);
x = R\(Q\b)
```

则输出为：

```
x =
 - 66.5556
  25.6667
 - 18.7778
  26.5556
```

或采用 QR 分解的第 2 种格式，命令如下：

```
A = [2,1, - 5,1;1, - 5,0,7;0,2,1, - 1;1,6, - 1, - 4];
b = [13, - 9,6,0]';
[Q,R,E] = qr(A);
x = E * (R\(Q\b))
```

结果是一样的。

3）Cholesky 分解

如果矩阵 X 是对称正定的，则 Cholesky 分解将矩阵 X 分解成一个下三角矩阵和上三角矩阵的乘积。设上三角矩阵为 R，则下三角矩阵为其转置，即 $X = R'R$。MATLAB 函数 chol(X)用于对矩阵 X 进行 Cholesky 分解，其调用格式为：

（1）R＝chol(X)：产生一个上三角阵 R，使 $R'R = X$。若 X 为非对称正定，则输出一个出错信息。

（2）[R,p]＝chol(X)：这个命令格式将不输出出错信息。当 X 为对称正定的，则 $p = 0$，R 与上述格式得到的结果相同；否则 p 为一个正整数。如果 X 为满秩矩阵，则 R 为一个阶数为 $q = p - 1$ 的上三角阵，且满足 $R'R = X(1:q,1:q)$。

实现 Cholesky 分解后，线性方程组 $Ax = b$ 变成 $R'Rx = b$，所以 $x = R\setminus(R'\setminus b)$。

【例 2-20】 用 Cholesky 分解求解例 2-18 中的线性方程组。

命令如下：

```
A = [2,1, - 5,1;1, - 5,0,7;0,2,1, - 1;1,6, - 1, - 4];
b = [13, - 9,6,0]';
R = chol(A)
```

则输出为：

```
??? Error using == > chol
Matrix must be positive definite.
```

命令执行时，出现错误信息，说明 A 为非正定矩阵。

2. 迭代解法

迭代解法非常适合求解大型稀疏矩阵的方程组。在数值分析中,迭代解法主要包括 Jacobi 迭代法、Gauss-Serdel 迭代法、超松弛迭代法和两步迭代法。

1) Jacobi 迭代法

对于线性方程组 $Ax=b$,如果 A 为非奇异方阵,即 $a_{ii} \neq 0 (i=1,2,\cdots,n)$,则可将 A 分解为 $A=D-L-U$,其中 D 为对角矩阵,其元素为 A 的对角元素,L 与 U 为 A 的下三角矩阵和上三角矩阵,于是 $Ax=b$ 化为:

$$x=D^{-1}(L+U)x+D^{-1}b$$

与之对应的迭代公式为:

$$x^{(k+1)}=D^{-1}(L+U)x^{(k)}+D^{-1}b$$

这就是 Jacobi 迭代公式。如果序列 $\{x^{(k+1)}\}$ 收敛于 x,则 x 必是方程 $Ax=b$ 的解。

应用 Jacobi 迭代法,需要编写 MATLAB 函数文件 Jacobi.m。

2) Gauss-Serdel 迭代法

在 Jacobi 迭代过程中,计算 $\{x_i^{(k+1)}\}$ 时,已经得到 $x_1^{(k+1)},x_2^{(k+1)},\cdots,x_{i-1}^{(k+1)}$,不必再用 $x_1^{(k)},x_2^{(k)},\cdots,x_{i-1}^{(k)}$,即原来的迭代公式 $Dx^{(k+1)}=(L+U)x^{(k)}+b$ 可以改写为 $Dx^{(k+1)}=Lx^{(k+1)}+Ux^{(k+1)}+b$,于是得到:

$$x^{(k+1)}=(D-L)^{-1}Ux^{(k)}+(D-L)^{-1}b$$

此式即为 Gauss-Serdel 迭代公式。和 Jacobi 迭代相比,Gauss-Serdel 迭代用新分量代替旧分量,精度会高些。

应用 Gauss-Serdel 迭代法,需要编写 MATLAB 函数文件 gauserdel.m。

3. 求线性方程组的通解

线性方程组的求解分为两类:一类是求方程组的唯一解(即特解),另一类是求方程组的无穷解(即通解)。这里对线性方程组 $Ax=b$ 的求解理论作一个归纳。

(1) 当系数矩阵 A 是一个满秩方阵时,方程 $Ax=b$ 称为恰定方程,方程有唯一解 $x=A^{-1}b$,这是最基本的一种情况。一般用 $x=A\backslash b$ 求解速度更快。

(2) 当方程组右端向量 $b=0$ 时,方程称为齐次方程组。齐次方程组总有零解,因此称解 $x=0$ 为平凡解。当系数矩阵 A 的秩小于 n(n 为方程组中未知变量的个数)时,齐次方程组有无穷多个非平凡解,其通解中包含 n-rank(A)个线性无关的解向量,用 MATLAB 的函数 null(A,'r')可求得基础解系。

(3) 当方程组右端向量 $b \neq 0$ 时,系数矩阵的秩 rank(A)与其增广矩阵的秩 rank($[A,b]$)是判断其是否有解的基本条件:

① 当 rank(A)=rank($[A,b]$)=n 时,方程组有唯一解:$x=A\backslash b$ 或 $x=$pinv(A)$*b$。

② 当 rank(A)=rank($[A,b]$)<n 时,方程组有无穷多个解,其通解=方程组的一个特解＋对应的齐次方程组 $Ax=0$ 的通解。可以用 $A\backslash b$ 求得方程组的一个特解,用 null(A,'r')求得该方程组所对应的齐次方程组的基础解系,基础解系中包含 n-rank(A)个线性无关的解向量。

③ 当 rank(A)<rank($[A,b]$)时,方程组无解。

4. 线性方程组求解实例

1) 线性方程组唯一解

用 MATLAB 求解线性方程组 $Ax = b$ 唯一解的常用方法是左除法和逆矩阵法。

【例 2-21】 求下列线性方程组的解。

$$\begin{cases} x_1 - x_2 + x_3 + x_4 = 2 \\ 3x_1 + x_2 - x_3 + x_4 = 6 \\ x_1 + x_2 + x_4 = 4 \\ x_1 + 2x_2 + x_3 = 1 \end{cases}$$

命令如下:

```
A = [1 -1 1 1;3 1 -1 1;1 1 0 1;1 2 1 0];
b = [2 6 4 1]';
r = rank(A)              % 求系数矩阵 A 的秩,判断方程组是否有唯一解
```

则输出为:

```
r =
    4
```

以上结果说明方程组的系数矩阵 A 的秩等于未知量的个数,方程组有唯一解。

```
x = A\b
x =
    0.6000
    0.6000
   -0.8000
    2.8000
x = inv(A) * b
x =
    0.6000
    0.6000
   -0.8000
    2.8000
```

由此说明线性方程组有唯一解,用常用的左除法和逆矩阵法求解线性方程组的解,结果是一样的。

2) 线性方程组多解

用 MATLAB 求解线性方程组 $A_{m \times n} x = b$ 多解的常用方法是左除法和伪逆矩阵法。

【例 2-22】 求下列线性方程组的解。

$$\begin{cases} x_1 - x_2 + x_3 + x_4 = 2 \\ 3x_1 + x_2 - x_3 + x_4 = 6 \\ x_1 + x_2 + x_4 = 4 \end{cases}$$

命令如下:

```
A = [1 - 1 1 1;3 1 - 1 1;1 1 0 1];
b = [2 6 4]';
r = rank(A)
```

则输出为:

```
r =
    3
```

以上结果说明方程组的系数矩阵 A 的秩小于未知量的个数,方程组有无穷解。

```
x = A\b
x =
    2.0000
    2.0000
    2.0000
         0
x = pinv(A) * b
x =
    1.2000
    1.2000
    0.4000
    1.6000
```

由此说明线性方程组有无穷解,用常用的左除法和伪逆矩阵法求解线性方程组的解,结果是不唯一的。

【例 2-23】 配平下列化学方程式。

$$(x_1)\mathrm{C_3H_8} + (x_2)\mathrm{O_2} \rightarrow (x_3)\mathrm{CO_2} + (x_4)\mathrm{H_2O}$$

列写向量

$$\mathrm{C_3H_8}:\begin{bmatrix}3\\8\\0\end{bmatrix}, \quad \mathrm{O_2}:\begin{bmatrix}0\\0\\2\end{bmatrix}, \quad \mathrm{CO_2}:\begin{bmatrix}1\\0\\2\end{bmatrix}, \quad \mathrm{H_2O}:\begin{bmatrix}0\\2\\1\end{bmatrix}$$

要使方程配平,必须满足

$$x_1 \cdot \begin{bmatrix}3\\8\\0\end{bmatrix} + x_2 \cdot \begin{bmatrix}0\\0\\2\end{bmatrix} = x_3 \cdot \begin{bmatrix}1\\0\\2\end{bmatrix} + x_4 \cdot \begin{bmatrix}0\\2\\1\end{bmatrix}$$

将所有项移到左端,写成矩阵相乘的形式

$$\begin{bmatrix}3 & 0 & -1 & 0\\8 & 0 & 0 & -2\\0 & 2 & -2 & -1\end{bmatrix}\begin{bmatrix}x_1\\x_2\\x_3\\x_4\end{bmatrix} = \begin{bmatrix}0\\0\\0\end{bmatrix} \Rightarrow Ax = 0$$

对矩阵 A 进行行阶梯变换,程序如下:

```
A = [3,0, -1,0;8,0,0, -2;0,2, -2, -1];
U0 = rref(A)
```

则输出为：

```
U0 =
    1.0000         0         0   -0.2500
         0    1.0000         0   -1.2500
         0         0    1.0000   -0.7500
```

注意 4 个列对应 4 个变量的系数，有

$$x_1 \qquad\qquad -0.2500x_4 = 0$$
$$x_2 \qquad -1.2500x_4 = 0$$
$$x_3 \quad -0.7500x_4 = 0$$

此处取 $x_4 = 4$，则 $x_1 = 1, x_2 = 5, x_3 = 3$。

$$C_3H_8 + 5O_2 \rightarrow 3CO_2 + 4H_2O$$

对于比较复杂的反应过程，为了便于得到最小的整数解，在解化学配平的线性方程组时，应该在 MATLAB 中先规定取有理分式格式，即先键入 format rat 结果为：

$$\boldsymbol{U}0 = \begin{bmatrix} 1 & 0 & 0 & -1/4 \\ 0 & 1 & 0 & -5/4 \\ 0 & 0 & 1 & -3/4 \end{bmatrix} \Rightarrow \begin{cases} x_1 = x_4/4 \\ x_2 = 5x_4/4 \\ x_3 = 3x_4/4 \end{cases}$$

把最简形式梯形矩阵恢复为方程，就很容易看出应令 $x_4 = 4$，其余整数变量的取值就一目了然了。

2.5.3　电阻电路的求解

求解电阻电路的方法很多，最基本的是回路法和节点法。只要列写出已知电路的方程组，即可用 MATLAB 来求解。

【例 2-24】　如图 2-1 所示电路，已知 $v_A = 10\text{V}, v_B = 2\text{V}, i_C = 1\text{A}, R_1 = 2\Omega, R_2 = 5\Omega, R_3 = 2\Omega, R_4 = 4\Omega, r = 3\Omega, g = -1\text{S}$，用节点法求解电路的节点电压。

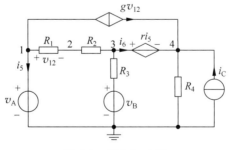

图 2-1　例 2-24 电路

根据电路选取 v_1、v_2、v_3、v_4、i_5、i_6 为节点方程的变量，设 $G_k = \dfrac{1}{R_k}$，则列写的节点方程为：

$$
\begin{cases}
G_1(v_1 - v_2) + g(v_1 - v_2) + i_5 = 0 \\
G_1(v_2 - v_1) + G_2(v_2 - v_3) = 0 \\
G_2(v_3 - v_2) + G_3(v_3 - v_B) + i_6 = 0 \\
G_4 v_4 - g(v_1 - v_2) - i_6 = i_C \\
v_1 = v_A \\
v_3 - v_4 - r i_5 = 0
\end{cases}
$$

整理方程组为矩阵形式,有:

$$
\begin{bmatrix}
G_1 + g & -G_1 - g & 0 & 0 & 1 & 0 \\
-G_1 & G_1 + G_2 & -G_3 & 0 & 0 & 0 \\
0 & -G_2 & G_2 + G_3 & 0 & 0 & 1 \\
-g & g & 0 & G_4 & 0 & -1 \\
1 & 0 & 0 & 0 & 0 & 0 \\
0 & 0 & 1 & -1 & -r & 0
\end{bmatrix}
\begin{bmatrix}
v_1 \\ v_2 \\ v_3 \\ v_4 \\ i_5 \\ i_6
\end{bmatrix}
=
\begin{bmatrix}
0 \\ 0 \\ G_3 v_B \\ i_C \\ v_A \\ 0
\end{bmatrix}
$$

程序如下:

```
g1 = 1/2;g2 = 1/5;g3 = 1/2;g4 = 1/4;
va = 10;vb = 2;ic = 1;
r = 3;g = - 1;
a = zeros(6,6);b = zeros(6,1);
a(1,1) = g1 + g;a(1,2) = - g1 - g;a(1,5) = 1;
a(2,1) = - g1;a(2,2) = g1 + g2;a(2,3) = - g2;
a(3,2) = - g2;a(3,3) = g2 + g3;a(3,6) = 1;b(3) = g3 * vb;
a(4,1) = - g;a(4,2) = g;a(4,4) = g4;a(4,6) = - 1;b(4) = ic;
a(5,1) = 1;b(5) = va;
a(6,3) = 1;a(6,4) = - 1;a(6,5) = - r;
x = a\b
```

则输出为:

```
x =
    10.0000
     7.8000
     2.3000
    - 1.0000
     1.1000
     0.9500
```

由输出结果得:

$v_1 = 10\text{V}, \quad v_2 = 7.8\text{V}, \quad v_3 = 2.3\text{V}, \quad v_4 = -1\text{V}, \quad i_5 = 1.1\text{A}, \quad i_6 = 0.95\text{A}$

【例 2-25】 如图 2-2 所示电路,已知 $R_1 = 2\Omega, R_2 = 4\Omega, R_3 = 12\Omega, R_4 = 4\Omega, R_5 = 12\Omega,$ $R_6 = 4\Omega, R_7 = 2\Omega$。

(1) 若 $u_s = 10\text{V}$ 时,求 i_3、u_4、u_7。

(2) $u_4 = 4\text{V}$ 时,求 u_s、i_3、u_7。

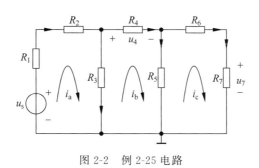

图 2-2 例 2-25 电路

程序如下:

```
R1 = 2; R2 = 4; R3 = 12; R4 = 4; R5 = 12; R6 = 4; R7 = 2;          % 为元件赋值
display('解问题(1)');                                              % 解问题(1)
us = input('us = ?');                                              % 输入求解问题(1)的已知条件
A = [R1 + R2 + R3, - R3,0; - R3,R3 + R4 + R5, - R5,0; - R5,R5 + R6 + R7];   % 对系数矩阵 A 赋值
B = [1;0;0];                                                       % 对系数矩阵 B 赋值
I = A\B * us;                                                      % 求解电流 I = [ia; ib; ic]
ia = I(1); ib = I(2); ic = I(3);
i3 = ia - ib, u4 = R4 * ib, u7 = R7 * ic                           % 解出所需变量
display('求解问题(2)');
u42 = input('输入 u42 = ?');
k1 = i3/us; k2 = u4/us; k3 = u7/us;
us2 = u42/k2, i32 = k1/k2 * u42, u72 = k3/k2 * u42                 % 按比例方法求出所需量
```

则输出为:

```
解问题(1)
us = ?10
i3 =
     0.3704
u4 =
     2.2222
u7 =
     0.7407
求解问题(2)
输入 u42 = ?4
us2 =
     18
i32 =
     0.6667
u72 =
     1.3333
```

由此可见,用 MATLAB 求解电路问题,首先依据电路定律列写电路方程,然后编写有关程序,程序一般分为:元件赋值,建立方程的系数矩阵,方程求解及输出量的求解。

实训项目二

本实训项目的目的如下：

- 掌握生成特殊矩阵的方法。
- 掌握矩阵分析的方法。
- 掌握矩阵的运算及其应用。

2-1 设矩阵 $A = \begin{bmatrix} E_{3\times3} & R_{3\times2} \\ O_{2\times3} & S_{2\times2} \end{bmatrix}$，其中 E、R、O、S 分别为单位矩阵、随机矩阵、零矩阵

和对角矩阵，通过数值计算验证 $A^2 = \begin{bmatrix} E & R+RS \\ O & S^2 \end{bmatrix}$。

2-2 已知：

$$A = \begin{bmatrix} 4 & -15 & 14 & 85 & 3 \\ 56 & 31 & 5 & 74 & 22 \\ 36 & 6 & 9 & 13 & -14 \\ -24 & 8 & -6 & 31 & 25 \\ 61 & -45 & 24 & 33 & -28 \end{bmatrix}$$

求其行列式的值、迹、秩、范数、条件数、上三角矩阵、下三角矩阵、特征值和特征向量。

2-3 求向量组 $a_1 = [-1,3,1]$，$a_2 = [2,1,0]$，$a_3 = [1,4,1]$ 的秩，并判断其线性相关性。

2-4 求下列矩阵的列向量组的一个最大无关组。

$$A = \begin{bmatrix} 1 & 1 & 2 & 2 & 1 \\ 0 & 2 & 1 & 5 & -1 \\ 2 & 0 & 3 & -1 & 3 \\ 1 & 1 & 0 & 4 & -1 \end{bmatrix}$$

2-5 求下列线性方程组的解。

$$\begin{cases} x_1 - 5x_2 + 2x_3 - 3x_4 = 11 \\ 5x_1 + 3x_2 + 6x_3 - x_4 = -1 \\ 2x_1 + 4x_2 + 2x_3 + x_4 = -6 \end{cases}$$

2-6 已知线性方程组：

$$\begin{bmatrix} 1/2 & 1/3 & 1/4 \\ 1/3 & 1/4 & 1/5 \\ 1/4 & 1/5 & 1/6 \end{bmatrix} \begin{bmatrix} x_1 \\ x_2 \\ x_3 \end{bmatrix} = \begin{bmatrix} 0.95 \\ 0.67 \\ 0.52 \end{bmatrix}$$

(1) 求方程的解。

(2) 将方程右边向量元素 b_3 改为 0.53，再求解，并比较 b_3 的变化和解的相对变化。

(3) 计算系数矩阵的条件数并分析结论。

2-7 如图 2-3 所示电路，已知 $R_1 = 1\Omega$，$R_2 = 2\Omega$，$R_3 = 3\Omega$，$R_4 = 4\Omega$，$i_S = 1A$，$g_v = 2S$，写出电路的节点方程，并求出节点电压、电流 i_3 和独立电流源发出的功率。

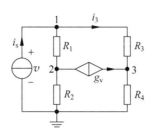

图 2-3　题 2-7 电路

2-8　如表 2-7 所示物质的营养,如何配方才能达到减肥的目的?

表 2-7　营养表

营养成分	每 100g 食物所含营养/g			减肥所要求的每日营养量
	脱脂牛奶	大豆面粉	乳清	
蛋白质	36	51	13	33
碳水化合物	52	34	74	45
脂肪	0	7	1.1	3

2-9　某城市有两组单行道,构成了一个包含 4 个节点 A、B、C、D 的十字路口,如图 2-4 所示。汽车进出十字路口的流量(每小时的车流数)标于图上。现要求计算每两个节点之间路段上的交通流量 x_1, x_2, x_3, x_4(假设,针对每个节点,进入和离开的车数相等)。

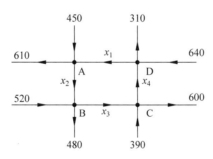

图 2-4　单行线交通流图

第3章

MATLAB 数值计算及应用

数值计算指有效使用数字计算机求解数学问题近似解的方法与过程。相比于利用其他程序设计语言进行求解,MATLAB 编程具有效率高、计算方便等特点。

本章介绍多项式计算、数据统计与分析、数据插值、数值微积分及应用等内容,以达到熟练运用 MATLAB 解决简单工程问题的目的。

本章要点:

(1) 多项式计算。

(2) 数据统计与分析。

(3) 数据插值。

(4) 数值微积分及应用。

学习目标:

(1) 掌握多项式的运算。

(2) 掌握常用的数据统计与分析的基本方法。

(3) 了解数据插值的基本原理。

(4) 掌握数据插值的基本方法。

(5) 掌握数值微积分的原理,熟练运用 MATLAB 求解微分方程模型。

(6) 掌握运用 MATLAB 解决简单工程问题。

3.1 多项式计算

在数学中,由若干个单项式相加组成的代数式称为多项式,MATLAB 中提供了多项式的创建及各种运算方法,如表 3-1 所示。

表 3-1 多项式计算常用函数

函　数	功　能	函　数	功　能
poly2str	创建一个字符串型多项式	polyval	代数多项式求值
poly2sym	创建一个符号型多项式	polyvalm	矩阵多项式求值
conv	乘法运算	roots	求取多项式的全部根
deconv	除法运算	poly	由多项式的根求多项式系数
polyder	多项式求导	residue	多项式的部分分式展开
polyint	多项式积分		

3.1.1　多项式的创建

定义一个 n 次多项式为

$$p(x) = a_n x^n + a_{n-1} x^{n-1} + \cdots + a_1 x + a_0$$

在 MATLAB 中多项式 $p(x)$ 各项系数用一个向量表示,使用长度为 $n+1$ 的行向量按降幂排列,多项式中某次幂的缺项用 0 表示,则 $p(x)$ 的各项系数可表示为

$$\boldsymbol{P} = [a_n, a_{n-1}, \cdots, a_1, a_0]$$

创建一个多项式,可以用 poly2str 和 poly2sym 函数来实现,调用格式如下:

```
f = poly2str(p,'x')          % p 为多项式的系数,x 为多项式的变量
f = poly2sym(p)              % p 为多项式的系数
```

注意:两个函数均创建一个系数为 p,变量为 x 的多项式,但数据类型有所区别,一个是字符串型,另一个为符号型。

【**例 3-1**】　已知多项式系数为 $\boldsymbol{p} = [2, 5, -3, -5]$,分别利用上述两个函数创建多项式,并比较两者不同。

程序如下:

```
p = [2,5, - 3, - 5]
f1 = poly2str(p,'x')
f2 = poly2sym(p)
```

程序执行后,运行结果为

```
p =
     2     5    - 3    - 5
f1 =
   2 x^3 + 5 x^2 - 3 x - 5
f2 =
2 * x^3 + 5 * x^2 - 3 * x - 5
```

显然,两种函数创建的多项式 f1 和 f2 显示形式类似,但数据类型和大小都不一样,可通过工作区查看。

3.1.2　多项式的四则运算

多项式之间可以进行四则运算,结果仍为多项式。

1. 加减运算

MATLAB 中未提供专门多项式加减运算的函数,事实上多项式的加减运算是多项式的向量系数相加减,在计算过程中,需要保证多项式阶次一致,缺少部分用 0 补足。

2. 乘法运算

两个多项式的乘法运算可以用 conv 函数实现,调用格式如下:

```
P = conv(p1,p2)              % p1,p2 为两个多项式的系数向量
```

3. 除法运算

两个多项式的除法运算可以用 deconv 函数来实现,调用格式如下:

```
[q,r] = deconv(p1,p2)                    % p1,p2 为两个多项式的系数向量
```

其中,q 为商式,r 为余式,均为多项式系数向量。

deconv 是 conv 的逆函数。

微视频 3-1

【例 3-2】 已知 $f(x)=x^4+4x^3-3x+2, g(x)=x^3-2x^2+x$。求解:

(1) $f(x)+g(x)$

(2) $f(x)-g(x)$

(3) $f(x)\times g(x)$

(4) $f(x)/g(x)$

程序如下:

```
p1 = [1 4 0 -3 2];
p2 = [0 1 -2 1 0];
p3 = [1 -2 1 0];
p = p1 + p2
poly2sym(p)
p = p1 - p2
poly2sym(p)
p = conv(p1,p2)
poly2sym(p)
[q,r] = deconv(p1,p3)
p4 = conv(q,p3) + r
```

程序执行后,运行结果为

```
p =
           1     5    -2    -2     2
ans =
x^4+5*x^3-2*x^2-2*x+2
p =
           1     3     2    -4     2
ans =
x^4+3*x^3+2*x^2-4*x+2
p =
           0     1     2    -7     1     8    -7     2     0
ans =
x^7+2*x^6-7*x^5+x^4+8*x^3-7*x^2+2*x
q =
     1     6
r =
     0     0    11    -9     2
p4 =
     1     4     0    -3     2
```

3.1.3 多项式的值和根

1. 多项式的值

在 MATLAB 中,多项式求值有 polyval 和 polyvalm 两个函数,两者区别在于前者为代数多项式求值,后者为矩阵多项式求值。

代数多项式求值使用函数 polyval,调用格式如下:

```
y = polyval(p,x)                    % p 为多项式系数,x 为自变量
```

若 x 为数值,则求多项式在该点的值;若 x 为向量或矩阵,则对向量或矩阵中每个元素求其多项式的值。

【例 3-3】 已知多项式为 $f(x) = x^3 - 2x^2 + 4x + 6$,分别求 $x_1 = 2$ 和 $\boldsymbol{x} = [0, 2, 4, 6, 8, 10]$ 向量的多项式的值。

程序如下:

```
x1 = 2;
x = [0:2:10];
p = [1 − 2 4 6];
y1 = polyval(p,x1)
y = polyval(p,x)
```

程序执行后,运行结果为

```
y1 =
     14
y =
     6    14    54    174    422    846
```

矩阵多项式求值使用函数 polyvalm,调用格式如下:

```
y = polyvalm(p,X)                   % p 为多项式系数,X 为自变量
```

与代数求值不同,此处 X 要求为方阵,它以方阵为自变量求多项式的值。若 A 为方阵,p 为多项式 $x^3 - 5x^2 + 8$ 的系数,那么 polyvalm(p,A) 的含义是:

```
A * A * A − 5 * A * A + 8 * eye(size(A))
```

而 polyval(p,A) 的含义是:

```
A. * A. * A − 5. * A. * A + 8 * eye(size(A))
```

【例 3-4】 已知多项式为 $f(x) = x^2 - 3x + 2$,分别用 polyval 和 polyvalm 函数,求 $\boldsymbol{X} = \begin{bmatrix} 1 & 2 \\ 3 & 4 \end{bmatrix}$ 的多项式的值。

程序如下:

```
X = [1 2;3 4];
p = [1 - 3 2];
Y = polyvalm(p,X)
Y1 = polyval(p,X)
```

程序执行后,运行结果为

```
Y =
     6     4
     6    12
Y1 =
     0     0
     2     6
```

2. 多项式求根

n 次多项式有 n 个根,可以用 roots 函数求取多项式的全部根,调用格式如下:

```
r = roots(p)                        % p 为多项式系数向量,r 为根向量
```

MATLAB 中还提供了一个由多项式的根求多项式系数的函数,调用格式如下:

```
p = poly(r)                         % p 为多项式系数向量,r 为根向量
```

【例 3-5】 已知多项式为 $f(x) = x^4 + 4x^3 - 3x + 2$。

(1) 用 roots 函数求该多项式的根 r。

(2) 用 poly 函数求根为 r 的多项式系数。

程序如下:

```
p = [1 4 0 - 3 2];
r = roots(p)
p1 = poly(r)
```

程序执行后,运行结果为

```
r =
   - 3.7485
   - 1.2962
     0.5224 + 0.3725i
     0.5224 - 0.3725i
p1 =
    1.0000    4.0000    - 0.0000    - 3.0000    2.0000
```

显然,roots 和 poly 函数的功能正好相反。

3.1.4 多项式的微积分运算

1. 多项式的微分

在 MATLAB 中,用 polyder 函数对多项式进行微分运算,可以对单个多项式求导,也

可以对两个多项式乘积和商求导,其调用格式如下:

```
p = polyder(p1)              % 求多项式 p1 的导数
p = polyder(p1,p2)           % 求多项式 p1 * p2 积的导数
[p,q] = polyder(p1)          % 求多项式 p1/p2 的导数,p 为导数的分子多项式系数,q 为导
                             % 数的分子多项式系数
```

【例 3-6】　已知两个多项式为 $f(x) = x^4 + 4x^3 - 3x + 2$,$g(x) = x^3 - 2x^2 + x$。

(1) 求多项式 $f(x)$ 的导数。

(2) 求两个多项式乘积 $f(x) \times g(x)$ 的导数。

(3) 求两个多项式相除 $g(x)/f(x)$ 的导数。

程序如下:

微视频 3-2

```
p1 = [1 4 0 -3 2];
p2 = [1 -2 1 0];
p = polyder(p1)
poly2sym(p)
p = polyder(p1,p2)
poly2sym(p)
[p,q] = polyder(p2,p1)
```

程序执行后,运行结果为

```
p =
     4    12     0    -3
ans =
4 * x^3 + 12 * x^2 - 3
p =
     7    12   -35     4    24   -14     2
ans =
7 * x^6 + 12 * x^5 - 35 * x^4 + 4 * x^3 + 24 * x^2 - 14 * x + 2
p =
    -1     4     5   -14    12    -8     2
q =
     1     8    16    -6   -20    16     9   -12     4
```

2. 多项式的积分

在 MATLAB 中,用 polyint 函数求多项式的积分,其调用格式如下:

```
I = polyint(p,k)             % 求以 p 为系数的多项式的积分,k 为积分常数项
I = polyint(p)               % 求以 p 为系数的多项式的积分,积分常数项默认值 0
```

显然,polyint 是 polyer 的逆函数。

【例 3-7】　求多项式的积分 $I = \int (x^4 + 4x^3 - 3x + 2) \mathrm{d}x$。

程序如下:

微视频 3-3

```
p = [1 4 0 -3 2];
I = polyint(p)
```

```
poly2sym(I)
p = polyder(I)
syms k
I1 = polyint(p,k)
poly2sym(I1)
```

程序执行后,运行结果为

```
I =
    0.2000    1.0000         0   - 1.5000    2.0000         0
ans =
    1/5 * x^5 + x^4 - 3/2 * x^2 + 2 * x
p =
    1     4     0    -3     2
I1 =
    [1/5,    1,    0, - 3/2,    2,    k]
ans =
    x^5/5 + x^4 - (3 * x^2)/2 + 2 * x + k
```

3.1.5　多项式的部分方式展开

在 MATLAB 中,使用 residue 函数实现多项式部分分式展开,其调用格式如下:

```
[r,p,k] = residue(B,A)          % B 为分子多项式系数行向量,A 为分母多项式系数行向量,p
                                % 为极点列向量,r 为零点列向量,k 为余式多项式行向量
```

residue 函数还可以将部分分式展开式转换为两个多项式的除的分式,其调用格式如下:

```
[B,A] = residue(r,p,k)
```

【例 3-8】　已知分式表达式为

$$f(s) = \frac{B(s)}{A(s)} = \frac{3s^2 + 1}{s^2 - 5s + 6}$$

(1) 求 $f(s)$ 的部分分式展开式。

(2) 将部分分式展开式转换为分式表达式。

程序如下:

```
a = [1 - 5 6];
b = [3 0 1];
[r,p,k] = residue(b,a)
[b1,a1] = residue(r,p,k)
```

程序执行后,运行结果为

```
r =
    82.0000
   - 25.0000
```

```
p =
    3.0000
    2.0000
k =
    3    15
b1 =
    3    0    1
a1 =
    1   -5    6
```

3.2 数据统计与分析

数据统计是科学研究中的常用方法,MATLAB中提供了多种相关函数,如表 3-2 所示。

表 3-2　数据统计与分析常用函数

函　数	功　能	函　数	功　能
max	求最大元素	mean	求算术平均值
min	求最小元素	median	求中值
sum	求和	cumsum	累加和
prod	求积	cumprod	累乘积
std	标准方差	sort	排序
corrcoef	相关系数		

3.2.1 矩阵的最大元素和最小元素

1. 向量的最大元素和最小元素求解

求向量最大元素可调用函数 max(x),求向量的最小元素可调用函数 min(x),具体调用格式如下:

```
y = max(x)          % 返回 x 中最大元素给 y
[y,k] = max(x)      % 返回 x 中最大元素给 y,所在位置为 k
y = min(x)          % 返回 x 中最小元素给 y
[y,k] min(x)        % 返回 x 中最小元素给 y,所在位置为 k
```

【例 3-9】　求向量 $X = [34,23,-23,4,76,58,10,35]$ 的最大值和最小值。
程序如下:

```
X = [34,23, - 23,4,76,58,10,35];
y = max(X)
[y,k] = max(X)
y = min(X)
[y,k] = min(X)
```

程序执行后,运行结果为

```
y =
    76
y =
    76
k =
    5
y =
   - 23
y =
   - 23
k =
    3
```

2. 矩阵的最大元素和最小元素求解

求矩阵的最大元素及最小元素也可调用 max(x)和 min(x)函数,具体调用格式如下:

```
Y = max(A)                 % 返回矩阵 A 每列最大元素给 Y,Y 是一个行向量
[Y,k] = max(A)             % 返回矩阵 A 每列最大元素给 Y,Y 是一个行向量,k 记录每列最大元素的行号
[Y,k] = max(A,[],dim)      % dim = 2 时,返回为每行最大元素;dim = 1 时,与 max(A)完全相同
Y = min(A)                 % 返回矩阵 A 每列最小元素给 Y,Y 是一个行向量
[Y,k] = min(A)             % 返回矩阵 A 每列最小元素给 Y,k 记录每列最小元素的行号
[Y,k] = min(A,[],dim)      % dim = 2 时,返回为每行最小元素;dim = 1 时,与 min (A)完全相同
```

【例 3-10】 已知矩阵 A,求每行和每列的最大和最小元素,并求整个 A 的最大和最小元素。

$$A = \begin{bmatrix} 12 & 1 & 6 & -24 \\ -4 & 23 & 12 & 0 \\ 2 & -3 & 18 & 6 \\ 45 & 13 & 10 & -7 \end{bmatrix}$$

程序如下:

```
A = [12 1 6 - 24; - 4 23 12 0;2 - 3 18 6;45 13 10 - 7];
Y1 = max(A,[],2)
[Y2,K] = min(A,[],2)
Y3 = max(A)
[Y4,K1] = min(A)
ymax = max(max(A))
ymin = min(min(A))
```

程序执行后,运行结果为

```
Y1 =
    12
    23
    18
    45
Y2 =
   - 24
```

```
          - 4
          - 3
            7
K =
          4
          1
          2
          4
Y3 =
         45     23     18      6
Y4 =
         - 4    - 3      6    - 24
K1 =
          2      3      1      1
ymax =
         45
ymin =
        - 24
```

3. 同维度向量/矩阵的比较

对于相同维度的向量或矩阵,也可以用 max(x) 和 min(x) 函数求最大值和最小值,调用格式如下:

```
Y = max(A,B)
Y = min(A,B)
```

【例 3-11】 已知矩阵 A 和 B,求其对应元素最大值和最小值。

$$A = \begin{bmatrix} 12 & 1 & 6 & -24 \\ -4 & 23 & 12 & 0 \\ 2 & -3 & 18 & 6 \\ 45 & 13 & 10 & -7 \end{bmatrix}, \quad B = \begin{bmatrix} 2 & 11 & -6 & 24 \\ -14 & 3 & 22 & 7 \\ 21 & -13 & 8 & 16 \\ 5 & 13 & -10 & 17 \end{bmatrix}$$

程序如下:

```
A = [12 1 6 - 24; - 4 23 12 0;2 - 3 18 6;45 13 10 - 7];
B = [2 11 - 6 24; - 14 3 22 7;21 - 13 8 16;5 13 - 10 17];
Y1 = max(A,B)
Y2 = min(A,B)
```

程序执行后,运行结果为

```
Y1 =
         12     11      6     24
        - 4     23     22      7
         21    - 3     18     16
         45     13     10     17
```

```
Y2 =
     2     1    -6   -24
   -14     3    12     0
     2   -13     8     6
     5    13   -10    -7
```

3.2.2　求矩阵的平均值和中值

求矩阵的算术平均值可以调用 mean 函数,求中值可以调用 median 函数,调用格式如下:

```
y = mean(X)        % 返回向量的算术平均值
y = median(X)      % 返回向量的中值
Y = mean(A)        % 返回矩阵每列的算术平均值的行向量
Y = median(A)      % 返回矩阵每列的中值的行向量
Y = mean(A,dim)    % dim = 2 时,返回矩阵每行的算术平均值的列向量;dim = 1 时,与 mean(A)完全相同
Y = median(A,dim)  % dim = 2 时,返回矩阵每行的中值的列向量;dim = 1 时,与 median(A)完全相同
```

【例 3-12】　求向量 X 和矩阵 A 的平均值和中值。

$$X = [34,23,-23,4,76,58,10,35], \quad A = \begin{bmatrix} 12 & 1 & 6 & -24 \\ -4 & 23 & 12 & 0 \\ 2 & -3 & 18 & 6 \\ 45 & 13 & 10 & -7 \end{bmatrix}$$

程序如下:

```
X = [34,23,-23,4,76,58,10,35];
A = [12 1 6 -24;-4 23 12 0;2 -3 18 6;45 13 10 -7];
y1 = mean(X)
y2 = median(X)
Y1 = mean(A)
Y2 = median(A)
Y3 = mean(A,2)
Y4 = median(A,2)
```

程序执行后,运行结果为

```
y1 =
   27.1250
y2 =
   28.5000
Y1 =
   13.7500    8.5000   11.5000   -6.2500
Y2 =
    7.0000    7.0000   11.0000   -3.5000
Y3 =
   -1.2500
    7.7500
```

```
    5.7500
   15.2500
Y4 =
    3.5000
    6.0000
    4.0000
   11.5000
```

3.2.3　矩阵元素求和与求积

向量/矩阵的求和可调用 sum 函数,求积可调用 prod 函数,具体调用格式如下:

```
y = sum(x)        % 返回向量 x 各元素之和
y = prod(x)       % 返回向量 x 各元素之积
Y = sum(A)        % 返回矩阵各列元素之和的行向量
Y = prod(A)       % 返回矩阵各列元素之积的行向量
Y = sum(A,dim)    % dim = 2 时,返回矩阵各行元素之和的列向量;dim = 1 时,与 sum(A)完全相同
Y = prod(A,dim)   % dim = 2 时,返回矩阵各行元素之积的列向量;dim = 1 时,与 prod(A)完全相同
```

【例 3-13】　求向量 X 和矩阵 A 的各元素的和与积。

$$X = \begin{bmatrix} 34, 23, -23, 4, 76, 58, 10, 35 \end{bmatrix}, \quad A = \begin{bmatrix} 12 & 1 & 6 & -24 \\ -4 & 23 & 12 & 0 \\ 2 & -3 & 18 & 6 \\ 45 & 13 & 10 & -7 \end{bmatrix}$$

程序如下:

```
X = [34,23, -23,4,76,58,10,35];
A = [12 1 6 -24; -4 23 12 0;2 -3 18 6;45 13 10 -7];
y1 = sum(X)
y2 = prod(X)
Y1 = sum(A)
Y2 = prod(A)
Y3 = sum(A,2)
Y4 = prod(A,2)
```

程序执行后,运行结果为

```
y1 =
   217
y2 =
 -1.1100e + 011
Y1 =
    55    34    46    -25
Y2 =
     -4320       -897      12960             0
Y3 =
    -5
    31
```

```
            23
            61
Y4 =
          - 1728
              0
          - 648
          - 40950
```

3.2.4 矩阵元素累加和与累乘积

向量/矩阵累加和可调用函数 cumsum,累乘积可调用函数 cumprod。具体调用格式如下:

```
y = cumsum(x)        % 返回向量 x 累加和向量
y = cumprod(x)       % 返回向量 x 累乘积向量
Y = cumsum(A)        % 返回矩阵各列元素累加和的矩阵
Y = cumprod(A)       % 返回矩阵各列元素累乘积的矩阵
Y = cumsum(A,dim)    % dim = 2 时,返回矩阵各行元素累加和的矩阵;dim = 1 时,与 cumsum (A)完全相同
Y = cumprod(A,dim)   % dim = 2 时,返回矩阵各行元素累乘积的矩阵;dim = 1 时,与 cumsum (A)完全相同
```

【例 3-14】 求向量 X 和矩阵 A 的各元素的累加和与累乘积。

$$X = [3,2,-2,4,7,9,10,5], \quad A = \begin{bmatrix} 12 & 1 & 6 & -24 \\ -4 & 23 & 12 & 0 \\ 2 & -3 & 18 & 6 \\ 45 & 13 & 10 & -7 \end{bmatrix}$$

程序如下:

```
X = [3,2, -2,4,7,9,10,5];
A = [12 1 6 -24; -4 23 12 0;2 -3 18 6;45 13 10 -7];
y1 = cumsum(X)
y2 = cumprod(X)
Y1 = cumsum(A)
Y2 = cumprod(A)
Y3 = cumsum(A,2)
Y4 = cumprod(A,2)
```

程序执行后,运行结果为

```
y1 =
     3     5     3     7    14    23    33    38
y2 =
     3     6   -12   -48   -336   -3024   -30240   -151200
Y1 =
    12     1     6   -24
     8    24    18   -24
    10    21    36   -18
    55    34    46   -25
```

```
Y2 =
           12          1          6        -24
         -48         23         72          0
         -96        -69       1296          0
       -4320       -897      12960          0
Y3 =
     12    13    19     -5
     -4    19    31     31
      2    -1    17     23
     45    58    68     61
Y4 =
           12         12         72      -1728
         -4        -92      -1104          0
          2         -6       -108       -648
         45        585       5850     -40950
```

3.2.5 标准方差和相关系数

1. 标准方差

对于具有 N 个元素的数据序列 $x_1, x_2, x_3, \cdots, x_N$,标准方差可以由下列两种公式计算:

$$S_1 = \sqrt{\frac{1}{N-1} \sum_{i=1}^{N} (x_i - \bar{x})^2}$$

或

$$S_2 = \sqrt{\frac{1}{N} \sum_{i=1}^{N} (x_i - \bar{x})^2}$$

其中

$$\bar{x} = \frac{1}{N} \sum_{i=1}^{N} x_i$$

计算向量/矩阵的标准方差时,可调用 std 函数,具体调用格式如下:

```
d = std(x)              % 求向量 x 的标准方差
D = std(A,flag,dim)     % 求矩阵 A 的标准方差。dim = 1 时求各列元素的标准方差,dim = 2 时求各行
                        % 元素的标准方差;flag = 0 时按公式计算标准方差 S1,flag = 1 时按公式计
                        % 算标准方差 S2。默认 flag = 0,dim = 1
```

【例 3-15】 求向量 $\boldsymbol{X}$ 和矩阵 $\boldsymbol{A}$ 的标准方差。

$$\boldsymbol{X} = [3, 2, -2, 4, 7, 9, 10, 5], \quad \boldsymbol{A} = \begin{bmatrix} 12 & 1 & 6 \\ -4 & 23 & 12 \\ 2 & -3 & 18 \end{bmatrix}$$

程序如下:

```
X = [3,2, -2,4,7,9,10,5];
A = [12 1 6; -4 23 12;2 -3 18];
```

```
d = std(X)
D1 = std(A,0,1)
D2 = std(A,0,2)
D3 = std(A,1,1)
D4 = std(A,1,2)
```

程序执行后,运行结果为

```
d =
    3.9188
D1 =
    8.0829   14.0000    6.0000
D2 =
    5.5076
   13.5769
   10.9697
D3 =
    6.5997   11.4310    4.8990
D4 =
    4.4969
   11.0855
    8.9567
```

2. 相关系数

对于两组数据序列 x_i,y_i($i=1,2,\cdots,n$),相关系数可以由下列公式计算:

$$r = \frac{\sqrt{\sum (x_i - \overline{x})(y_i - \overline{y})}}{\sqrt{\sum (x_i - \overline{x})^2}\sqrt{\sum (y_i - \overline{y})^2}}$$

相关系数的计算可以调用 corrcoef 函数,具体调用格式如下:

```
R = corrcoef(X,Y)      % 返回相关系数,X 和 Y 为长度相等的向量
R = corrcoef(A)        % 返回矩阵 A 的每列之间计算相关形成的相关系数矩阵
```

微视频 3-4

【例 3-16】 求向量 X 和 Y 以及正态分布的 1000×5 随机矩阵的 5 列随机数据的相关系数。

$$X = [3,2,-2,4,7,9,10,5], \quad Y = [31,12,-12,24,37,91,18,53]$$

程序如下:

```
X = [3,2,-2,4,7,9,10,5];
Y = [31,12,-12,24,37,91,18,53];
r = corrcoef(X,Y)
R = corrcoef(randn(1000,5))
```

程序执行后,运行结果为

```
r =
    1.0000    0.6599
    0.6599    1.0000
```

```
R =
    1.0000    -0.0543    0.0478    0.0083    0.0177
   -0.0543     1.0000    0.0024    0.0399   -0.0157
    0.0478     0.0024    1.0000   -0.0147   -0.0559
    0.0083     0.0399   -0.0147    1.0000    0.0069
    0.0177    -0.0157   -0.0559    0.0069    1.0000
```

3.2.6　矩阵的排序

对向量/矩阵进行排序可以调用 sort 函数,具体调用格式如下:

```
Y = sort(X)                    % 返回一个按升序排列的向量
[Y,I] = sort(A,dim,mode)       % dim = 1 时按列排序,dim = 2 时按行排序;mode 为 'ascend'时
                               % 为升序,为'descend'时为降序;I 记录 Y 中元素在 A 中的位置
```

【例 3-17】 对向量 X 和矩阵 A 做各种排序。

$$X = [3,2,-2,4,7,9,10,5], \quad A = \begin{bmatrix} 12 & 1 & 6 \\ -4 & 23 & 12 \\ 2 & -3 & 18 \end{bmatrix}$$

程序如下:

```
X = [3,2, - 2,4,7,9,10,5];
A = [12 1 6; - 4 23 12;2 - 3 18];
Y = sort(X)
Y1 = sort(A)
Y2 = sort(A,1,'ascend')
Y3 = sort(A,2,'ascend')
[Y4,I] = sort(A,2,'descend')
```

程序执行后,运行结果为

```
Y =
    -2    2    3    4    5    7    9    10
Y1 =
    -4    -3     6
     2     1    12
    12    23    18
Y2 =
    -4    -3     6
     2     1    12
    12    23    18
Y3 =
     1     6    12
    -4    12    23
    -3     2    18
Y4 =
    12     6     1
```

```
     23    12    - 4
     18     2    - 3
I =
      1     3     2
      2     3     1
      3     1     2
```

3.3 数据插值

在工程实践应用中,通常获取到的数据是离散的,若想得到离散值以外的其他数据,就需要对其进行插值操作。MATLAB中提供了多种插值函数,如表 3-3 所示。

表 3-3 常用插值函数

函　　数	功　　能	函　　数	功　　能
interp1	一维插值	linear	线性插值
interpft	一维快速傅里叶插值	nearest	最邻近点插值
spline	三次样条插值	next	下一点插值
interp2	二维插值	previous	前一点插值
interp3	三维插值	cubic	三次多项式插值
interpn	n 维插值	interp1q	一维插值

3.3.1 一维插值

一维插值指的是被插值函数自变量是一个单变量函数。插值方法分为一维多项式插值、一维快速插值和三次样条插值。

1. 一维多项式插值

一维多项式插值可调用 interp1 函数实现,通过已知数据点计算目标插值点对数据,格式如下:

```
yi = interp1(Y,xi)              % Y 在默认自变量 x 选为 1:n 的值
yi = interp1(X,Y,xi)            % X,Y 为长度一样的已知向量,xi 可以是标量,也可以是向量
yi = interp1(X,Y,xi,'method')   % method 是插值方法
```

Method 插值方法选取如下:

(1) 线性(linear)插值——这是默认插值方法,它是把与插值点靠近的两个数据点以直线连接,在直线上选取对应插值点的数据。这种插值方法兼顾速度和误差,插值函数具有连续性,但平滑性不好。

(2) 最邻近点(nearest)插值——根据插值点和最接近已知数据点进行插值,这种插值方法速度快,占用内存小,但一般误差最大,插值结果最不平滑。

(3) 下一点(next)插值——根据插值点和下一点的已知数据点插值,这种插值方法的优缺点和最邻近点插值一样。

(4) 前一点(previous)插值——根据插值点和前一点的已知数据点插值,这种插值方法

的优缺点和最邻近插值点一样。

（5）三次样条（spline）插值——采用三次样条函数获得插值点数据，要求在各点外具有光滑条件，这种插值方法连续性好，插值结果最光滑，缺点为运行时间长。

（6）三次多项式（cubic）插值——根据已知数据，求出一个三次多项式进行插值，这种插值方法连续性好，光滑性较好，缺点是占用内存多，速度较慢。

需要注意 xi 的取值，如果超出已知数据 X 的范围，则会返回 NaN 错误信息。

MATLAB 还提供 interp1q 函数用于一维插值，它与 interp1 函数的主要区别是，当已知数据不是等间距分布时，interp1 插值速度比 interp1q 快。需要注意，interp1q 执行的插值数据，X 必须是单调递增的。

【例 3-18】　给出概率积分：

$$f(x) = \frac{2}{\sqrt{\pi}} \int_0^x e^{-x^2} \, dx$$

其数据表如表 3-4 所示，用不同的插值方法计算 $f(0.472)$。

表 3-4　概率积分数据表

x	0.46	0.47	0.48	0.49
$f(x)$	0.484 655 5	0.493 754 2	0.502 749 8	0.511 668 3

程序如下：

```
x = 0.46:0.01:0.49;                    %给出 x,f(x)
f = [0.4846555,0.4937542,0.5027498,0.5116683];
format long
F1 = interp1(x,f,0.472)                %用默认方法，即线性插值方法计算 f(x)
F2 = interp1(x,f,0.472,'nearest')      %用最近点插值方法计算 f(x)
F3 = interp1(x,f,0.472,'nest')         %用下一点插值方法计算 f(x)
F4 = interp1(x,f,0.472,'previous')     %用前一点插值方法计算 f(x)
F5 = interp1(x,f,0.472,'spline')       %用 3 次样条插值方法计算 f(x)
F6 = interp1(x,f,0.472,'cubic')        %用 3 次多项式插值方法计算 f(x)
format short
```

程序执行后，运行结果为

```
F1 =
   0.495553320000000
F2 =
   0.493754200000000
F3 =
   0.493754200000000
F4 =
   0.495561119712056
F5 =
   0.495560736000000
F6 =
   0.495561119712056
```

插值方法的好坏依赖于被插值函数,没有一种对所有函数都是最好的插值方法。

2. 一维快速傅里叶插值

一维快速傅里叶插值可以调用 interpft 函数实现,调用格式如下:

```
y = interpft(x,n)          % 对 x 进行傅里叶变换,然后采用 n 点傅里叶逆变换,得到插值后的数据
y = interpft(x,n,dim)      % 表示在 dim 维上进行傅里叶插值
```

【例 3-19】 假设测量的数据来自函数 $f(x) = \sin x$,试根据生成的数据,用一维快速傅里叶插值,比较插值结果。

程序如下:

```
clear
x = 0:0.4:2 * pi;
y = sin(x);
N = length(y);
M = N * 4;
x1 = 0:0.1:2 * pi;
y1 = interpft(y,M - 1);
y2 = sin(x1);
plot(x,y,'O',x1,y1,' * ',x1,y2,' - ')
legend('原始数据','傅里叶插值数据','插值点真实数据')
max(abs(y1 - y2))
```

程序执行后,插值结果如图 3-1 所示,运行结果为

```
ans =
    0.0980
```

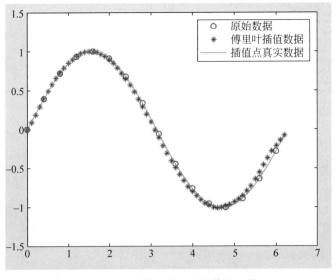

图 3-1 一维快速傅里叶插值及比较

3. 三次样条插值

三次样条插值可调用 spline 函数,调用格式如下:

```
Yi = spline(x,y,xi)                    % 相当于 yi = interp1(x,y,xi,'spline')
```

【例 3-20】　某检测参数 f 随时间 t 的采样结果如表 3-5 所示,用数据插值法计算 $t=2$,7,12,17,22,27,32,37,42,47,52,57 时的 f 值,比较插值结果。

表 3-5　检测参数 f 随时间 t 的采样结果

t	0	5	10	15	20	25	30
f	3.1025	2.256	879.5	1835.9	2968.8	4136.2	5237.9
t	35	40	45	50	55	60	65
f	6152.7	6725.3	6848.3	6403.5	6824.7	7328.5	7857.6

程序如下:

```
T = 0:5:65;
X = 2:5:57;
F = [3.2015,2.2560,879.5,1835.9,2968.8,4136.2,5237.9,6152.7,...
6725.3,6848.3,6403.5,6824.7,7328.5,7857.6];
F1 = interp1(T,F,X)                    % 用线性插值方法插值
F2 = interp1(T,F,X,'nearest')          % 用最近点插值方法插值
F3 = interp1(T,F,X,'spline')           % 用三次样条插值方法插值
F4 = interp1(T,F,X,'cubic')            % 用三次多项式插值方法插值
plot(T,F,X,F1,'O',X,F2,' + ',X,F3,' * ',X,F4,'s')
legend('原始数据','线性插值','nearest 插值','spline 插值','cubic 插值')
max(abs(F1 - F4))
```

程序执行后,插值结果如图 3-2 所示,运行结果为

```
F1 =
  1.0e + 003 *
    0.0028    0.3532    1.2621    2.2891    3.4358    4.5769    5.6038    6.3817
6.7745    6.6704    6.5720    7.0262
F2 =
  1.0e + 003 *
    0.0032    0.0023    0.8795    1.8359    2.9688    4.1362    5.2379    6.1527
6.7253    6.8483    6.4035    6.8247
F3 =
  1.0e + 003 *
    - 0.1702    0.3070    1.2560    2.2698    3.4396    4.5896    5.6370    6.4229
6.8593    6.6535    6.4817    7.0441
F4 =
  1.0e + 003 *
    0.0025    0.2232    1.2484    2.2736    3.4365    4.5913    5.6362    6.4362
6.7978    6.6917    6.5077    7.0186
ans =
  129.9586
```

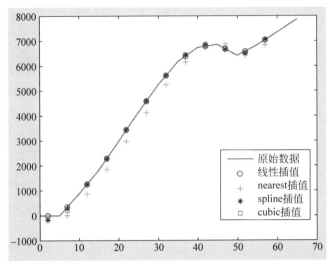

图 3-2　三次样条插值及比较

3.3.2　二维插值

二维插值是指已知一个二元函数的若干个采用数据点 x、y 和 $z(x,y)$，求插值点 (x_1,y_1) 处的 z_1 的值。在 MATLAB 中提供了 interp2 函数，用于实现二维插值，其调用格式为：

```
z1 = interp2(X,Y,Z,X1,Y1,'method')
```

其中，X 和 Y 是两个参数的采样点，一般是向量，Z 是采样点对应的函数值。X1 和 Y1 是插值点，可以是标量，也可以是向量。Z1 是根据选定的插值方法得到的插值结果。插值方法和一维插值函数相同。

微视频 3-5

【例 3-21】　某实验对计算机主板的温度分布做测试。用 x 表示主板的宽度(cm)，y 表示主板的深度(cm)，用 T 表示测得的各点温度(0℃)，测量结果如表 3-6 所示。

(1) 分别用最近点二维插值和线性二维插值法求(12.6,7.2)点的温度；

(2) 用三次多项式插值求主板宽度每间隔 1cm，深度每间隔 1cm 处各点的温度，并用图形显示插值前后主板的温度分布图。

表 3-6　主板各点温度测量值

y	x					
	0	5	10	15	20	25
0	30	32	34	33	32	31
5	33	37	41	38	35	33
10	35	38	44	43	37	34
15	32	34	36	35	33	32

程序如下：

```
x = [0:5:25];
y = [0:5:15]';
T = [30    32    34    33    32    31;
     33    37    41    38    35    33;
     35    38    44    43    37    34;
     32    34    36    35    33    32];
x1 = 12.6; y1 = 7.2;
T1 = interp2(x, y, T, x1, y1, 'nearest')
T2 = interp2(x, y, T, x1, y1, 'linear')
xi = [0:1:25]; yi = [0:1:15]';
Ti = interp2(x, y, T, xi, yi, 'cubic');
subplot(1, 2, 1)
mesh(x, y, T)
xlabel('主板宽度(cm)'); ylabel('主板深度(cm)'); zlabel('温度(摄氏度)')
title('插值前主板温度分布图')
subplot(1, 2, 2)
mesh(xi, yi, Ti)
xlabel('主板宽度(cm)'); ylabel('主板深度(cm)'); zlabel('温度(摄氏度)')
title('插值后主板温度分布图')
```

程序执行后，插值结果如图 3-3 所示，运行结果为

```
T1 =
    38
T2 =
    41.2176
```

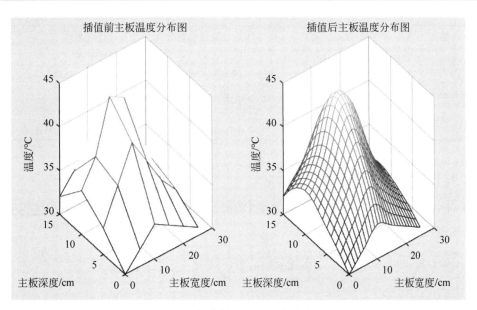

图 3-3　插值前后主板温度分布图

3.3.3 多维插值

1. 三维插值

三维插值可调用函数 interp3,其调用格式为:

```
U1 = interp3(X,Y,Z,U,X1,Y1,Z1,'method')
```

其中,X、Y、Z 是 3 个参数的采样点,一般是向量,U 是采样点对应的函数值。X1、Y1 和 Z1 是插值点,可以是标量,也可以是向量。U1 是根据选定的插值方法得到的插值结果。插值方法和一维插值函数相同。

2. n 维插值

若需要对更高维进行插值运算,可以调用 interpn 函数实现,调用格式如下:

```
U1 = interpn(X1,X2,…,Xn,U,Y1,Y2,…,Yn,'method')
```

其中,X1,X2,…,Xn 是 n 个参数的采样点,一般是向量,U 是采样点对应的函数值。Y1,Y2,…,Yn 是插值点,可以是标量,也可以是向量。U1 是根据选定的插值方法得到的插值结果。插值方法和一维插值函数相同。

3.4 数值微积分

在 MATLAB 中,提供了多种函数实现有关的数值微积分运算,如表 3-7 所示。

表 3-7 数值微积分常用函数

函　数	功　能	函　数	功　能
diff	求微分、差分、导数	quad	一重积分
fminbnd	求一元函数的最小值	quadl	自适应一重积分
fminsearch	求多元函数的最小值	dblquad	二重积分
fzero	求函数零点	triplequad	三重积分
ode23	二阶、三阶龙格-库塔法	ode45	四阶、五阶龙格-库塔法

3.4.1 数值微分

在 MATLAB 中,没有可直接提供求数值导数或微分的函数,只有计算向前差分的函数 diff,具体调用格式如下:

```
DX = diff(X)              % 计算向量 X 的向前差分
DX = diff(X,n)            % 计算向量 X 的 n 阶向前差分
DX = diff(A,n,dim)        % 计算矩阵 A 的 n 阶向前差分,dim = 1,按列计算;dim = 2,按行计算
```

【例 3-22】 设 x 由在 $[0,2\pi]$ 区间均匀分布的 10 个点组成,求 $\sin x$ 的 1～3 阶差分。
程序如下:

```
X = linspace(0,2 * pi,10)
Y = sin(X)
DY = diff(Y)                     % 计算 Y 的一阶差分
D2Y = diff(Y,2)                  % 计算 Y 的二阶差分,也可用命令 diff(DY)计算
D3Y = diff(Y,3)                  % 计算 Y 的三阶差分,也可用 diff(D2Y)或 diff(DY,2)
```

程序执行后,运行结果为

```
X =
    0   0.6981   1.3963   2.0944   2.7925   3.4907   4.1888   4.8869   5.5851   6.2832
Y =
    0   0.6428   0.9848   0.8660   0.3420  - 0.3420  - 0.8660  - 0.9848  - 0.6428  - 0.0000
DY =
   0.6428   0.3420  - 0.1188  - 0.5240  - 0.6840  - 0.5240  - 0.1188   0.3420   0.6428
D2Y =
  - 0.3008  - 0.4608  - 0.4052  - 0.1600   0.1600   0.4052   0.4608   0.3008
D3Y =
  - 0.1600   0.0556   0.2452   0.3201   0.2452   0.0556  - 0.1600
```

3.4.2　函数极值与零点

1. 函数极值

数学上利用计算函数的导数来确定函数的最大值点和最小值点,然而很多函数很难找到导数为零的点,为此可以通过数值分析来确定函数的极值点。MATLAB 只有处理极小值的函数,没有专门求极大值的函数。因为 $f(x)$ 极大值问题等价于一阶 $f(x)$ 极小值问题。MATLAB 求函数的极小值使用 fminbnd 和 fminsearch 函数。具体调用格式如下:

```
x = fminbnd(fun,x1,x2)          % 一元函数求给定区间内的最小值,x 为极值所在横坐标
[x,y] = fminbnd(fun,x1,x2)      % y 为极值点的函数值
x = fminsearch(fun,x0)          % 多元函数最小值,x0 为初始值,x 为极值所在横坐标
[x,y] = fminsearch(fun,x0)      % y 为极值点的函数值
```

【例 3-23】　已知 $y = \mathrm{e}^{-0.2x}\sin x$,在 $0 \leqslant x \leqslant 5\pi$ 范围内,使用 fminbnd 函数获取 y 函数的极小值。

程序如下:

```
x1 = 0;x2 = 5 * pi;
fun = @(x)(exp( - 0.2 * x) * sin(x));
[x,y1] = fminbnd(fun,x1,x2)
x = 0:0.1:5 * pi;
y = exp( - 0.2 * x). * sin(x);
plot(x,y)
grid on
```

程序执行后,y 函数曲线如图 3-4 所示,运行结果为

```
x =
   4.5150
```

```
y1 =
    - 0.3975
```

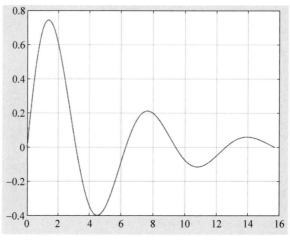

图 3-4 y 函数曲线

【例 3-24】　使用 fminsearch( )函数获取二元函数 $f(x,y)=100(y-x^2)^2+(1-x)^2$ 在初始值(0,0)附近的极小值。

程序如下：

```
fun = @(x)(100 * (x(2) - x(1)^2)^2 + (1 - x(1))^2);        %创建句柄函数
x0 = [0,0];
[x,y1] = fminsearch(fun,x0)                                %计算局部函数的极小值
```

程序执行后,运行结果为

```
x =
    1.0000    1.0000
y1 =
  3.6862e - 010
```

由结果可知,由函数 fminsearch( )计算出局部最小值点是 $[1,1]$,最小值为 $y_1=$ 3.6862e-10,和理论结果是一致的。

2. 函数过零点

一元函数 $f(x)$ 的过零点的求解相当于求解 $f(x)=0$ 方程的根。MATLAB 可以使用 fzero 函数实现,需要指定一个初始值,在初始值附近查找函数值变号时的过零点,也可以根据指定区间来求过零点。该函数的调用格式如下：

```
x = fzero(fun,x0)       % x 为过零点的位置,fun 是函数句柄或匿名函数,x0 是初始值或初始区间
[x,y] = fzero(fun,x0)   % y 为函数在过零点处的函数值
```

【例 3-25】　使用 fzero( )函数 $f(x)=x^2-5x+4$ 分别在初始值 $x=0$ 和 $x=5$ 附近的过零点,并求出过零点函数的值。

程序如下：

```
fun = @(x)(x^2 - 5 * x + 4);          % 创建句柄函数
x0 = 0;
[x,y1] = fzero(fun,x0)                % 求初始值 x0 为 0 附近时函数的过零点
x0 = 5;
[x,y1] = fzero(fun,x0)                % 求初始值 x0 为 5 附近时函数的过零点
x0 = [0,3];
[x,y1] = fzero(fun,x0)                % 求初始值 x0 在区间内函数的过零点
```

程序执行后，运行结果为

```
x =
     1
y1 =
     0
x =
    4.0000
y1 =
  - 3.5527e - 015
x =
     1
y1 =
     0
```

3.4.3 常微分方程的数值求解

常微分方程初值问题的数值解法多种多样，比较常用的有欧拉法、龙格-库塔法、线性多步法、预报校正法等。下面简要介绍龙格-库塔法及其实现。

1. 龙格-库塔法简介

对于一阶常微分方程的初值问题，在求解未知函数 y 时，y 在 t_0 点的值 $y(t_0) = y_0$ 是已知的，并且根据高等数学中的中值定理，应有：

$$\begin{cases} y(t_0 + h) = y_1 \approx y_0 + h f(t_0, y_0) \\ y(t_0 + 2h) = y_2 \approx y_1 + h f(t_1, y_1) \end{cases}, \quad h > 0$$

一般地，在任意点 $t_i = t_0 + ih$，有：

$$y(t_0 + ih) = y_i \approx y_{i-1} + h f(t_{i-1}, y_{i-1}), \quad i = 1, 2, \cdots, n$$

当 (t_0, y_0) 确定后，根据上述递推式能计算出未知函数 y 在点 $t_i = t_0 + ih, i = 0, 1, \cdots, n$ 的一列数值解

$$y_i = y_0, y_1, y_2, \cdots, y_n, \quad i = 0, 1, 2, \cdots, n$$

当然，在递推过程中有一个误差累积的问题。在实际计算过程中使用的递推公式一般进行过改造，著名的龙格-库塔公式为：

$$y(t_0 + ih) = y_i \approx y_{i-1} + \frac{h}{6}(k_1 + 2k_2 + 3k_3 + 4k_4)$$

其中

$$k_1 = f(t_{i-1}, y_{i-1})$$

$$k_2 = f\left(t_{i-1} + \frac{h}{2}, y_{i-1} + \frac{h}{2}k_1\right)$$

$$k_3 = f\left(t_{i-1} + \frac{h}{2}, y_{i-1} + \frac{h}{2}k_2\right)$$

$$k_4 = f(t_{i-1} + h, y_{i-1} + hk_3)$$

2. 龙格-库塔法的实现

基于龙格-库塔法,MATLAB 提供了求常微分方程数值解的函数,一般调用格式如下:

```
[t, y] = ode23(filename, tspan, y0)              % 二阶、三阶龙格 - 库塔法
[t, y] = ode45(filename, tspan, y0)              % 四阶、五阶龙格 - 库塔法
```

其中,filename 是定义 $f(t, y)$ 的函数文件名,该函数文件必须返回一个列向量。tspan 形式为[t0,tf],表示求解区间。y0 是初始状态列向量。t 和 y 分别给出时间向量和相应的状态向量。

【例 3-26】 设有初值问题

$$\begin{cases} y' = \dfrac{y^2 - t - 2}{4(t+1)} \\ y(0) = 2 \end{cases}$$

试求其数值解,并与精确解相比较(精确解为 $y(t) = \sqrt{t+1} + 1$)。

程序如下:

(1) 建立函数文件 funt.m。

```
function y = funt(t, y)
y = (y^2 - t - 2)/4/(t + 1);
```

(2) 求解微分方程。

```
t0 = 0; tf = 10;
y0 = 2;
[t, y] = ode23('funt', [t0, tf], y0);          % 求数值解
y1 = sqrt(t + 1) + 1;                          % 求精确解
plot(t, y, 'b. ', t, y1, 'r - ');              % 通过图形来比较
legend('数值解', '精确解');                      % 加图例
```

程序执行后,运行结果如图 3-5 所示,可以看出,两种结果近似。

3.4.4 数值积分

数值积分研究定积分的数值求解方法。MATLAB 提供了多种求数值积分的函数,主要包括一重积分和多重积分函数。

1. 一重数值积分

MATLAB 提供了 quad 函数和 quadl 函数,其调用格式如下:

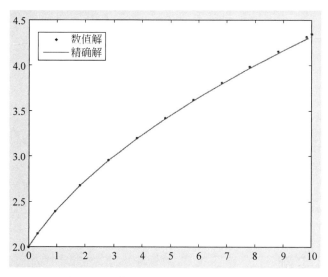

图 3-5　微分方程数值解和精确解的比较

```
quad(filename,a,b,tol,trace)
quadl(filename,a,b,tol,trace)              %是一种采用自适应的方法
```

其中,filename 是被积函数名；a 和 b 分别是定积分的下限和上限；tol 用来控制积分精度,默认时取 $tol=10^{-6}$；trace 控制是否展现积分过程,若取非 0 则展现积分过程,取 0 不展现,默认时取 trace=0。

【例 3-27】　用两种不同的方法求积分。

$$I = \int_0^1 e^{-x^2} dx$$

程序如下：

```
g = inline('exp(-x.^2)');         %定义一个语句函数(内联函数)g(x) = exp(-x.^2)
I = quad(g,0,1)
I = quadl(g,0,1)
```

程序执行后,运行结果为

```
I =
    0.746824180726425
I =
    0.746824133988447
```

2. 多重数值积分

MATLAB 提供了 dblquad 函数和 triplequad 函数求二重积分和三重积分,其调用格式如下：

```
dblquad(filename,xmin,xmax,ymin,ymax,tol,trace)
triplequad(filename,xmin,xmax,ymin,ymax,zmin,zmax,tol,trace)
```

函数的参数定义和一重积分一样。

【例 3-28】 计算二重定积分。

$$I = \int_{-1}^{1}\int_{-2}^{2} e^{-x^2/2}\sin(x^2 + y)\,\mathrm{d}x\,\mathrm{d}y$$

微视频 3-7

程序如下:

```
fxy = inline('exp( - x.^2/2). * sin(x.^2 + y)');
I = dblquad(fxy, - 2,2, - 1,1)
```

程序执行后,运行结果为

```
I =
    1.574493189744944
```

3.5　应用实例

3.5.1　Van Der Pol 方程

【例 3-29】 1928 年,荷兰科学家范·德·波尔(Van Der Pol)为了描述 LC 电子管振荡电路,提出并建立了著名的 Van Der Pol 方程式

$$\frac{\mathrm{d}^2 y}{\mathrm{d}t^2} - \mu(1 - y^2)y' + y = 0$$

它是一个具有可变非线性阻尼的微分方程,在自激振荡理论中具有重要意义。

用 MATLAB 的 ode45 函数求在 $\mu = 10$,初始条件 $y(0) = 1, \dfrac{\mathrm{d}y(0)}{\mathrm{d}t} = 0$ 情况下该方程的解,并作出 $y \sim t$ 的关系曲线图和 $y \sim y'$ 相平面图。

(1) 把高阶微分方程改写为一阶微分方程组。

令 $y_1 = y, y_2 = y'$,则

$$\begin{bmatrix} \dfrac{\mathrm{d}y_1}{\mathrm{d}t} \\ \dfrac{\mathrm{d}y_2}{\mathrm{d}t} \end{bmatrix} = \begin{bmatrix} y_1 \\ 10(1 - y_1^2)y_2 - y_1 \end{bmatrix}, \begin{bmatrix} y_1(0) \\ y_2(0) \end{bmatrix} = \begin{bmatrix} 0 \\ 1 \end{bmatrix}$$

(2) 定义 Van Der Pol 方程。

```
function y = VDP(t,y)
mu = 10;
y = [y(2);mu * (1 - y(1)^2) * y(2) - y(1)];
end
```

(3) 编写程序。

```
clear
t0 = [0,40];
y0 = [1;0];
```

```
[t,y] = ode45(@VDP,t0,y0);
subplot(1,2,1)
plot(t,y(:,1))
xlabel('t'),ylabel('y')
title('y(t)−t')
grid on
subplot(1,2,2)
plot(y(:,1),y(:,2))
xlabel('y(t)'),ylabel('y''(t)')
title('y''(t)−y(t)')
grid on
```

程序执行后，运行结果如图 3-6 所示。

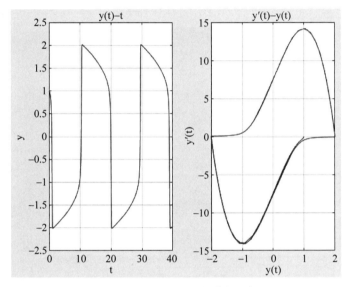

图 3-6　Van Der Pol 微分方程解

3.5.2　电荷在磁场中的运动

【例 3-30】　设一质量为 m、电荷量为 q 的粒子以速度 $\boldsymbol{v}_0$ 进入非均匀磁场 B 中，若速度的方向在 xy 平面内与 x 轴成 θ 角，磁感应强度的大小与 x 成正比，$\boldsymbol{B}=B_0 x$，方向沿 x 正方向，如图 3-7 所示。试写出该带电粒子的运动方程，并描绘它在这一非均匀磁场中运动的轨道，重力忽略不计。

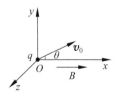

图 3-7　例 3-30 图

（1）该带电粒子在非均匀磁场中仅受到洛仑兹力的作用，因此运动方程为

$$m \frac{\mathrm{d}\boldsymbol{v}}{\mathrm{d}t}=q\boldsymbol{v}\times\boldsymbol{B}$$

将速度和磁场的向量 $\boldsymbol{v}=v_x i+v_y j+v_z k$ 及 $B=B_0 xi$ 代入上式，展开后得到

$$m\,\frac{\mathrm{d}v_x}{\mathrm{d}t} = 0$$

$$m\,\frac{\mathrm{d}v_y}{\mathrm{d}t} = qB_0 v_z x$$

$$m\,\frac{\mathrm{d}v_z}{\mathrm{d}t} = -qB_0 v_y x$$

加上速度与位置的关系

$$\frac{\mathrm{d}x}{\mathrm{d}t} = v_x\,, \qquad \frac{\mathrm{d}y}{\mathrm{d}t} = v_y\,, \qquad \frac{\mathrm{d}z}{\mathrm{d}t} = v_z$$

在初始条件 $t=0$ 时,$x=y=z=0$ 以及 $v_x=v_0\cos\theta$,$v_y=v_0\sin\theta$,$v_z=0$ 下联立求解以上 6 个方程组成的一阶微分方程组,可以得到 3 个位置 (x,y,z) 及 3 个分速度 (v_x,v_y,v_z)。为便于解方程,假设 $v_0=1000\mathrm{m/s}$,$\theta=30°$,$qB_0/m=100$。

(2) 定义电荷在非均匀磁场中运动的微分方程。

```
% 电荷在非均匀磁场中运动的微分方程
function yp = dzc(t,y)
global A;                        % 定义全局变量
yp = [y(2),0,y(4),A * y(6) * y(1),y(6), - A * y(4) * y(1)]';   % 写入微分方程
```

(3) 编写程序。

```
% 电荷在非均匀磁场中的运动
clear
global A;                        % 定义全局变量
A = 100;v = 1000;sita = pi/6;    % 设定 qBo/m,带电粒子的初速度及入射角
vx = v * cos(sita);vy = v * sin(sita);   % 计算 x,y 方向的初速度
y0 = [0 vx 0 vy 0 0]';           % 设定 t = 0 的初时条件
tspan = [0 0.1];                 % 设定积分时间
[t,y] = ode23('dzc',tspan,y0);   % 求解名为 dzc 的微分方程组
subplot(2,2,1)                   % 以下为描绘各方向的运动轨道
% plot(t,y(:,1));                % 绘制一般二维曲线
comet(t,y(:,1));                 % 绘制二维动态轨线
xlabel('t');ylabel('x');
subplot(2,2,2)
plot(t,y(:,3));
comet(t,y(:,3));
xlabel('t');ylabel('y');
subplot(2,2,3)
% plot(t,y(:,5));
comet(t,y(:,5));
xlabel('t');ylabel('z');
subplot(2,2,4)
plot(y(:,3),y(:,5));
comet(y(:,3),y(:,5));
xlabel('y');ylabel('z');
```

```
figure                                  % 新开图形窗口
% plot3(y(:,1),y(:,3),y(:,5))          % 绘制一般三维曲线
comet3(y(:,1),y(:,3),y(:,5));           % 绘制三维动态轨线
xlabel('x');ylabel('y');zlabel('z');
```

程序执行后,运行结果如图 3-8 所示。

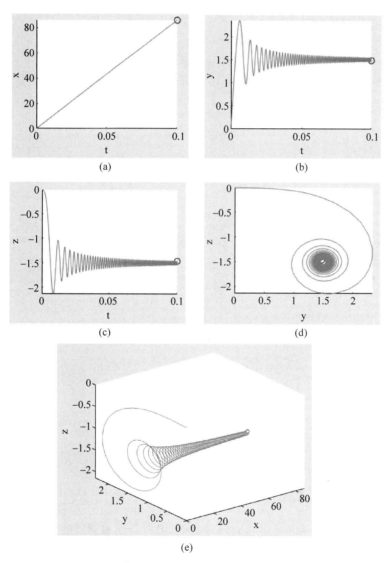

图 3-8　带电粒子在非均匀磁场中的运动轨迹

从程序的运行结果可以看出,在 x 方向带电粒子没有受到任何力,做匀速直线运动,如图 3-8(a)所示;在磁场与 x 成正比增强的洛伦兹力作用下,y 和 z 方向的轨迹呈半径逐步变小的螺旋形,如图 3-8(b)、图 3-8(c)、图 3-8(d)所示;图 3-8(e)则是在三维空间绘出的螺旋形运动轨迹。

3.5.3　小球在空气中竖直上抛运动的规律

【例 3-31】　设一质量为 m 的小球以速率 v_0 从地面开始上抛。在运动过程中,小球所受空气阻尼的大小与速率成正比,比例系数为 k。

（1）求小球上抛过程中的速度和高度与世间的关系。速度与高度有什么关系？小球上升的最大高度和到达最大高度的时间是多少？

（2）求小球落回原处的时间和速度。

【解析】　（1）小球竖直上升时受到重力和空气阻力,两者方向竖直向下,取竖直向上的方向为正,根据牛顿第二定律得到方程

$$f = -mg - kv = m\frac{\mathrm{d}v}{\mathrm{d}t}$$

分离变量,得

$$\mathrm{d}t = -m\frac{\mathrm{d}v}{mg+kv} = -\frac{m}{k}\frac{\mathrm{d}(mg+kv)}{mg+kv}$$

求积分得

$$t = -\frac{m}{k}\ln(mg+kv)\bigg|_{v_0}^{v} = -\frac{m}{k}\ln\frac{mg+kv}{mg+kv_0} = -\frac{m}{k}\ln\frac{mg/k+v}{mg/k+v_0}$$

小球速度随时间的变化关系为

$$v = \left(v_0 + \frac{mg}{k}\right)\exp\left(-\frac{k}{m}t\right) - \frac{mg}{k}$$

由于 $v = \dfrac{\mathrm{d}h}{\mathrm{d}t}$,所以

$$\mathrm{d}h = \left[\left(v_0 + \frac{mg}{k}\right)\exp\left(-\frac{k}{m}t\right) - \frac{mg}{k}\right]\mathrm{d}t = -\frac{m(v_0+mg/k)}{k}\mathrm{d}\left[\exp\left(-\frac{k}{m}t\right)\right] - \frac{mg}{k}\mathrm{d}t$$

求积分得

$$h = -\frac{m(v_0+mg/k)}{k}\exp\left(-\frac{k}{m}t\right) - \frac{mg}{k}t\bigg|_{0}^{t}$$

小球高度随时间的变化关系为

$$h = \frac{m(v_0+mg/k)}{k}\left[1 - \exp\left(-\frac{k}{m}t\right)\right] - \frac{mg}{k}t$$

根据高度与时间的关系和速度与时间的关系,可得高度与速度的关系。

当小球上升到最高点时,其速度为零。小球到最高点所需要的时间为

$$T = \frac{m}{k}\ln\frac{mg/k+v_0}{mg/k} = \frac{m}{k}\ln\left(1 + \frac{kv_0}{mg}\right)$$

小球上升的最大高度为

$$H = \frac{mv_0}{k} - \frac{m^2g}{k^2}\ln\left(1 + \frac{kv_0}{mg}\right)$$

可见,小球上升到最高点的时间和高度由比例系数和初速度决定。在小球质量和空气阻力系数一定的情况下,初速度决定了小球的运动规律。

【讨论】　当 $k \to 0$ 时,利用公式 $e^x \to 1 + x$,可得

$$v \to \left(v_0 + \frac{mg}{k}\right)\left(1 - \frac{k}{m}t\right) - \frac{mg}{k} = v_0\left(1 - \frac{k}{m}t\right) \quad gt \to v_0 - gt$$

这是不计空气阻力时竖直上抛运动的速度公式。

利用公式 $e^x \to 1 + x + \frac{x^2}{2}$,可得

$$h \to \frac{m(v_0 + mg/k)}{k}\left[\frac{kt}{m} - \frac{1}{2}\left(\frac{kt}{m}\right)^2\right] - \frac{mg}{k}t = v_0 t - \frac{kv_0}{2m}t^2 - \frac{1}{2}gt^2 \to v_0 t - \frac{1}{2}gt^2$$

这是不计空气阻力时竖直上抛运动的高度公式。

利用公式 $\ln(1+x) \to x$,可得

$$T \to \frac{m}{k}\frac{kv_0}{mg} \to \frac{v_0}{g}$$

这是不计空气阻力时小球竖直上升最大高度的时间。

利用公式 $\ln(1+x) \to x - \frac{x^2}{2}$,可得

$$H \to \frac{mv_0}{k} - \frac{m^2 g}{k^2}\left[\frac{kv_0}{mg} - \frac{1}{2}\left(\frac{kv_0}{mg}\right)^2\right] \to \frac{v_0^2}{2g}$$

这是不计空气阻力时小球竖直上抛运动的最大高度。

【算法一】　用解析式。取特征时间 $\tau = \frac{m}{k}$ 为时间单位,取速度单位为 $V_0 = \frac{mg}{k}$,则速度可表示为

$$v^* = (v_0^* + 1)\exp(-t^*) - 1$$

其中,$t^* = \frac{t}{\tau}$,$v_0^* = \frac{v_0}{V_0} = \frac{kv_0}{mg}$,$v^* = \frac{v}{V_0}$。$v_0^*$ 是无量纲的初速度,在小球质量与空气阻力系数一定的情况下,无量纲的初速度就代表了初速度。kv_0 是初始阻力,无量纲的初速度还是初始阻力与小球重力 mg 的比值。

取高度单位 $h_0 = V_0\tau = \frac{m^2 g}{k^2}$,高度公式可化为

$$h^* = (v_0^* + 1)\left[1 - \exp(-t^*)\right] - t^*$$

其中,$h^* = \frac{h}{h_0}$。小球上升到最高点所需要的时间可表示为

$$T^* = \ln(1 + v_0^*)$$

其中,$T^* = \frac{T}{\tau}$。小球上升到最大高度可表示为

$$H^* = v_0^* - \ln(1 + v_0^*)$$

其中,$H^* = \frac{H}{h_0}$。取约化初速度为参数向量,取时间为自变量向量,形成矩阵,计算速度和高度与时间的关系,也确定了速度与高度的关系。用矩阵画线法画出速度和高度与时间的曲线族,并画出速度和高度的曲线族,程序如下:

```matlab
% 小球受到与速率成正比的摩擦阻力的上抛运动(用解析式)
clear                                    % 清除变量
t = 0:0.02:2.5;                          % 时间向量(t0 的倍数或无量纲时间)
v0 = 1:7;                                % 初速度向量
[V0,T] = meshgrid(v0,t);                 % 初速度和时间矩阵
V = (V0 + 1). * exp( - T) - 1;           % 速度
H = (V0 + 1). * (1 - exp( - T)) - T;     % 高度
n = length(v0);                          % 初速度个数
H(V < 0) = nan;                          % 速度小于 0 的高度改为非数
V(V < 0) = nan;                          % 速度小于 0 的速度改为非数
figure                                   % 创建图形窗口
% plot(t,V,'LineWidth',2)                % 画速度曲线族
plot(t,V(:,1),'o - ',t,V(:,2),'d - ',t,V(:,3),'s - ',t,V(:,4),'p - ',…
    t,V(:,5),'h - ',t,V(:,6),'^ - ',t,V(:,7),'v - ')    % 画速度曲线族
grid on                                  % 加网格
fs = 10;                                 % 字体大小
title('小球上抛的速度与时间的关系(阻力与速率成正比)','FontSize',fs)    % 显示标题
xlabel('时间\itt/\tau','FontSize',fs)    % 显示横坐标标目
ylabel('速度\itv/V\rm_0','FontSize',fs)  % 显示纵坐标标目
legend([repmat('\itkv\rm_0/\itmg\rm = ',n,1),num2str(v0')])    % 图例
text(0,1,'\it\tau\rm = \itm/k\rm,\itV\rm_0 = \itmg/k','FontSize',fs)    % 时间和速度单位文本
figure                                   % 创建图形窗口
% plot(t,H,'LineWidth',2)                % 画高度曲线族
plot(t,H(:,1),'o - ',t,H(:,2),'d - ',t,H(:,3),'s - ',t,H(:,4),'p - ',…
    t,H(:,5),'h - ',t,H(:,6),'^ - ',t,H(:,7),'v - ')    % 画高度曲线族
title('小球上抛的高度与时间的关系(阻力与速率成正比)','FontSize',fs)    % 显示标题
xlabel('时间\itt/\tau','FontSize',fs)    % 显示横坐标标目
ylabel('高度\ith/h\rm_0','FontSize',fs)  % 显示纵坐标标目
grid on                                  % 加网格
legend([repmat('\itkv\rm_0/\itmg\rm = ',n,1),num2str(v0')])    % 图例
text(0,3,'\ith\rm_0 = \itm\rm^2\itg/k\rm^2','FontSize',fs)    % 标记高度单位
[hm,im] = max(H);                        % 求最大高度及其下标
hold on                                  % 保持图像
stem(t(im),hm,'-- ')                     % 画最高点的杆图
txt = [num2str(t(im)',3),repmat(',',n,1),num2str(hm',3)];    % 运动时间和高度字符串
text(t(im),hm,txt,'FontSize',fs)         % 标记时间和最大高度
vm = 1:0.1:7;                            % 较密的初速度向量
tm = log(1 + vm);                        % 最长时间
hm = vm - log(1 + vm);                   % 最高高度
plot(tm,hm,'-- ','LineWidth',2)          % 画峰值线
figure                                   % 创建图形窗口
% plot(H,V,'LineWidth',2)                % 画速度和高度曲线族
plot(H(:,1),V(:,1),'o - ',H(:,2),V(:,2),'d - ',H(:,3),V(:,3),'s - ',…
    H(:,4),V(:,4),'p - ',H(:,5),V(:,5),'h - ',H(:,6),V(:,6),'^ - ',…
    H(:,7),V(:,7),'v - ')                % 画速度和高度曲线族
title('小球上抛的速度与高度的关系(阻力与速率成正比)','FontSize',fs)    % 显示标题
xlabel('高度\ith/h\rm_0','FontSize',fs)  % 显示横坐标标目
ylabel('速度\itv/V\rm_0','FontSize',fs)  % 显示纵坐标标目
grid on                                  % 加网格
legend([repmat('\itkv\rm_0/\itmg\rm = ',n,1),num2str(v0')])    % 图例
```

程序执行后,运行结果如图 3-9 所示。

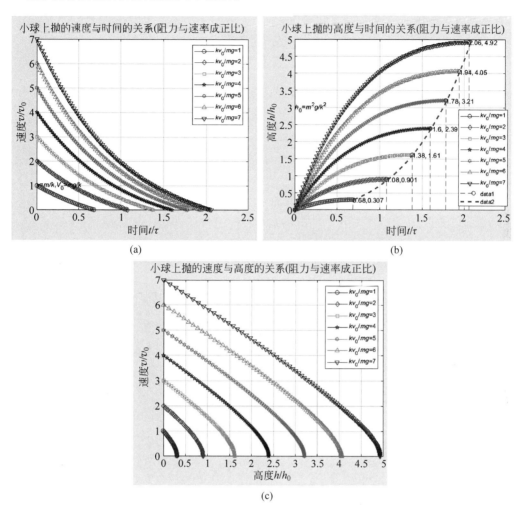

图 3-9　小球在空气中竖直上抛运动的规律

由图 3-9(a)可以看出,不论初速度为多少,小球的速度随时间逐渐减小,直到 0 为止。初速度越大,小球到达最高点所需要的时间越长。

由图 3-9(b)可以看出,不论初速度为多少,小球的高度随时间增加,开始的时候几乎直线增加,在最高点附近缓慢增加,直到最大高度为止。初速度越大,小球达到的最大高度越高。

由图 3-9(c)可以看出,不论初速度为多少,小球的速度随高度减小,在最高点速度为 0。

说明:当小球运动到最高点之后,其运动方程发生了改变,只考虑小球上升的过程,其他运动时间的速度和高度就改为非数;为了画出最高点的连续曲线,需要设置较密集的初速度向量。

【算法二】　用两个一阶微分方程的数值解。

$$\frac{\mathrm{d}^2 h}{\mathrm{d}t^2} = -g - \frac{k}{m}\frac{\mathrm{d}h}{\mathrm{d}t}$$

可化为

$$\frac{\mathrm{d}^2(h/h_0)}{\mathrm{d}(t/t_0)^2} = -g\,\frac{t_0^2}{h_0} - \frac{k}{m}t_0\,\frac{\mathrm{d}(h/h_0)}{\mathrm{d}(t/t_0)} = -1 - \frac{\mathrm{d}(h/h_0)}{\mathrm{d}(t/t_0)}$$

即

$$\frac{\mathrm{d}^2 h^*}{\mathrm{d}t^{*2}} = -1 - \frac{\mathrm{d}h^*}{\mathrm{d}t^*}$$

设 $h(1) = h^*$ 和 $h(2) = \dfrac{\mathrm{d}h^*}{\mathrm{d}t^*}$，则可得

$$\frac{\mathrm{d}h(1)}{\mathrm{d}t^*} = h(2), \qquad \frac{\mathrm{d}h(2)}{\mathrm{d}t^*} = -1 - h(2)$$

当 $t=0$ 时，$h=0$，因此初始条件 $h(1)=0$，而

$$h(2) = \frac{\mathrm{d}h^*}{\mathrm{d}t^*} = \frac{\mathrm{d}(h/h_0)}{\mathrm{d}(t/t_0)} = \frac{t_0}{h_0}\frac{\mathrm{d}h}{\mathrm{d}t} = \frac{\mathrm{d}h}{V_0\mathrm{d}t} = \frac{v_0}{V_0}$$

根据初始条件可求得常微分方程的数值解，程序如下：

```
% 小球受到与速率成正比的摩擦阻力的上抛运动(用二阶微分方程的数值解)
clear                                   % 清除变量
t = 0:0.02:2.5;                         % 时间向量(t0 的倍数或无量纲时间)
v0 = 1:7;                               % 初速度向量
n = length(v0);                         % 初速度个数
H = [];                                 % 高度矩阵置空
V = [];                                 % 速度矩阵置空
for i = 1:n                             % 按初速度循环
    [tt,HV] = ode45('fun',t,[0,v0(i)]); % 求高度和速度的数值解
    V = [V,HV(:,2)];                    % 连接速度
    H = [H,HV(:,1)];                    % 连接高度
end                                     % 结束循环
H(V < 0) = nan;                         % 速度小于 0 的高度改为非数
V(V < 0) = nan;                         % 速度小于 0 的速度改为非数
figure                                  % 创建图形窗口
% plot(t,V,'LineWidth',2)               % 画速度曲线族
plot(t,V(:,1),'o-',t,V(:,2),'d-',t,V(:,3),'s-',t,V(:,4),'p-',…
    t,V(:,5),'h-',t,V(:,6),'^-',t,V(:,7),'v-')   % 画速度曲线族
grid on                                 % 加网格
fs = 10;                                % 字体大小
title('小球上抛的速度与时间的关系(阻力与速率成正比)','FontSize',fs)   % 显示标题
xlabel('时间\itt/\tau','FontSize',fs)    % 显示横坐标标目
ylabel('速度\itv/V\rm_0','FontSize',fs)  % 显示纵坐标标目
legend([repmat('\itkv\rm_0/\itmg\rm = ',n,1),num2str(v0')])   % 图例
text(0,1,'\it\tau\rm = \itm/k\rm,\itV\rm_0 = \itmg/k','FontSize',fs)   % 时间和速度单位文本
figure                                  % 创建图形窗口
% plot(t,H,'LineWidth',2)               % 画高度曲线族
plot(t,H(:,1),'o-',t,H(:,2),'d-',t,H(:,3),'s-',t,H(:,4),'p-',…
    t,H(:,5),'h-',t,H(:,6),'^-',t,H(:,7),'v-')  % 画高度曲线族
title('小球上抛的高度与时间的关系(阻力与速率成正比)','FontSize',fs)   % 显示标题
```

```
xlabel('时间\itt/\tau','FontSize',fs)                    % 显示横坐标标目
ylabel('高度\ith/h\rm_0','FontSize',fs)                  % 显示纵坐标标目
grid on                                                  % 加网格
legend([repmat('\itkv\rm_0/\itmg\rm = ',n,1),num2str(v0')])    % 图例
text(0,3,'\ith\rm_0 = \itm\rm^2\itg/k\rm^2','FontSize',fs)    % 标记高度单位
[hm,im] = max(H);                                         % 求最大高度及其下标
hold on                                                  % 保持图像
stem(t(im),hm,'-- ')                                     % 画最高点的杆图
txt = [num2str(t(im)',3),repmat(',',n,1),num2str(hm',3)];    % 运动时间和高度字符串
text(t(im),hm,txt,'FontSize',fs)                         % 标记时间和最大高度
vm = 1:0.1:7;                                            % 较密的初速度向量
tm = log(1 + vm);                                        % 最大时间
hm = vm - log(1 + vm);                                  % 最大高度
plot(tm,hm,'-- ','LineWidth',2)                         % 画峰值线
figure                                                   % 创建图形窗口
% plot(H,V,'LineWidth',2)                               % 画速度和高度曲线族
plot(H(:,1),V(:,1),'o - ',H(:,2),V(:,2),'d - ',H(:,3),V(:,3),'s - ',...
     H(:,4),V(:,4),'p - ',H(:,5),V(:,5),'h - ',H(:,6),V(:,6),'^ - ',...
     H(:,7),V(:,7),'v - ')                              % 画速度和高度曲线族
title('小球上抛的速度与高度的关系(阻力与速率成正比)','FontSize',fs)    % 显示标题
xlabel('高度\ith/h\rm_0','FontSize',fs)                  % 显示横坐标标目
ylabel('速度\itv/V\rm_0','FontSize',fs)                  % 显示纵坐标标目
grid on                                                  % 加网格
legend([repmat('\itkv\rm_0/\itmg\rm = ',n,1),num2str(v0')])    % 图例
```

定义的函数文件为：

```
% 小球的约化速度和加速度函数
function f = fun(t,h)                    % 函数过程
f = [h(2); - 1 - h(2)];                 % 约化速度表达式和约化加速度表达式
```

程序执行后，运行结果同图 3-9 所示。

【算法三】　用一阶微分方程的数值解。

$$\frac{\mathrm{d}v}{\mathrm{d}t} = -g - \frac{k}{m}v$$

可转化为

$$\frac{\mathrm{d}(v/V_0)}{\mathrm{d}(t/t_0)} = -g\,\frac{t_0}{V_0} - \frac{kt_0}{mV_0}v = -1 - \frac{v}{V_0}$$

利用约化时间 $t^* = \dfrac{t}{\tau}$ 和约化速度 $v^* = \dfrac{v}{V_0}$，可得无量纲的微分方程

$$\frac{\mathrm{d}v^*}{\mathrm{d}t^*} = -1 - v^*$$

微分方程的初始条件为：$t^* = 0$ 时，$v^* = \dfrac{v_0}{V_0}$，高度为

$$h = \int_0^t v \, \mathrm{d}t = V t \int_0^{t^*} v^* \, \mathrm{d}t^* = h_0 \int_0^{t^*} v^* \, \mathrm{d}t^*$$

通过无量纲速度对无量纲时间的数值积分可求得高度与时间的关系。程序自行编写，结果同图 3-9。

【算法四】 用微分方程的符号解。

$$\frac{\mathrm{d}^2 h}{\mathrm{d}t^2} + \frac{\mathrm{d}h}{\mathrm{d}t} + 1 = 0$$

当 $t = 0$ 时，$h^* = 0$，$\dfrac{\mathrm{d}h^*}{\mathrm{d}t^*} = \dfrac{v_0}{V_0}$，根据初始条件可求得常微分方程的符号解，程序自行编写，结果同图 3-9。

【解析】 （2）当小球从最高点竖直下落时，空气阻力的方向向上，速度方向向下，取竖直向下的方向为正，根据牛顿第二定律得到方程

$$f = mg - kv = m \frac{\mathrm{d}v}{\mathrm{d}t}$$

分离变量，得

$$\mathrm{d}t = m \frac{\mathrm{d}v}{mg - kv} = -\frac{m}{k} \frac{\mathrm{d}(mg - kv)}{mg - kv}$$

积分得

$$t = -\frac{m}{k} \ln(mg - kv) \Big|_{v_0}^{v} = -\frac{m}{k} \ln \frac{mg - kv}{mg} = -\frac{m}{k} \ln \left(1 - \frac{kv}{mg}\right)$$

小球速度随时间的变化关系为

$$v = \frac{mg}{k} \left[1 - \exp\left(-\frac{k}{m}t\right)\right]$$

由于 $v = \dfrac{\mathrm{d}h}{\mathrm{d}t}$，所以

$$\mathrm{d}h = \frac{mg}{k} \left[1 - \exp\left(-\frac{k}{m}t\right)\right] \mathrm{d}t = \frac{mg}{k} \mathrm{d}t + \frac{m^2 g}{k^2} \mathrm{d}\left[\exp\left(-\frac{k}{m}t\right)\right]$$

积分得

$$h = \frac{mg}{k} - \frac{m^2 g}{k^2} \left[1 - \exp\left(-\frac{k}{m}t\right)\right]$$

这是小球下落的高度与时间的关系。

当小球落回原处时，$h = H$，则

$$\frac{k}{m} T' - 1 + \exp\left(-\frac{k}{m}T'\right) = \frac{kv_0}{mg} - \ln\left(1 + \frac{kv_0}{mg}\right)$$

这是关于时间的超越方程。如果求得 T'，就可求得小球落回原处的速度。

【讨论】 当 $k \to 0$ 时，利用公式 $\mathrm{e}^x \to 1 + x$，可得

$$v \to \frac{mg}{k} \frac{k}{m} t = gt$$

这是不计空气阻力时小球自由下落的速度公式。

利用公式 $\mathrm{e}^x \to 1 + x + \dfrac{x^2}{2}$，可得

$$h \rightarrow \frac{mg}{k}t - \frac{m^2 g}{k^2}\left\langle 1 - \left[1 - \frac{k}{m}t + \frac{1}{2}\left(\frac{k}{m}t\right)^2\right]\right\rangle \rightarrow \frac{1}{2}gt^2$$

这是小球自由下落的高度公式。

利用公式 $\ln(1+x) \rightarrow x - \dfrac{x^2}{2}$，可得

$$\frac{k}{m}T' - 1 + \left[1 - \frac{k}{m}T' + \frac{1}{2}\left(\frac{k}{m}T'\right)^2 + \cdots\right] = \frac{kv_0}{mg} - \left[\frac{kv_0}{mg} - \frac{1}{2}\left(\frac{kv_0}{mg}\right) + \cdots\right]$$

化简得

$$T' \rightarrow \frac{v_0}{g}$$

这是不计空气阻力时小球自由下落到原处的时间。

【算法】　取特征时间 $\tau = \dfrac{m}{k}$ 为时间单位，取速度单位为 $V_0 = \dfrac{mg}{k}$，则小球下落的速度为

$$v = V_0[1 - \exp(-t^*)]$$

其中，$t^* = \dfrac{t}{\tau}$。当小球落回原处时关于时间的超越方程可表示为

$$t^* + \exp(-t^*) - (1 + v_0^*) + \ln(1 + v_0^*) = 0$$

其中，$v_0 = \dfrac{v}{V_0}$。此方程有一个解

$$t^* = -\ln(1 + v_0^*)$$

由于 $t^* < 0$，此解没有意义。将初速度和时间形成矩阵，计算高度差，利用等值线函数 contour 取零值线，即可求出小球落回原处的时间与初速度的数值解，进而求出小球落回原处的速度。

如果不计空气阻力，小球来回运动的时间可表示为

$$t = 2\frac{v_0}{g} = \tau 2\frac{v_0 \tau}{g} = \tau 2 v_0^*$$

小球在空气中来回运动的时间可与无空气阻力的情况相比较。程序如下：

```
%小球受到与速率成正比的摩擦阻力作用时上升的高度和落回原处的时间以及速度
clear                                   %清除变量
v0 = 0:0.05:7;                          %较密的初速度向量
h = v0 - log(1 + v0);                   %最大高度
figure                                  %创建图形窗口
plot(v0,h,'LineWidth',2)                %画最大高度曲线
grid on                                 %加网格
fs = 10;                                %字体大小
title('小球上升的最大高度与上升初速度的关系','FontSize',fs)      %显示标题
xlabel('上升初速度\itv\rm_0/\itV\rm_0','FontSize',fs)           %显示横坐标标目
ylabel('最大高度\itH/h\rm_0','FontSize',fs)%显示纵坐标标目
txt1 = '\ith\rm_0 = \itm\rm^2\itg/k\rm^2';   %高度单位文本
txt2 = '\itV\rm_0 = \itmg/k';                %速度单位文本
txt3 = '\it\tau\rm = \itm/k\rm';             %时间单位文本
```

```
text(0,3,[txt1,',',txt2],'FontSize',fs)        % 标记高度单位和速度单位
t = 0:0.05:1;                                  % 落回时间向量
[V0,T] = meshgrid(v0,t);                       % 初速度和时间矩阵
H = T + exp( - T) - 1 - V0 + log(1 + V0);      % 下落的高度差函数
figure                                         % 创建图形窗口
h = contour(V0,T,H,[0,0]);                     % 高度差为零的落回时间与初速度等值线
v0 = h(1,2:end);                               % 取初速度
t2 = h(2,2:end);                               % 取落回时间
t1 = log(1 + v0);                              % 上升时间
% plot(v0,[t1;t2;t1 + t2;2 * v0])              % 画时间曲线
plot(v0,t1,'o - ',v0,t2,'d - ',v0,t1 + t2,'s - ',v0,2 * v0,'^ - ')     % 画时间曲线
legend('上升到最高点的时间\itT/\tau','落回原处的时间\itT\prime/\tau',…
      '上升和落回的总时间','无空气阻力上升和落回的总时间',num2str(v0))  % 图例
title('小球运动的时间与上升初速度的关系','FontSize',fs)      % 显示标题
xlabel('上升初速度\itv\rm_0/\itV\rm_0','FontSize',fs)        % 显示横坐标标目
ylabel('时间\itT/\it\tau','FontSize',fs)       % 显示纵坐标标目
text(0,1,[txt3,',',txt2],'FontSize',fs)        % 标记时间单位和速度单位
grid on                                        % 加网格
v2 = 1 - exp( - t2);                           % 落回的速度
figure                                         % 创建图形窗口
plot(v0,v2,'LineWidth',2)                      % 画有空气阻力的速度曲线
grid on                                        % 加网格
axis equal                                     % 使坐标间隔相等
title('小球上抛后落回原处的速度与上升初速度的关系','FontSize',fs)   % 显示标题
xlabel('上升初速度\itv\rm_0/\itV\rm_0','FontSize',fs)        % 显示横坐标标目
ylabel('落回末速度\itv/\itV\rm_0','FontSize',fs)            % 显示纵坐标标目
text(0,0,txt2,'FontSize',fs)                   % 标记速度单位
hold on                                        % 保持图像
plot(v0,v0,'r -- ','LineWidth',2)              % 画无空气阻力的速度曲线
legend('有空气阻力','无空气阻力',num2str(v0))   % 图例
```

程序执行后,运行结果如图 3-10 所示。

由图 3-10(a)可以看出,上升的初速度越大,小球上升的高度就越大。当初速度比较大时,小球上升的高度随初速度几乎呈直线增加。

由图 3-10(b)可以看出,上升的初速度越大,小球达到最大高度所需要的时间越大,但是小于小球从最高点下落到原处的时间。小球在空气中上升和下落到原处的总时间比不计阻力的时间要短。

由图 3-10(c)可以看出,上升的初速度越大,小球回到原处的速度越大,与小球上升的初速度相差也越大。

说明:画等值线主要是为了取句柄;句柄有两行若干列,第一行的第一个数值表示等值线数据对的数目,第二行的第一个数值表示等值线的值,第一行的其他数值表示速度,第二行的其他数值表示时间;画时间曲线时就抹去了等值线。

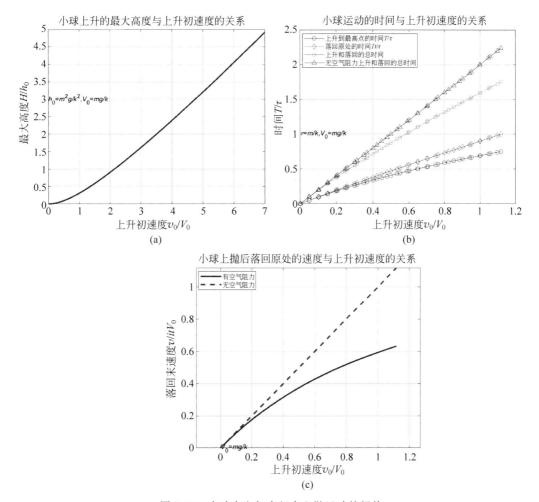

图 3-10　小球在空气中竖直上抛运动的规律

实训项目三

本实训项目的目的如下:
- 掌握多项式的常用运算。
- 掌握数值插值的方法及应用。
- 掌握数据统计和分析的方法。
- 掌握求数值导数和数值积分的方法。
- 掌握常微分方程数值求解的方法。

3-1　利用 MATLAB 提供的 rand 函数生成 2000 个符合均匀分布的随机数,然后检验随机数的性质:

(1) 均值和标准方差。

(2) 最大元素和最小元素。

(3) 大于 0.5 的随机数个数占总数的百分比。

3-2   将 100 个学生 5 门课的成绩存入矩阵 P 中,进行如下处理:

(1) 分别求每门课的最高分、最低分及相应学生序号。

(2) 分别求每门课的平均分和标准方差。

(3) 5 门课总分的最高分、最低分及相应学生序号。

(4) 将 5 门课总分按从大到小顺序存入 zongchengji 中,相应学生序号存入 xsxh。

提示: 上机时,可用取值范围为 $[45,95]$ 的随机矩阵来表示学生的成绩。

3-3   某气象站观测的某日 6:00~18:00 每隔 2 小时的室内外温度(℃)如表 3-8 所示。

表 3-8   室内外温度观测结果

时间/h	6	8	10	12	14	16	18
室内温度 t_1/℃	18.0	20.0	22.0	25.0	30.0	28.0	24.0
室外温度 t_2/℃	15.0	19.0	24.0	28.0	34.0	32.0	30.0

试用三次样条插值分别求出该室内外 6:30~17:30 每隔 2 小时各点的近似温度(℃)。

3-4   某电路元件,测试两端的电压 U 与流过的电流 I 的关系,实测数据如表 3-9 所示。用不同的插值方法(最近点法、线性法、三次样条法和三次多项式法)计算 $I=9A$ 处的电压 U。

表 3-9   实测数据

电流 I/A	0	2	4	6	8	10	12
电压 U/V	0	0	5	8.2	12	16	21

3-5   已知多项式 $P_1(x)=3x+2$,$P_2(x)=5x^2-x+2$,$P_3(x)=x^2-0.5$,求:

(1) $P(x)=P_1(x)P_2(x)P_3(x)$

(2) $P(x)=0$ 的全部根

(3) 计算 $x=0.2i(i=0,1,2,\cdots,10)$ 各点上的 $P(x_i)$

3-6   求函数在指定点的数值导数。

$$f(x)=\begin{vmatrix} x & x^2 & x^3 \\ 1 & 2x & 3x^2 \\ 0 & 2 & 6x \end{vmatrix}, \quad x=1,2,3$$

3-7   用数值方法求定积分。

(1) $I_1=\int_0^{2\pi}\sqrt{\cos t^2+4\sin(2t)^2+1}\,\mathrm{d}t$ 的近似值。

(2) $I_2=\int_0^1\dfrac{\ln(1+x)}{1+x^2}\mathrm{d}x$

(3) $I_1=\int_0^\pi\int_0^\pi|\cos(x+y)|\,\mathrm{d}x\,\mathrm{d}y$

3-8   求函数在指定区间的极值。

(1) $f(x)=\dfrac{x^3+\cos x+x\log x}{\mathrm{e}^x}$ 在 $(0,1)$ 内的最小值。

(2) $f(x_1,x_2)=2x_1^3+4x_1x_2^3-10x_1x_2+x_2^2$ 在 $[0,0]$ 附近的最小值点和最小值。

3-9 求微分方程组的数值解,并绘制解的曲线。

$$\begin{cases} y_1' = y_2 y_3 \\ y_2' = -y_1 y_3 \\ y_3' = -y_1 y_2 \\ y_1(0) = 0, y_2(0) = 1, y_3(0) = 1 \end{cases}$$

3-10 两个同心导体球面的内半径为 R_0,外半径为 R,构成球形电容器,球面间充满介电常数为 ε 的各向同性的介质。求球形电容器的电容(内球面也可以用同样半径的球体代替)。

第4章

MATLAB 符号运算及应用

在科学研究和工程应用中,除了存在大量数值计算外,还会对符号对象进行运算,即直接对抽象的符号对象进行运算,并将所得的结果用标准的符号形式来表示。符号运算可以获得比数值计算更一般的结果。MATLAB 符号运算是通过集成在 MATLAB 中的符号运算工具箱(Symbolic Math Toolbox)实现的。在 MATLAB 中,符号常数、符号变量、符号函数、符号操作等用来形成符号表达式,其特点是严格按照代数、微积分的计算法则、公式进行运算,并尽可能地给出解析表达式。除此之外,它的运算以推理解析的方式进行,故不受计算误差积累问题的影响,当然,它的缺点是计算所需要的时间比较长。

本章介绍符号运算、符号函数的导数、符号函数的积分、级数、符号方程求解及应用等内容,以达到熟练运用 MATLAB 解决简单工程问题的目的。

本章要点:

(1) 符号运算。

(2) 符号函数的导数。

(3) 符号函数的积分。

(4) 级数。

(5) 符号方程求解。

(6) 符号运算应用。

学习目标:

(1) 掌握定义符号对象的方法。

(2) 掌握符号表达式的运算规则以及符号矩阵运算。

(3) 掌握求符号函数极限及导数的方法。

(4) 掌握求符号函数定积分和不定积分的方法,熟悉积分变换。

(5) 掌握级数求和的方法以及将函数展开为泰勒级数的方法。

(6) 掌握微分方程和代数方程符号求解的方法。

(7) 掌握运用 MATLAB 解决简单工程问题。

4.1 符号运算基础

MATLAB 提供了一种符号数据类型,相应的运算对象称为符号对象。进行符号运算时,首先要定义基本的符号对象,它可以是常数、变量、表达式。符号表达式由这些基本符号对象构成。

4.1.1　符号对象

1. 建立符号变量和符号常数

在 MATLAB 中,建立符号变量可调用 sym 或 syms 函数,表 4-1 中列出了这两个函数的常用格式及功能。

表 4-1　sym 和 syms 函数的常用格式及功能

函　　数	功　　能
f = sym(parameter)	把表达式、数字或字符串 parameter 转换为符号对象 f
f = sym(parameter_n, format)	把数值或数值表达式 parameter_n 转换为 format 格式的符号对象
syms('parameter1', 'parameter2')	把字符串 parameter1、parameter2 定义为基本符号对象
syms parameter3 parameter4	把字符 parameter3、parameter4 定义为基本符号对象

符号变量和在其他过程中建立的非符号变量是不同的,一个非符号变量在参与运算前必须被赋值,变量的运算实际上是该变量所对应值的运算,其运算结果是一个和变量类型对应的值,而符号变量参与运算前无须赋值,其结果是一个由参与运算的变量名组成的表达式。

运用 sym 函数还可以定义符号常量,使用符号常量进行代数运算时和数值常量进行的运算不同。用符号常量进行计算,更像在进行数学演算,所得到的结果是精确的数学表达式;而数值计算将结果近似为一个有限小数。

sym 函数每次只能定义一个符号变量不同,syms 函数可同时定义多个符号变量。

【例 4-1】　将字符表达式 $\sin x \times \cos x$ 转换为符号变量。

程序如下:

```
y = sym('sin(x) * cos(x)')          % 把字符表达式转换为符号变量
y = simple(y)                       % 按规则把已有的 y 符号表达式化成最简形式
```

程序执行后,运行结果为

```
y =
    sin(x) * cos(x)
y =
    1/2 * sin(2 * x)
```

2. 建立符号表达式

含有符号的对象表达式称为符号表达式,建立符号表达式有以下 3 种方法:

(1) 利用单引号来生成符号表达式;

(2) 用 sym 函数建立符号表达式;

(3) 用已定义的符号变量组成符号表达式。

【例 4-2】　符号表达式的生成。

程序如下:

```
A = sym('[a 2 * b;3 * a 0]')
syms a b
B = [a 2 * b;3 * a 0]
f1 = sym('x^2 + 1')
syms x
f2 = x^2 + 1
f3 = 'x^2 + 1'
```

程序执行后,运行结果为

```
A =
  [    a, 2 * b]
  [ 3 * a,    0]
B =
  [    a, 2 * b]
  [ 3 * a,    0]
f1 =
  x^2 + 1
f2 =
  x^2 + 1
f3 =
  x^2 + 1
```

在命令窗口输入 whos 命令进行查看,结果为

```
whos
  Name        Size         Bytes    Class      Attributes
  A           2x2          320      sym
  B           2x2          320      sym
  a           1x1          126      sym
  b           1x1          126      sym
  f1          1x1          134      sym
  f2          1x1          134      sym
  f3          1x5          10       char
  x           1x1          126      sym
```

4.1.2 基本的符号运算

MATLAB中用来构成符号运算表达式的算符和基本函数,不管在名称、表示方式上,还是在使用规则上,与数值计算中的算符和基本函数几乎完全相同。下面简要说明一下符号计算中基本的算符和函数。

(1) 基本运算符。

实现矩阵的加、减、乘、左除、右除、求幂运算的算符分别为"+""-""*""\""/""^"。此外,MATLAB中实现"元素对元素"的数组乘、除、求幂运算的算符也与数值计算中的相同。

(2) 关系运算符。

值得注意的是,在符号对象的比较中,没有"大于""大于或等于""小于""小于或等于"的

概念,而只有是否"等于"的概念。用于算符两边的对象进行"相等""不等"比较的算符分别为"＝＝""～ ＝"。若是,则返回结果为1；若否,则返回结果为0。

其余比如三角函数、指数、对数、矩阵代数指令等运算的算符也与数值计算中的算符和基本函数基本相同,这里不再一一说明。如表 4-2 所示为常用符号运算的常用函数及功能。

表 4-2　常用符号运算的常用函数及功能

函　　数	功　　能	函　　数	功　　能
symadd	符号表达式的加法运算	symsub	符号表达式的减法运算
symmul	符号表达式的乘法运算	symdiv	符号表达式的除法运算
sympow	符号表达式的幂运算	numden	提取符号表达式的分子或分母
factor	对符号表达式分解因式	expand	对符号表达式进行展开
collect	对符号表达式合并同类项	simplify	应用函数规则进行化简
simple	调用其他函数对表达式进行化简	horner	将多项式分解成嵌套形式
pretty	以直观的方式显示多项式	eval	将符号表达式变换成数值表达式
compose	求复合函数	finverse	符号函数的逆函数

1. 符号表达式的四则运算

符号表达式的四则运算和其他表达式运算并无不同,但要注意其运算结果依然是一个符号表达式,符号表达式的加减乘除运算可分别由函数 symadd、symsub、symmul 和 symdiv 来实现,幂运算可以由 sympow 来实现；与数值运算一样,也可以用＋、－、*、/、^ 运算符来实现符号运算。

2. 符号表达式的提取分子和分母运算

如果符号表达式是一个有理分式,或可以展开为有理分式,则可利用 numden 函数来提取符号表达式中的分子或分母,调用格式如下：

```
[n,d] = numden(s)    % 提取符号表达式 s 的分子和分母,并将它们分别存放在 n 与 d 中
```

【例 4-3】　写出矩阵 $\begin{bmatrix} \dfrac{x^3+1}{2} & 4x+7 \\ \dfrac{x^2+5}{x-1} & 4 \end{bmatrix}$ 各个元素的分子、分母多项式。

程序如下：

```
A = [(x^3 + 1)/2,4 * x + 7; (x^2 + 5)/(x − 1),4]
[N,D] = numden(A)
```

程序执行后,运行结果为

```
A =
   [    1/2 * x^3 + 1/2,         4 * x + 7]
   [ (x^2 + 5)/(x − 1),               4]
 N =
   [ x^3 + 1, 4 * x + 7]
   [ x^2 + 5,      4]
```

```
D =
  [   2,   1]
  [ x - 1,   1]
```

从结果可以看出,与数值矩阵输出形式不同,符号矩阵的每一行两端都有方括号。

N 为矩阵各元素的分子多项,**D** 为矩阵各元素的分母多项式。

如果符号表达式是一个符号数组,则返回两个新数组 n 和 d,其中 n 是分子数组,d 是分母数组。

3. 因式分解与展开

因式分解与展开具体函数调用格式如下:

```
factor(s)                          % 对符号表达式 s 分解因式
expand(s)                          % 对符号表达式 s 进行展开
collect(s)                         % 对符号表达式 s 合并同类项
collect(s,v)                       % 对符号表达式 s 按变量 v 合并同类项
```

【**例 4-4**】　用不同的方法合并同幂项。

程序如下:

```
syms x t
p = (2 * x^3 + 2 * x * exp( - 2 * t) + 1) * (x + exp( - 2 * t))          % 定义符号多项式
p1 = collect(p)                    % 对符号表达式进行合并同类项
p2 = collect(p,'exp( - 2 * t)')    % 对符号表达式按指定的对象进行合并同类项操作
```

程序执行后,运行结果为

```
P =
    (2 * x^3 + 2 * x * exp( - 2 * t) + 1) * (x + exp( - 2 * t))
p1 =
    2 * x^4 + 2 * exp( - 2 * t) * x^3 + 2 * exp( - 2 * t) * x^2 + (1 + 2 * exp( - 2 * t)^2) * x +
exp( - 2 * t)
p2 =
    2 * x * exp( - 2 * t)^2 + (2 * x^3 + 1 + 2 * x^2) * exp( - 2 * t) + (2 * x^3 + 1) * x
```

【**例 4-5**】　factor 函数的使用。

程序如下:

```
syms x a b c
P1 = x^4 - 15 * x^2 - 10 * x + 24;
P1 = factor(P1)
P2 = x^3 + x^2 * c + x^2 * b + x * b * c + x^2 * a + x * a * c + x * a * b + a * b * c;
P2 = factor(P2)
```

程序执行后,运行结果为

```
P1 =
    (x - 1) * (x + 3) * (x + 2) * (x - 4)
```

```
P2 =
    (x + c) * (x + b) * (x + a)
```

【例 4-6】 对多项式进行嵌套型分解。

程序如下:

```
syms t
P = 3 + 4 * t + 5 * t^2 - 6 * t^3 + t^4;
horner(P)
```

程序执行后,运行结果为

```
ans =
    3 + (4 + (5 + (-6 + t) * t) * t) * t
```

4. 表达式化简

MATLAB 提供了两种化简符号表达式的函数,其具体调用格式如下:

```
simplify(s)              % 应用函数规则对 s 进行化简
simple(s)                % 调用其他函数对表达式进行化简,并返回其中最短的一个
[r, how] = simple(s)     % r 是最简形式的符号表达式,how 是描述简化过程的字符串
```

【例 4-7】 化简下列多项式。

(1) $f(x) = \sqrt[3]{\dfrac{1}{x^3} + \dfrac{6}{x^2} + \dfrac{12}{x} + 8}$

(2) $g(x) = 2\sin x \cos x$

微视频 4-1

(1) 程序如下:

```
syms x;
f = (1/x^3 + 6/x^2 + 12/x + 8)^(1/3);
f = simplify(f)
```

程序执行后,运行结果为

```
f =
    ((2 * x + 1)^3/x^3)^(1/3)
```

(2) 程序如下:

```
g = str2sym('2 * sin(x) * cos(x)');
simplify(g)
```

程序执行后,运行结果为

```
ans =
    sin(2 * x)
```

5. 符号表达式与数值表达式之间的转换

（1）利用函数 sym 可以将数值表达式变换成它的符号表达式。

【例 4-8】 将数值表达式变换成它的符号表达式。

```
sym(1.5)
ans =
    3/2
```

（2）利用函数 numeric 或 eval 可以将符号表达式变换成数值表达式。

【例 4-9】 将符号表达式变换成数值表达式。

程序如下：

```
p = '(1 + sqrt(5))/2'
eval(p)
```

程序执行后，运行结果为

```
p =
    (1 + sqrt(5))/2
ans =
    1.6180
```

4.1.3　符号表达式中变量的确定

MATLAB 中的符号可以是符号变量也可以是符号常量，findsym 可以查找一个符号表达式中的符号变量，调用格式如下：

```
findsym(s,n)              % 函数返回符号表达式 s 中的 n 个符号变量,如果没有指定 n,则
                         % 返回 s 中的全部符号变量
```

【例 4-10】 查找一个符号表达式中的符号变量。

程序如下：

```
syms x a y z b;
f1 = 3 * x + y;f2 = a * y + b;
findsym(f1)
findsym(f2,2)
findsym(5 * x + 2)
c = sym('3');                % 定义符号常量 c
findsym(a * x + b * y + c)   % 符号常量 c 不在结果中出现
```

程序执行后，运行结果为

```
Ans =
    x, y
ans =
    y, b
ans =
    x
```

```
ans =
     a, b, x, y
```

在求函数的极限、导数和积分时,如果用户没有明确指定自变量,那么将按默认原则确定主变量,并对其进行相应微积分运算。

4.1.4　符号矩阵

符号矩阵也是一种符号表达式,之前提到的符号表达式运算都可以在矩阵中进行,但应注意这些函数作用于符号矩阵时是分别作用于矩阵中的每一个元素的。

【例 4-11】　建立下列符号矩阵并化简。

$$A = \begin{bmatrix} a^3 - b^3 & \sin^2\alpha + \cos^2\alpha \\ \dfrac{15xy - 3x^2}{x - 5y} & 78 \end{bmatrix}$$

程序如下:

```
syms a b x y alp
A = sym('[a^3 - b^3,sin(alp)^2 + cos(alp)^2;(15 * x * y - 3 * x^2)/(x - 5 * y),78]');
factor(A)                    % 对符号矩阵进行因式分解
simplify(A)                  % 对符号矩阵化简
```

程序执行后,运行结果为

```
ans =
   [   (a - b) * (a^2 + a * b + b^2), sin(alp)^2 + cos(alp)^2]
   [                      - 3 * x,                       78]
ans =
   [ a^3 - b^3,         1]
   [    - 3 * x,        78]
```

由于符号矩阵是一个矩阵,所以符号矩阵还能进行有关矩阵的运算。MATLAB 还有一些专门用于符号矩阵的函数,这些函数作用于单个的数据无意义。调用格式如下:

```
transpose(S)                 % 返回 S 矩阵的转置矩阵
determ(S)                    % 返回 S 矩阵的行列式值
colspace(S)                  % 返回 S 矩阵列空间的基
```

前面介绍过的许多应用于数值矩阵的函数,也可以直接应用于符号矩阵。

【例 4-12】　当 λ 取何值时,齐次线性方程组有非零解?

$$\begin{cases} (1 - \lambda)x_1 - 2x_2 + 4x_3 = 0 \\ 2x_1 + (3 - \lambda)x_2 + x_3 = 0 \\ x_1 + x_2 + (1 - \lambda)x_3 = 0 \end{cases}$$

程序如下:

```
syms lamda
A = [1 - lamda, - 2,4;2,3 - lamda,1;1,1,1 - lamda];
```

```
D = det(A)
factor(D)
```

程序执行后,运行结果为

```
D =
    - 6 * lamda + 5 * lamda^2 - lamda^3
ans =
    - lamda * (lamda - 2) * ( - 3 + lamda)
```

4.1.5　符号与数值间的转换

数值、符号、字符为 MATLAB 中的 3 种不同数据类型。在科学计算中,往往要涉及很多 3 种数据类型的转换,所以有必要了解和掌握这些数据类型之间的转换指令。MATLAB 针对每种数据类型提供了各自特定的生成指令和操作指令,同时为实现它们之间的交互,MATLAB 提供了一系列的转换函数,常用的转换函数及功能如表 4-3 所示。

表 4-3　常用的转换函数及功能

函　　数	功　　能	函　　数	功　　能
char	把数值、符号转换为字符对象	double	把其他类型对象转换为双精度数值
int2str	把整数数组转换为串数组	mat2str	把数值数组转换为字符串数组
num2str	把非整数数组转换为字符串	sprintf	把格式数据转换为字符串
str2num	串转换为数	sscanf	按指定格式读串
str2double	字符串转换为双精度值	vpa	任意精度(符号类)数值
poly2sym	双精度多项式系数转换为符号多项式	sym2poly	符号多项式转换为双精度多项式系数

例如:

```
x = sym((3 + sqrt(2))/2)                      % 把数值对象转换为符号对象
double(x)                                     % 把符号常数转换为双精度存储的数值
syms x;                                       % 定义基本符号对象
f = - x + x^2 - 6 * x^3 + 10;                 % 生成符号多项式
signal = sym2poly(f)                          % 由符号多项式产生数值系数行向量
signal_easy_read = poly2str(signal, 'x')      % 把系数行向量变成易读表达式
signal_rebuild = poly2sym(signal)             % 把数值系数行向量再转换为符号多项式
```

程序执行后,运行结果为

```
x =
    4969962638659315 * 2^( - 51)
ans =
    2.2071
signal =
    - 6    1    - 1    10
signal_easy_read =
    - 6 x^3 +   x^2 - 1 x + 10
```

```
signal_rebuild =
    - x + x^2 - 6 * x^3 + 10
```

4.1.6　复数的运算

复数的基本运算与实数相同,都是使用相同的运算符或函数。此外,MATLAB 还提供了一些专门用于复数运算的函数及功能,如表 4-4 所示。

表 4-4　复数运算函数及功能

函　　数	功　　能	函　　数	功　　能
abs	求复数或复数矩阵的模	angle	求复数或复数矩阵的幅角,单位为弧度
real	求复数或复数矩阵的实部	imag	求复数或复数矩阵的虚部
conj	求复数或复数矩阵的共轭	isreal	判断是否为实数
unwrap	去掉幅角突变	cplxpair	按复数共轭对排序元素群

4.2　符号函数的导数

4.2.1　函数的极限

在 MATLAB 中,求函数极限的函数是 limit,可用来求函数在指定点的极限值和左右极限值。对于极限值为“没有定义”的极限,返回的结果为 NaN,极限值为无穷大时返回的结果为 inf。limit 函数的调用格式如下:

```
limit(f,x,a)              % 计算当 x 趋近于常数 a 时,f(x)的极限值
limit(f,a)               % 默认 x 趋近于 a
limit(f)                 % 默认 x 趋近于 0
limit(f,x,a,'right')      % 从右边趋近于 a
limit(f,x,a,'left')       % 从左边趋近于 a
```

【例 4-13】　求下列极限。

(1) $\lim\limits_{x \to a} \dfrac{\sqrt[m]{x} - \sqrt[m]{a}}{x - a}$

(2) $\lim\limits_{x \to 0} \dfrac{\sin(x + a) - \sin(x - a)}{x}$

(3) $\lim\limits_{x \to +\infty} x(\sqrt{x^2 + 1} - x)$

(4) $\lim\limits_{x \to a^+} \dfrac{\sqrt{x} - \sqrt{a} + \sqrt{x - a}}{\sqrt{x^2 - a^2}}$

微视频 4-2

程序如下:

```
syms a m x;
f = (x^(1/m) - a^(1/m))/(x - a);
```

```
limit(f,x,a)                         % 求极限(1)
f = (sin(a + x) − sin(a − x))/x;
limit(f)                             % 求极限(2)
f = x * (sqrt(x^2 + 1) − x);
limit(f,x,inf,'left')                % 求极限(3)
f = (sqrt(x) − sqrt(a) − sqrt(x − a))/sqrt(x * x − a * a);
limit(f,x,a,'right')                 % 求极限(4)
```

程序执行后,运行结果为

```
ans =
  a^(1/m)/a/m
ans =
  2 * cos(a)
ans =
  1/2
ans =
  − 1/2 * 2^(1/2)/a^(1/2)
```

4.2.2 符号函数求导及应用

对符号函数求导数可调用 diff 函数,具体调用格式如下:

```
diff(f)                  % 未指定变量和导数阶数,对默认变量求一阶导数
diff(f,v)                % 以 v 为自变量,对符号函数求一阶导数
diff(f,n)                % 对默认变量求 n 阶导数
diff(f,v,n)              % 以 v 为自变量,对符号函数求 n 阶导数
```

【例 4-14】 求下列函数的导数。

(1) $y=\sqrt{1+e^x}$,求 y'。

(2) $y=x\cos x$,求 y''、y'''。

(3) $\begin{cases} x=a\cos t \\ y=a\sin t \end{cases}$,求 y'_x、y''_x。

(4) $z=\dfrac{x e^y}{y^2}$,求 z'_x、z'_y。

(5) $z=f(x,y)$ 由方程 $x^2+y^2+z^2=a^2$ 定义,求 z'_x、z'_y。

程序如下:

```
syms a b t x y z;
f = sqrt(1 + exp(x));
diff(f)                          % 求(1)。未指定求导变量和阶数,按默认规则处理
f = x * cos(x);
diff(f,x,2)                      % 求(2)。求 f 对 x 的二阶导数
diff(f,x,3)                      % 求(2)。求 f 对 x 的三阶导数
f1 = a * cos(t);f2 = b * sin(t);
diff(f2)/diff(f1)                % 求(3)。按参数方程求导公式求 y 对 x 的导数
                                 % 求(3)。求 y 对 x 的二阶导数
```

```
(diff(f1) * diff(f2,2) − diff(f1,2) * diff(f2))/(diff(f1))^3
f = x * exp(y)/y^2;
diff(f,x)                            % 求(4)。z 对 x 的偏导数
diff(f,y)                            % 求(4)。z 对 y 的偏导数
f = x^2 + y^2 + z^2 − a^2;
zx = diff(f,x)/diff(f,z)             % 求(5)。z 对 x 的偏导数
zy = diff(f,y)/diff(f,z)             % 求(5)。z 对 y 的偏导数
```

程序执行后,运行结果为

```
ans =
    1/2/(1 + exp(x))^(1/2) * exp(x)
ans =
    − 2 * sin(x) − x * cos(x)
ans =
    − 3 * cos(x) + x * sin(x)
ans =
    − b * cos(t)/a/sin(t)
ans =
    − (a * sin(t)^2 * b + a * cos(t)^2 * b)/a^3/sin(t)^3
ans =
    exp(y)/y^2
ans =
    x * exp(y)/y^2 − 2 * x * exp(y)/y^3
zx =
    x/z
zy =
    y/z
```

【例 4-15】 在曲线 $y = x^3 + 3x - 2$ 上哪一点的切线与直线 $y = 4x - 1$ 平行?

程序如下:

```
x = sym('x');
y = x^3 + 3 * x − 2;                 % 定义曲线函数
f = diff(y);                         % 对曲线求导数
g = f − 4;
solve(g)                             % 求方程 f − 4 = 0 的根,即求曲线何处的导数为 4
```

程序执行后,运行结果为

```
ans =
    1/3 * 3^(1/2)
    − 1/3 * 3^(1/2)
```

结果表明,在 $x = \dfrac{\sqrt{3}}{3}$ 和 $x = -\dfrac{\sqrt{3}}{3}$ 处的切线和指定直线平行。

4.3　符号函数的积分

无论被积函数的形式如何、复杂程度怎样,采用数值积分法都可以求得一个结果。尽管这种结果大部分情况下是近似的,但数值方法不能获得解析解。符号积分方法可以获得积分的解析结果。

4.3.1　符号函数的不定积分

在 MATLAB 中,可以调用 int 函数求函数不定积分,具体调用格式如下:

```
int(f)              % 按默认变量对被积函数或符号表达式 f 求不定积分
int(f,v)            % 以 v 为自变量,对被积函数或符号表达式 f 求不定积分
```

微视频 4-3

【例 4-16】　求下列函数的不定积分。

(1) $\int (3 - x^2)^3 \, \mathrm{d}x$

(2) $\int \sin^2 x \, \mathrm{d}x$

(3) $\int \mathrm{e}^{at} \, \mathrm{d}t$

(4) $\int \dfrac{5xt}{1 + x^2} \mathrm{d}t$

程序如下:

```
x = sym('x');
f1 = (3 - x^2)^3;
int(f1)                      % 求(1)
f2 = sin(x)^2;
int(f2)                      % 求(2)
syms alpha t;
f3 = exp(alpha * t);
int(f3)                      % 求(3)
f4 = 5 * x * t/(1 + x^2);
int(f4,t)                    % 求(4)
```

程序执行后,运行结果为

```
ans =
    - x^7/7 + (9 * x^5)/5 - 9 * x^3 + 27 * x
ans =
    x/2 - sin(2 * x)/4
ans =
    exp(alpha * t)/alpha
ans =
    (5 * t^2 * x)/(2 * (x^2 + 1))
```

4.3.2 符号函数的定积分

在 MATLAB 中,求定积分也是调用 int 函数,具体调用格式如下:

```
int(f,v,a,b)              %以 v 为自变量,对被积函数或符号表达式 f 在[a,b]上求积分
```

【例 4-17】 求下列函数的定积分。

(1) $\int_{1}^{2} |1-x| \, dx$

(2) $\int_{-\infty}^{+\infty} \frac{1}{1+x^2} dx$

(3) $\int_{2}^{3} \frac{x^3}{(x-1)^{10}} dx$

(4) $\int_{2}^{\sin x} \frac{4x}{t} dt$

程序如下:

```
x = sym('x');t = sym('t');
int(abs(1 - x),1,2)           %求(1)
f = 1/(1 + x^2);
int(f, - inf,inf)             %求(2)
f = x^3/(x - 1)^10;
I = int(f,2,3)                %求(3)
double(I)                     %将上述符号结果转换为数值
int(4 * x/t,t,2,sin(x))       %求(4)
```

程序执行后,运行结果为

```
ans =
   1/2
ans =
   pi
I =
   138535/129024
ans =
    1.0737
ans =
   4 * x * (log(sin(x)) - log(2))
```

【例 4-18】 求椭球的体积。

$$\frac{x^2}{a^2} + \frac{y^2}{b^2} + \frac{z^2}{c^2} = 1$$

用平面 $z = z_0 (z_0 \leqslant c)$ 去截取上述椭球时,其相交线是一个椭圆,该椭圆在 xy 平面投影的

面积是:$s(z) = \frac{\pi ab(c^2 - z^2)}{c^2}$,椭球的体积 $V = \int_{-c}^{c} s(z) dz$。

程序如下:

```
syms a b c z;
f = pi * a * b * (c^2 - z^2)/c^2;
V = int(f,z, - c,c)
```

程序执行后,运行结果为

```
V =
  4/3 * pi * a * b * c
```

【例 4-19】 求空间曲线 c 从点 $(0,0,0)$ 到点 $(3,3,2)$ 的长度。设曲线 c 的方程是:

$$\begin{cases} x = 3t \\ y = 3t^2 \\ z = 2t^3 \end{cases}$$

求曲线 c 的长度是曲线一型积分问题,按公式可转换为定积分问题。这里曲线的起点和终点分别对应参数 $t=0$ 和 $t=1$,曲线积分转换为定积分的公式为

$$\int_c f(x,y,z) = \int_0^1 f(x(t),y(t),z(t)) \sqrt{(x'(t))^2 + (y'(t))^2 + (z'(t))^2} \, dt$$

计算曲线长度时,被积函数 $f=1$。

程序如下:

```
syms t;
x = 3 * t;
y = 3 * t^2;
z = 2 * t^3;
f = diff([x,y,z],t);          % 求 x,y,z 对参数 t 的导数
g = sqrt(f * f');             % 计算一型积分公式中的根式部分
l = int(g,t,0,1)             % 计算曲线 c 的长度
```

程序执行后,运行结果为

```
l =
   5
```

4.3.3 积分变换

积分变换就是通过积分运算,把一个函数 $f(x)$(原函数)变成另一个函数 $F(t)$(像函数),变换过程为

$$F(t) = \int_t^b f(x) K(x,t) \, dx$$

其中,二元函数 $K(x,t)$ 称为变换的核,变换的核决定了变换的不同名称。在一定条件下,像函数 $F(t)$ 和原函数 $f(x)$ 间是一一对应的,可以互相转化。

积分变换的一项基本应用是求解微分方程,求解过程是基于这样一种想法:假如不容易从原方程直接求得解 $f(x)$,则对原方程进行变换;如果能从变换以后的方程中求得解 $F(t)$,则对 $F(t)$ 进行逆变换,即可求得原方程的解 $f(x)$。当然,在选择变换的核时,应使变化以后的方程比原方程容易求解。

常见的积分变换有傅里叶变换、拉普拉斯变换和 Z 变换,表 4-5 给出了 3 种变换的函数及功能。

表 4-5　常用的积分变换函数及功能

函　数	功　能	函　数	功　能
fourier	傅里叶变换	ifourier	傅里叶逆变换
laplace	拉普拉斯变换	ilaplace	拉普拉斯逆变换
ztrans	Z 变换	iztrans	逆 Z 变换

1. 傅里叶(Fourier)变换

傅里叶变换为

$$F(\mathrm{j}\omega) = \int_{-\infty}^{+\infty} f(t)\mathrm{e}^{-\mathrm{j}\omega t}\,\mathrm{d}t$$

其逆变换为

$$f(t) = \frac{1}{2\pi}\int_{-\infty}^{+\infty} F(\mathrm{j}\omega)\mathrm{e}^{\mathrm{j}\omega t}\,\mathrm{d}\omega$$

在 MATLAB 中,提供了 fourier 和 ifourier 函数,用于进行傅里叶变换和傅里叶逆变换,其调用格式如下:

```
fourier(f)            % 对函数 f 的默认自变量为 t,Fw 默认自变量为 w
fourier(f,v)          % 指定 Fw 的自变量为 v 而非默认的 w
fourier(f,u,v)        % f 的自变量为 u,Fw 的自变量为 v
ifourier(Fw)          % 对函数 Fw 默认自变量为 w,f 的默认自变量为 t
ifourier(Fw,u)        % 指定 Fw 的自变量为 u 而非默认的 w
ifourier(Fw,v,u)      % Fw 的自变量为 v,f 的自变量为 u
```

【例 4-20】　求函数 $f(t) = \dfrac{2}{t}$ 的傅里叶变换及逆变换。

程序如下:

微视频 4-5

```
syms t w;
f = 2/t;
Fw = fourier(f,t,w)        % 求 y 的傅里叶变换
ft = ifourier(Fw,w,t)      % 求 Fw 的傅里叶逆变换
```

程序执行后,运行结果为

```
Fw =
  2 * i * pi * (1 - 2 * heaviside(w))
ft =
  2/t
```

2. 拉普拉斯(Laplace)变换

拉普拉斯变换为

$$F(s) = \int_{0}^{+\infty} f(t)\mathrm{e}^{-st}\,\mathrm{d}t$$

其逆变换为

$$f(t) = \frac{1}{2\pi j} \int_{\sigma-j\omega}^{\sigma+j\omega} F(s) e^{st} ds$$

在 MATLAB 中,提供了 laplace 和 ilaplace 函数,用于进行拉普拉斯变换和拉普拉斯逆变换,其调用格式如下:

```
laplace(f)              % 对函数 f 的默认自变量为 t,Fs 默认自变量为 s
laplace(f,v)            % 指定 Fs 的自变量为 v 而非默认的 s
laplace(f,u,v)          % f 的自变量为 u,Fs 的自变量为 v
ilaplace(Fs)            % 对函数 Fs 默认自变量为 s,f 的默认自变量为 t
ilaplace(Fs,u)          % 指定 Fs 的自变量为 u 而非默认的 s
ilaplace(Fs,v,u)        % Fs 的自变量为 v,f 的自变量为 u
```

【例 4-21】 求函数 $f(t) = t^2$ 的拉普拉斯变换及逆变换。

程序如下:

微视频 4-6

```
syms t s;
f = t^2;
Fs = laplace(f,t,s)     % 对函数 y 进行拉普拉斯变换
ft = ilaplace(Fs,s,t)   % 对函数 ft 进行拉普拉斯逆变换
```

程序执行后,运行结果为

```
Fs =
  2/s^3
ft =
  t^2
```

3. Z 变换

Z 变换为

$$F(z) = \sum_{n=0}^{+\infty} f(n) z^{-n}$$

其逆变换为

$$f(n) = \frac{1}{2\pi j} \oint_L F(z) z^{n-1} dz$$

在 MATLAB 中,提供了 ztrans 和 iztrans 函数,用于进行拉普拉斯变换和拉普拉斯逆变换,其调用格式如下:

```
ztrans(f)              % 对函数 f 的默认自变量为 n,Fz 默认自变量为 z
ztrans(f,v)            % 指定 Fz 的自变量为 v 而非默认的 z
ztrans(f,u,v)          % f 的自变量为 u,Fz 的自变量为 v
iztrans(Fz)            % 对函数 Fz 默认自变量为 z,f 的默认自变量为 n
iztrans(Fz,u)          % 指定 Fz 的自变量为 u 而非默认的 z
iztrans(Fz,v,u)        % Fz 的自变量为 v,f 的自变量为 u
```

微视频 4-7

【例 4-22】 求函数 $f(n)=\mathrm{e}^{-n}$ 的 Z 变换及逆变换。

程序如下：

```
syms n z
fn = exp( - n);
Fz = ztrans(fn,n,z)              % 求 fn 的 Z 变换
f = iztrans(Fz,z,n)             % 求 Fz 的逆 Z 变换
```

程序执行后,运行结果为

```
Fz =
    z/(z - exp( - 1))
f =
    kroneckerDelta(n, 0) - exp( - 1) * (exp(1) * kroneckerDelta(n, 0) - exp( - 1)^n * exp(1))
Fz =
  z/exp( - 1)/(z/exp( - 1) - 1)
f =
  exp( - 1)^n
```

说明：kroneckerDelta(m,n)在 m==n 时返回 1,在 m～=n 时返回 0。

4.3.4　留数运算

设 a 是 $f(z)$ 的孤立奇点,C 是 a 的充分小的邻域内一条把 a 点包含在其内部的闭路,

积分 $\dfrac{1}{2\pi\mathrm{j}}\oint_{C}f(z)\mathrm{d}z$ 称为 $f(z)$ 在 a 点的留数,记作 $\mathrm{Res}[f(z),a_{k}]$。即

$$\oint_{C}f(z)\mathrm{d}z=2\pi\mathrm{j}\sum_{k=1}^{n}\mathrm{Res}[f(z),a_{k}]$$

在 MATLAB 中,留数的计算可以通过函数 sesidue 实现,其调用格式如下：

```
[r,p,k] = sesidue(b,a)          % b、a 为有理式的分子分母系数矩阵,r、p、k 分别为留数、极
                                % 点和部分分式展开的直接项
% 若分式无重根,极点数目 n = length(a) - 1 = length(r) = length(p)。若 length(b)< length(a),直
% 接项 k 为空;否则,length(k) = length(b) - length(a) + 1。
[b,a] = sesidue(r,p,k)          % 逆运算
```

4.4　级数

4.4.1　级数的符号求和

无穷级数的求和可以调用 symsum 函数,具体调用格式如下：

```
symsum(a)                       % 对符号表达式 a 中的符号变量 k 从 0 到 k - 1 求和
symsum(a,v)                     % 对符号表达式 a 中指定的符号变量 v 从 0 到 v - 1 求和
symsum(a, m,n)                  % 对符号表达式 a 中的符号变量 k 从 m 到 n 求和
symsum(a,v,m,n)                 % 对符号表达式 a 中指定的符号变量 v 从 m 到 n 求和
```

【例4-23】 求下列级数之和。

(1) $s_1 = 1 + \dfrac{1}{4} + \dfrac{1}{9} + \dfrac{1}{16} + \cdots + \dfrac{1}{n^2} + \cdots$

(2) $s_2 = 1 - \dfrac{1}{2} + \dfrac{1}{3} - \dfrac{1}{4} + \cdots + (-1)^{n+1} \dfrac{1}{n} + \cdots$

(3) $s_3 = x + 2x^2 + 3x^3 + \cdots + nx^n + \cdots$

(4) $s_4 = 1 + 4 + 9 + 16 + \cdots + 10\ 000$

程序如下:

```
syms n x;
s1 = symsum(1/n^2,n,1,inf)              % 求 s1
s2 = symsum((-1)^(n+1)/n,1,inf)         % 求 s2.未指定求和变量,默认为 n
s3 = symsum(n * x^n,n,1,inf)            % 求 s3.此处的求和变量 n 不能省略
s4 = symsum(n^2,1,100)                  % 求 s4.计算有限级数的和
```

程序执行后,运行结果为

```
s1 =
  1/6 * pi^2
s2 =
  log(2)
s3 =
  x/(x - 1)^2
s4 =
  338350
```

4.4.2   函数的泰勒级数

泰勒级数是将一个任意函数表示为一个幂级数,在许多情况下,只需要取幂级数的前有限项来表示该函数,这对于大多数工程问题来说精度已足够。MATLAB 提供了 taylor 函数,该函数用于展开幂级数,调用格式如下:

```
taylor(f,x,n)      % 将 f 按自变量 x = 0 展开为泰勒级数,展开到第 n 项,默认值为 6 项
taylor(f)          % 等价于 taylor(f,findsym(f),6),findsym(f)表示寻找符号表达式中的自变量
taylor(f,x,n,a)    % 将 f 按自变量 x 展开为泰勒级数,展开到第 n 项,参数 a 指定将函数 f 在自变量
                   % v = a 处展开,默认为 0
```

微视频 4-8

【例4-24】 求函数的泰勒级数展开式。

(1) 求 $\sqrt{1 - 2x + x^3} - \sqrt[3]{1 - 3x + x^2}$ 的五阶泰勒级数展开式。

(2) 将 $\dfrac{1 + x + x^2}{1 - x + x^2}$ 在 $x = 1$ 处按五次多项式展开。

程序如下:

```
x = sym('x');
f1 = sqrt(1 - 2 * x + x^3) - (1 - 3 * x + x^2)^(1/3);
f2 = (1 + x + x^2)/(1 - x + x^2);
taylor(f1,x,0,'order',5)                % 求(1)
taylor(f2,x,1,'order',6)                % 求(2)。展开到 x - 1 的 5 次幂时应选择 n = 6
```

程序执行后,运行结果为

```
ans
    (119 * x^4)/72 + x^3 + x^2/6
ans =
    2 * (x - 1)^3 - 2 * (x - 1)^2 - 2 * (x - 1)^5 + 3
```

4.5 符号方程求解

4.5.1 符号代数方程求解

代数方程式指未涉及微积分运算的方程,相对较为简单。在 MATLAB 中,求解用符号表达式表示的代数方程可由函数 solve 实现,调用格式如下:

```
solve(eq)                        % 求解符号表达数的代数方程 eq,求解变量为默认变量
solve(eq, v)                     % 求解符号表达数的代数方程 eq,求解变量为 v
solve(eq1, eq2, …, eqn, v1, v2, …, vn)   % 求解代数方程组
```

【例 4-25】　求解下列方程。

(1) $\dfrac{1}{x+2}+\dfrac{4x}{x^2-4}=1+\dfrac{2}{x-2}$

(2) $x-\sqrt[3]{x^3-4x-7}=1$

(3) $2\sin\left(3x-\dfrac{\pi}{4}\right)=1$

(4) $x+x\mathrm{e}^x-10=0$

程序如下:

```
x = solve('1/(x + 2) + 4 * x/(x^2 - 4) = 1 + 2/(x - 2)', 'x')   % 解方程(1)
f = sym('x - (x^3 - 4 * x - 7)^(1/3) = 1');
x = solve(f)                     % 解方程(2)
x = solve('2 * sin(3 * x - pi/4) = 1')   % 解方程(3)
x = solve('x + x * exp(x) - 10', 'x')    % 解方程(4)。仅标出方程的左端
```

程序执行后,运行结果为

```
x =
   1
x =
   3
x =
   5/36 * pi
x =
   1.6335061701558463841931651789789
```

【例 4-26】　求解下列方程组。

$$(1)\begin{cases}\dfrac{1}{x^3}+\dfrac{1}{y^3}=28\\[2mm]\dfrac{1}{x}+\dfrac{1}{y}=4\end{cases}$$

$$(2)\begin{cases}x+y=98\\[2mm]\sqrt[3]{x}+\sqrt[3]{y}=2\end{cases}$$

$$(3)\begin{cases}u^3+v^3=98\\[2mm]u+v=2\end{cases}$$

$$(4)\begin{cases}x^2+y^2=5\\[2mm]2x^2-3xy-2y^2=0\end{cases}$$

程序如下：

```
[x y] = solve('1/x^3 + 1/y^3 = 28', '1/x + 1/y = 4', 'x, y')          % 解方程组(1)
[x y] = solve('x + y - 98', 'x^(1/3) + y^(1/3) - 2', 'x, y')          % 解方程组(2)
[u c] = solve('u^3 + v^3 - 98', 'u + v - 2', 'u, v')                  % 解方程组(3)
[x y] = solve('x^2 + y^2 - 5', '2 * x^2 - 3 * x * y - 2 * y^2')       % 解方程组(4)
```

程序执行后,运行结果为

```
x =
      1
    1/3
y =
    1/3
      1
Warning: Explicit solution could not be found.
> In solve at 140
x =
    [ empty sym ]
y =
    [ ]
u =
    - 3
      5
v =
      5
    - 3
x =
    - 1
      1
      2
    - 2
y =
      2
    - 2
      1
    - 1
```

对方程组（2），MATLAB 给出了无解的结论，显然是错误的。当 MATLAB 给出无解或未找到所期望的解时，不要认为原方程组就真正无解了，还需要用其他方法试探求解。如果知道方程组在某点附近有解，不妨用方程组的数值求解函数 fsolve 试探求解，一般能找到所期望的解。总之，方程组求解是一个古老而又困难的问题，MATLAB 为方程组求解提供了非常有效的手段。

4.5.2　符号常微分方程求解

符号常微分方程求解可调用 dsolve 函数，具体调用格式如下：

```
dsolve(eq,c,v)              %求解常微分方程 eq 在初始条件 c 下的特解，自变量为 v，无 c 则为通解
dsolve(eq1,eq2,…,eqn,c1,c2,…,cn,v1,v2,…,vn)        %求解常微分方程组
```

【例 4-27】　求下列微分方程的解。

（1）求 $\dfrac{\mathrm{d}y}{\mathrm{d}x}=\dfrac{x^2+y^2}{2x^2}$ 的通解。

（2）求 $x^2\dfrac{\mathrm{d}y}{\mathrm{d}x}+2xy=\mathrm{e}^x$ 的通解。

（3）求 $\dfrac{\mathrm{d}y}{\mathrm{d}x}=\dfrac{x^2}{1+y^2}$ 的特解，$y(2)=1$。

（4）求 $\begin{cases}\dfrac{\mathrm{d}x}{\mathrm{d}t}=4x-2y\\[2mm]\dfrac{\mathrm{d}y}{\mathrm{d}t}=2x-y\end{cases}$ 的通解。

（5）求 $\begin{cases}\dfrac{\mathrm{d}^2x}{\mathrm{d}t^2}-y=0\\[2mm]\dfrac{\mathrm{d}^2y}{\mathrm{d}t^2}+x=0\end{cases}$ 的通解。

程序如下：

```
y = dsolve('Dy - (x^2 + y^2)/x^2/2', 'x')          %解(1)。方程的右端为 0 时可以不写
y = dsolve('Dy * x^2 + 2 * x * y - exp(x)', 'x')    %解(2)
y = dsolve('Dy - x^2/(1 + y^2)', 'y(2) = 1', 'x')   %解(3)
[x,y] = dsolve('Dx = 4 * x - 2 * y', 'Dy = 2 * x - y', 't')   %解方程组(4)
[x,y] = dsolve('D2x - y', 'D2y + x', 't')           %解方程组(5)
```

程序执行后，运行结果为

```
y =
  x * ( - 2 + log(x) + C1)/(log(x) + C1)
y =
  (exp(x) + C1)/x^2
y =
  1/2 * ( - 16 + 4 * x^3 + 4 * (20 - 8 * x^3 + x^6)^(1/2))^(1/3) - 2/( - 16 + 4 * x^3 + 4 * (20 - 8 *
  x^3 + x^6)^(1/2))^(1/3)
```

```
x =
    C1 + C2 * exp(3 * t)
y =
    1/2 * C2 * exp(3 * t) + 2 * C1
x =
    - C1 * exp( -1/2 * 2^(1/2) * t) * sin(1/2 * 2^(1/2) * t) - C2 * exp(1/2 * 2^(1/2) * t) * sin(1/
2 * 2^(1/2) * t) + C3 * exp( -1/2 * 2^(1/2) * t) * cos(1/2 * 2^(1/2) * t) + C4 * exp(1/2 * 2^(1/2)
* t) * cos(1/2 * 2^(1/2) * t)
y =
    C1 * exp( -1/2 * 2^(1/2) * t) * cos(1/2 * 2^(1/2) * t) - C2 * exp(1/2 * 2^(1/2) * t) * cos(1/2
* 2^(1/2) * t) + C3 * exp( -1/2 * 2^(1/2) * t) * sin(1/2 * 2^(1/2) * t) - C4 * exp(1/2 * 2^(1/2)
* t) * sin(1/2 * 2^(1/2) * t)
```

4.6　符号运算应用实例

4.6.1　符号运算在极限中的应用

极限是高等数学中十分重要的方法,很多概念都需要用极限来定义,很多计算方法都涉及极限运算,利用 MATLAB 的绘图功能可以更好地理解极限。

【例 4-28】 $\lim\limits_{x \to \infty} \dfrac{1}{x} = 0$ 的几何解释。

取 $\varepsilon = 0.1$,如图 4-1 所示,X 可以取 50 或更大,即当 $x > X$ 时,函数的图形落在两直线 $y = -0.1$ 和 $y = 0.1$ 之间;取 $\varepsilon = 0.001$,如图 4-2 所示,X 可以取 2000 或更大,即当 $x < -X$ 时,函数的图形落在两直线 $y = -0.001$ 和 $y = 0.001$ 之间。可见 X 的取值依赖于 ε 的取值,且不唯一。

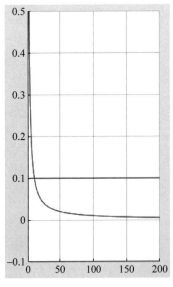

图 4-1　当 $\varepsilon = 0.1$ 时函数的图形

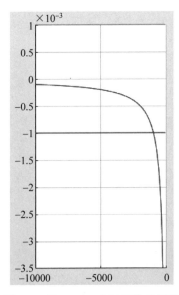

图 4-2　当 $\varepsilon = 0.001$ 时函数的图形

修改 ε 的大小,观察 X 随 ε 的变化,加深对自变量趋于无穷大时函数极限的理解。作图的程序如下:

```
subplot(1,2,1)
grid on
hold on
fplot(@(x)1./x,[2,200])
fplot(@(t)0.1 * ones(size(t)),[2,200])                    % 取 0.1 时
fplot((@(t) - 0.1 * ones(size(t))),[2,200])
subplot(1,2,2)
grid on
hold on
fplot(@(x)1./x,[ - 10000, - 100])
fplot(@(t) - 0.001 * ones(size(t)),[ - 10000, - 100])     % 取 0.001 时
fplot(@(t)0.001 * ones(size(t)),[ - 10000, - 100])
```

【例 4-29】　若 $\lim f(x)=A$，$\lim g(x)=B$，则 $\lim \dfrac{f(x)}{g(x)}=\dfrac{A}{B}(B\neq 0)$。

取 $x\to 0$ 时，如图 4-3 所示，$\sin\dfrac{1}{x}$ 的值在 -1 与 1 之间来回波动，有界，但没有极限，当 $x=0$ 是函数 $\sin\dfrac{1}{x}$ 的振荡间断点；如图 4-4 所示，$x\sin\dfrac{1}{x}$ 的值不断振荡，但向 0 趋近。作图的程序如下：

```
subplot(1,2,1)
fplot(@(x)sin(1./x),[ - 0.1,0.1])
grid on
subplot(1,2,2)
fplot(@(x)sin(1./x). * x,[ - 0.1,0.1])
grid on
```

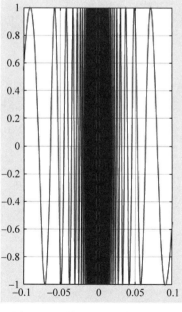

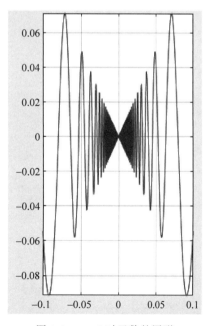

图 4-3　x 趋于 0 时函数的图形　　　　　　　图 4-4　$x=0$ 时函数的图形

4.6.2 符号运算在导数中的应用

【例 4-30】 已知函数 $f(x)=x^3-x^2-x+1$，求其一阶导数和二阶导数，并画出它们相应的曲线；观察函数的单调区间、凹凸区间以及极值点和拐点。

程序如下：

```
syms  x
y = x^3 - x^2 - x + 1
d1 = diff(y,x)                    % 求一阶导数
d2 = diff(d1,x)                   % 求二阶导数
clf
subplot(1,1,1)
hold on
grid on
ezplot(y,[ - 2 2])
gtext('f(x)')
ezplot(d1,[ - 2,2])
gtext('f'(x)')
ezplot(d2,[ - 2,2])
gtext('f''(x) ')
title('导数的应用')
gtext('o ')
gtext('(x1,y1) ')
gtext('o ')
gtext('(x2,y2) ')
gtext('o ')
gtext('(x3,y3) ')
f1 = char(d1)
x1 = fzero(f1,0)                  % 求一阶导函数在 x = 0 附近的零点
x2 = fzero(f1,1)                  % 求一阶导函数在 x = 1 附近的零点
f2 = char(d2)
x3 = fzero(f2,0)                  % 求二阶导数在 x = 0 附近的零点
```

程序执行后,运行结果为

```
y =
   x^3 - x^2 - x + 1
d1 =
   3 * x^2 - 2 * x - 1
d2 =
   6 * x - 2
f1 =
   3 * x^2 - 2 * x - 1
x1 =
    - 0.3333
x2 =
     1
f2 =
   6 * x - 2
x3 =
    0.3333
```

相应的曲线如图 4-5 所示。

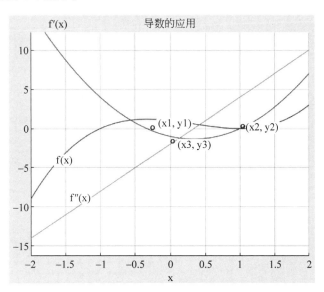

图 4-5　$f(x)=x^3-x^2-x+1$ 曲线

从图 4-5 中可以清楚地看到：(x_1,y_1) 和 (x_2,y_2) 为极值点，对应的一阶导数为 0；(x_3,y_3) 为拐点，对应的二阶导数为 0；在单调上升区间 $((-\infty,x_1)\bigcup(x_2,+\infty))$ 函数的一阶导数大于 0；在单调下降区间 (x_1,x_2) 函数的一阶导数小于 0；在极大值点 (x_1,y_1) 处二阶导数小于 0；在极小值点 (x_2,y_2) 处二阶导数大于 0；在凸区间 $(-\infty,x_3)$ 函数的二阶导数小于 0；在凹区间 $(x_3,+\infty)$ 函数的二阶导数大于 0。

MATLAB 提供了求一元和多元函数极值问题的函数 fminbnd，具体调用格式如下：

```
[x,minf] = fminbnd('f',a,b)                    % 求函数极小值
[x,maxf] = fminbnd(' - f',a,b),maxf = - maxf   % 求函数极大值
```

说明：（1）函数 fminbnd('f',a,b) 是对 $f(x)$ 在 (a,b) 上搜索极小值点，若求 $f(x)$ 的极大值点，需对 $-f(x)$ 取极小值点，所得即为 $f(x)$ 的极大值点。

（2）当不知道极值点所在的范围 (a,b) 时，可先用绘图函数绘出函数曲线图形，大致确定极值点所在的范围，再用求极值点的函数求得极值点。

【例 4-31】　求函数 $f(x)=2x^3-6x^2-18x+7$ 的极值，并作图。

程序如下：

```
syms x
fplot(@(x)2. * x.^3 - 6. * x.^2 - 18. * x + 7',[ - 5 5])
grid on
[x1,fmin] = fminbnd('2. * x.^3 - 6. * x.^2 - 18. * x + 7', - 5,5)
[x2,fmax] = fminbnd(' - (2. * x.^3 - 6. * x.^2 - 18. * x + 7)', - 5,5)
```

程序执行后，运行结果为

```
x1 =
    3.0000
```

```
fmin =
    - 47.0000
x2 =
    - 1.0000
fmax =
    - 17.0000
```

相应的曲线如图 4-6 所示。

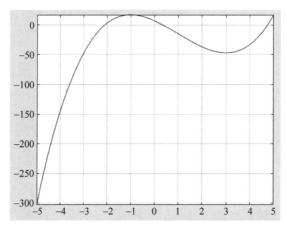

图 4-6　$f(x)=2x^3-6x^2-18x+7$ 的极值曲线

4.6.3　符号运算在不定积分中的应用

【例 4-32】　求由圆 $r=3\cos\theta$ 和双纽线 $1+r=\cos\theta$ 所围图形的面积。

画图程序如下:

```
th = 0:0.05:2 * pi;
r1 = 3 * cos(th); r2 = 1 + cos(th);
polar(th,r1,'b');
hold on; polar(th,r2,'r') ; hold off
```

程序执行后,相应的曲线如图 4-7 所示。

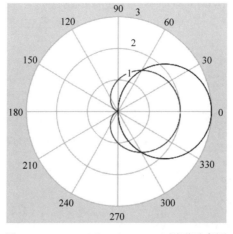

图 4-7　$r=3\cos\theta$ 和 $1+r=\cos\theta$ 图形示意图

求出的交点为 $\left(\dfrac{\pi}{3},\dfrac{3}{2}\right)$，求面积的程序如下：

```
%由对称性,求出的交点,求面积
syms th
r1 = 3 * cos(th); r2 = 1 + cos(th);
s1 = int(1/2 * r2^2,th,0,pi/3);
s2 = int(1/2 * r1^2,th,pi/3,pi/2);
S = 2 * (s1 + s2)
```

程序执行后,运行结果为

```
S =
    5/4 * pi
```

4.6.4　符号运算在多重积分中的应用

【例 4-33】 计算数值积分 $\displaystyle\iint\limits_{x^2+y^2\leqslant 1}(1+x+y)\mathrm{d}x\mathrm{d}y$，可将此二重积分转换为累次积分

$$\iint\limits_{x^2+y^2\leqslant 1}(1+x+y)\mathrm{d}x\mathrm{d}y=\int_{-1}^{1}\mathrm{d}x\int_{-\sqrt{1+x^2}}^{\sqrt{1+x^2}}(1+x+y)\mathrm{d}y。$$

程序如下：

```
syms x y;
iy = int(1 + x + y, y, - sqrt(1 - x^2), sqrt(1 - x^2));
int(iy, x, - 1, 1)
```

程序执行后,运行结果为

```
ans =
    pi
```

【例 4-34】 已知三元函数 $F(x,y,z)$，试求出 $\displaystyle\int\cdots\int F(x,y,z)\mathrm{d}x^2\mathrm{d}y\mathrm{d}z$，其中

$$F(x,y,z)=-4z\mathrm{e}^{-x^2y-z^2}(\cos x^2y-10yx^2\cos x^2y+4x^4y^2\sin x^2y+4x^4y^4\cos x^2y-\sin x^2y)$$

对该函数进行积分,积分顺序可以为 $z\to y\to x\to x$，也可以为 $y\to x\to x\to z$，结果是一样的。

程序如下：

```
syms x y z;
f0 = - 4 * z * exp( - x^2 * y - z^2) * (cos(x^2 * y) - 10 * cos(x^2 * y) * y * x^2 + ...
    4 * sin(x^2 * y) * x^4 * y^2 + 4 * cos(x^2 * y) * x^4 * y^2 - sin(x^2 * y));
f1 = int(f0,z);
f1 = int(f1,y);
f1 = int(f1,x);
f1 = simplify(int(f1,x))
f2 = int(f0,y);
```

```
f2 = int(f2,x);
f2 = int(f2,x);
f2 = simplify(int(f2,z))
```

程序执行后,运行结果为

```
f1 =
    exp( - x^2 * y - z^2) * sin(x^2 * y)
f2 =
    exp( - x^2 * y - z^2) * sin(x^2 * y)
```

4.6.5 符号运算在傅里叶级数中的应用

【例 4-35】 设 $g(x)$ 是 2π 为周期函数,它在 $[-\pi,\pi]$ 的表达式为

$$g(x) = \begin{cases} -1, & -\pi \leqslant x < 0 \\ 1, & 0 \leqslant x < \pi \end{cases}$$

将 $g(x)$ 展开成傅里叶级数。

因为 $g(x)$ 是奇函数,所以它的傅里叶展开式中只含正弦项。计算系数程序如下:

```
syms k x
bk = 2 * int(sin(k * x),x,0,pi)/pi
```

程序执行后,运行结果即系数为

```
bk =
    (4 * sin((pi * k)/2)^2)/(k * pi)
```

再输入如下程序

```
f = 'sign(sin(x))';
x = - 3 * pi:0.1:3 * pi;
y1 = eval(f);
    plot(x,y1,'r')
pause
hold on
for n = 3:2:9
for k = 1:n
bk = (4 * sin((pi * k)/2)^2)/(pi * k);
    s(k,:) = bk * sin(k * x);
end
    s = sum(s);
plot(x,s)
pause
hold on
end
```

程序执行后,运行结果如图 4-8 所示,可以看到,n 越大,$g(x)$ 的傅里叶级数的前 n 项

与 $g(x)$ 越接近。

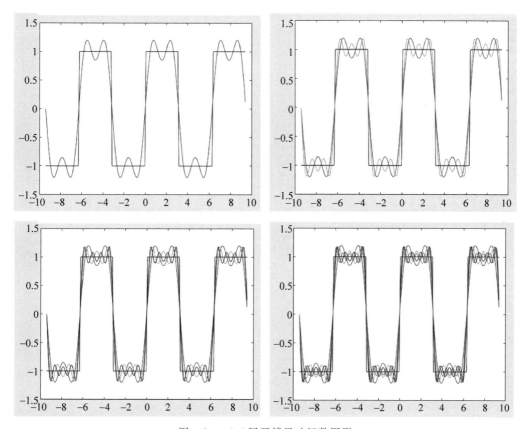

图 4-8　$g(x)$ 展开傅里叶级数图形

实训项目四

本实训项目的目的如下：

- 掌握定义符号对象的方法。
- 掌握符号表达式的运算规则以及符号矩阵运算。
- 掌握求符号函数极限及导数的方法。
- 掌握求符号函数定积分和不定积分的方法，熟悉积分变换。
- 掌握级数求和的方法。
- 掌握将函数展开为泰勒级数的方法。
- 掌握微分方程符号求解的方法。
- 掌握代数方程符号求解的方法。

4-1　分解下列因式。

(1) $x^4 - y^4$

(2) $x^2 + y^2 + z^2 + 2(xy + yz + zx)$

4-2　化简下列表达式。

(1) $2\cos^2 x - \sin^2 x$

(2) $\sqrt{\dfrac{a+\sqrt{a^2-b}}{2}}+\sqrt{\dfrac{a-\sqrt{a^2-b}}{2}}$

4-3　用符号方法求下列极限或导数。

(1) $\lim\limits_{x\to 0}\dfrac{x(e^{\sin x}+1)-2(e^{\tan x}-1)}{\sin^3 x}$

(2) $\lim\limits_{x\to -1^+}\dfrac{\sqrt{\pi}-\sqrt{\arccos x}}{\sqrt{x+1}}$

(3) $y=\dfrac{1-\cos(2x)}{x}$,求 y'、y''

(4) 已知 $A=\begin{bmatrix} a^x & t^3 \\ t\cos x & \ln x \end{bmatrix}$,求 $\dfrac{\mathrm{d}A}{\mathrm{d}x}$、$\dfrac{\mathrm{d}^2 A}{\mathrm{d}t^2}$、$\dfrac{\mathrm{d}^2 A}{\mathrm{d}x\,\mathrm{d}t}$

(5) 已知 $f(x,y)=(x^2-2x)e^{-x^2-y^2-xy}$,求 $\dfrac{\partial y}{\partial x}$、$\dfrac{\partial^2 f}{\partial x\,\partial y}\bigg|_{x=0,y=1}$

4-4　用符号方法求下列积分。

(1) $\displaystyle\int \dfrac{\mathrm{d}x}{1+x^4+x^8}$

(2) $\displaystyle\int \dfrac{\mathrm{d}x}{(\arcsin x)^2\sqrt{1-x^2}}$

(3) $\displaystyle\int_0^{+\infty}\dfrac{x^2+1}{x^4+1}\mathrm{d}x$

(4) $\displaystyle\int_0^{\ln 2}e^x(1+e^x)^2\mathrm{d}x$

4-5　求下列级数的和。

(1) $\displaystyle\sum_{n=1}^{10}\dfrac{1}{2n-1}$

(2) $\displaystyle\sum_{n=1}^{\infty}\dfrac{n^2}{5^n}$

4-6　将 $\ln x$ 在 $x=1$ 处按五次多项式展开为泰勒级数。

4-7　求下列方程的符号解。

(1) $\ln(1+x)-\dfrac{5}{1+\sin x}-2=0$

(2) $x^2+9\sqrt{x+1}-1=0$

(3) $3x e^x+5\sin x-78.5=0$

(4) $\begin{cases}\sqrt{x^2+y^2}-100=0 \\ 3x+5y-8=0\end{cases}$

4-8　求微分方程初值问题的符号解,并与数值解进行比较。

$$\begin{cases}\dfrac{\mathrm{d}^2 y}{\mathrm{d}x^2}+4\dfrac{\mathrm{d}y}{\mathrm{d}x}+29y=0 \\ y(0)=0,\ y'(0)=15\end{cases}$$

4-9　求微分方程组的通解。

$$\begin{cases} \dfrac{\mathrm{d}x}{\mathrm{d}t} = 2x - 3y + 3z \\[2mm] \dfrac{\mathrm{d}y}{\mathrm{d}t} = 4x - 5y + 3z \\[2mm] \dfrac{\mathrm{d}z}{\mathrm{d}t} = 4x - 4y + 2z \end{cases}$$

4-10　已知线性时不变系统的系统函数为

$$H(s) = \frac{2}{(s+1)(s+3)}$$

在系统输入为单位阶跃信号 $u(t)$ 时,试求系统的输出信号 $y(t)$。

第5章

MATLAB 程序设计及应用

在 MATLAB 中,用户可以使用两种方法执行运算:一种是交互式的命令执行方式;另一种是 M 文件的程序执行方式。命令执行方式是在命令窗口中输入命令,MATLAB 逐句解释执行。这种方式虽然简单、直观,但速度较慢,不保留执行过程。程序执行方式是将有关命令编成程序存储在一个文件中(称为 M 文件),当运行该程序后,MATLAB 就会自动依次执行该文件中的命令,直至全部命令执行完毕。以后需要这些命令时,只要再次运行该程序。程序执行方式为实际应用中的重要执行方式。

MATLAB 的程序设计既有传统高级语言的特征,又有自己独特的优点。在 MATLAB 程序设计时,充分利用 MATLAB 数据结构的特点,可以使程序结构简单,编程效率高。本章介绍有关 MATLAB 程序控制结构以及程序设计的基本方法。

本章要点:

(1) M 文件。

(2) 程序控制结构。

(3) 函数文件。

(4) 程序调试。

(5) 程序设计应用。

学习目标:

(1) 理解 MATLAB 的编程流程。

(2) 掌握 MATLAB 的 3 种程序控制结构。

(3) 掌握 MATLAB 函数文件的编写方法。

(4) 了解 MATLAB 的变量类型。

(5) 了解 MATLAB 中的错误处理与程序调试方法。

(6) 掌握 MATLAB 的程序设计应用。

5.1 M 文件

5.1.1 M 文件的分类

用 MATLAB 语言编写的程序,称为 M 文件。M 文件可以根据调用方式的不同分为两类:命令文件(Script File)和函数文件(Function File)。命令文件也称为脚本文件,通常用于执行一系列简单的 MATLAB 命令,运行时只需输入文件名字,MATLAB 就会自动按顺序执行文件中的命令。函数文件和命令文件不同,它可以接收参数,也可以返回参数,在一般情况下,用户不能靠单独输入其文件名来运行函数文件,而必须由其他语句来调用,MATLAB 的大多数应用程序都以函数文件的形式给出。它们的扩展名均为.m,主要区别如下。

（1）命令文件没有输入参数,也不返回输出参数,而函数文件可以带输入参数,也可以返回输出参数。

（2）命令文件对 MATLAB 工作空间中的变量进行操作,文件中所有命令的执行结果也完全返回到工作空间中,而函数文件中定义的变量为局部变量,当函数文件执行完毕时,这些变量被消除。

（3）命令文件可以直接运行,在 MATLAB 命令窗口输入命令文件的名字,就会顺序执行命令文件中的命令,而函数文件不能直接运行,而要以函数调用的方式来调用它。

【例 5-1】 建立一个命令文件将变量 a、b 的值互换,然后运行该命令文件。

程序 1:

首先建立命令文件并以文件名 li3. m 存盘。

```
clear;
a = 1:10;
b = [11,12,13,14;15,16,17,18];
c = a;a = b;b = c;
a
b
```

然后在 MATLAB 的命令窗口中输入 li3. m,将会执行该命令文件,输出为:

```
li3
a =
    11    12    13    14
    15    16    17    18
b =
     1     2     3     4     5     6     7     8     9    10
```

调用该命令文件时,不用输入参数,也没有输出参数,文件自身建立需要的变量。当文件执行完毕后,可以用命令 whos 查看工作空间中的变量。这时会发现 a、b、c 仍然保留在工作空间中。

程序 2:

首先建立函数文件 fli3. m。

```
function [a,b] = fli3(a,b)
c = a;a = b;b = c;
```

然后在 MATLAB 的命令窗口调用该函数文件:

```
clear;
x = 1:10;
```

```
y = [11,12,13,14;15,16,17,18];
[x,y] = fli3(x,y)
```

输出结果为:

```
x =
    11    12    13    14
    15    16    17    18
y =
     1     2     3     4     5     6     7     8     9    10
```

调用该函数文件时,既有输入参数,又有输出参数。当函数调用完毕后,可以用命令whos查看工作空间中的变量。这时会发现函数参数 a、b、c 未被保留在工作空间中,而 x、y保留在工作空间中。

5.1.2　M 文件的建立与打开

M 文件是一个文本文件,它可以用任何编辑程序来建立和编辑,而一般常用且最为方便的是使用 MATLAB 提供的文本编辑器。

1. 建立新的 M 文件

为建立新的 M 文件,应先启动 MATLAB 文本编辑器,具体有 3 种方法。

(1) 菜单操作。从 MATLAB 主窗口的 File 菜单中选择 New 菜单项,再选择 M-File 命令,屏幕上将出现 MATLAB 文本编辑器窗口。

(2) 命令操作。在 MATLAB 命令窗口输入命令 edit,启动 MATLAB 文本编辑器后,输入 M 文件的内容并存盘。

(3) 命令按钮操作。单击 MATLAB 主窗口工具栏上的 New M-File 命令按钮,启动 MATLAB 文本编辑器后,输入 M 文件的内容并存盘。

注意:M 文件存放的位置一般是 MATLAB 默认的工作目录 work,当然也可以是其他目录。如果是其他目录,则应该将该命令设定为当前命令或将其加到搜索路径中。

2. 打开已有的 M 文件

打开已有的 M 文件,也有 3 种方法。

(1) 菜单操作。从 MATLAB 主窗口的 File 菜单中选择 Open 命令,则出现 Open 对话框,在 Open 对话框中选中所需打开的 M 文件。在文档窗口可以对打开的 M 文件进行编辑修改,编辑完成后,将 M 文件存盘。

(2) 命令操作。在 MATLAB 命令窗口输入命令: edit 文件名,则打开指定的 M 文件。

(3) 命令按钮操作。单击 MATLAB 主窗口工具栏上的 Open File 命令按钮,再从弹出的对话框中选择需要打开的 M 文件。

5.2　程序控制结构

MATLAB 程序结构一般可分为顺序结构、选择结构、循环结构 3 种。任何复杂的程序都可以由这 3 种结构构成。

5.2.1 顺序结构

顺序结构是指按照程序中语句的排列顺序依次执行,直到程序的最后一个语句。这是最简单的一种程序结构。一般涉及数据的输入、数据的计算或处理、数据的输出等内容。

1. 数据的输入

从键盘输入数据,则可以使用 input 函数来进行,该函数的调用格式为:

```
A = input(提示信息,选项);
```

其中,提示信息为一个字符串,用于提示用户输入什么样的数据。例如,从键盘输入 A 矩阵,可以采用下面的命令来完成。

```
A = input('输入 A 矩阵')
```

执行该语句,屏幕显示提示信息:

```
输入 A 矩阵
```

等待用户从键盘按 MATLAB 规定的格式输入 A 矩阵的值。

如果在 input 函数调用时采用's'选项,则允许用户输入一个字符串。例如,想输入一个人的姓名,可采用命令:

```
xm = input('What''s your name?','s')
```

2. 数据的输出

MATLAB 提供的命令窗口输出函数主要有 disp 函数,其调用格式为:

```
disp(输出项)
```

其中,输出项既可以为字符串,也可以为矩阵。

注意:和前面介绍的矩阵显示方式不同,用 disp 函数显示矩阵时将不显示矩阵的名字,而且其输出格式更紧凑,且不留任何没有意义的空行。

【例 5-2】 求一元二次方程 $ax^2 + bx + c = 0$ 的根。

程序如下:

```
a = input('a = ?');
b = input('b = ?');
c = input('c = ?');
d = b * b - 4 * a * c;
x = [( - b + sqrt(d))/(2 * a),( - b - sqrt(d))/(2 * a)];
disp(['x1 = ',num2str(x(1)),',x2 = ',num2str(x(2))]);
```

输出结果为:

```
a = ?5
b = ?37
```

```
c = ?49
x1 = - 1.7277,x2 = - 5.6723
```

3. 程序的暂停

在运行时,为了查看程序中间结果或者查看输出的图形,有时需要暂停程序的执行。这时可以使用 pause 函数,其调用格式为:

```
pause(延迟秒数)
```

如果省略延迟时间,直接使用 pause,则将暂停程序,直到用户按任意键后程序继续执行。

若要强行中止程序的运行可使用快捷键 Ctrl+C。

5.2.2 选择结构

选择结构是根据给定的条件成立与否,分别指向不同的语句。MATLAB 用于实现选择结构的语句有 if 语句、switch 语句和 try 语句。

1. if 语句

在 MATLAB 中,if 语句有 3 种格式。

1) 单分支 if 语句

```
if   条件
    语句组
end
```

当条件成立时,则执行语句组,执行完之后继续执行 if 语句的后继语句,若条件不成立,则直接执行 if 语句的后继语句。

2) 双分支 if 语句

```
if   条件
    语句组 1
else
    语句组 2
end
```

当条件成立时,执行语句组 1,否则执行语句组 2,语句组 1 或语句组 2 执行后,再执行 if 语句的后继语句。

【例 5-3】 计算分段函数。

$$y = \begin{cases} \cos(x+1) + \sqrt{x^2+1}, & x = 10 \\ x\sqrt{x+\sqrt{x}}, & x \neq 10 \end{cases}$$

程序如下:

```
x = input('请输入 x 的值:');
if x == 10
```

```
    y = cos(x + 1) + sqrt(x * x + 1);
else
    y = x * sqrt(x + sqrt(x)),
end
y
```

也可以用单分支 if 语句来实现：

```
x = input('请输入 x 的值:');
y = cos(x + 1) + sqrt(x * x + 1);
if x~ = 10
    y = x * sqrt(x + sqrt(x));
end
y
```

或用以下程序：

```
x = input('请输入 x 的值:');
if x == 10
    y = cos(x + 1) + sqrt(x * x + 1);
end
if x~ = 10
    y = x * sqrt(x + sqrt(x));
end
y
```

3）多分支 if 语句

```
if    条件 1
    语句组 1
elseif  条件 2
    语句组 2
    …
elseif  条件 m
    语句组 m
else
    语句组 n
End
```

注意：

（1）每条 if 语句都尾随有一条 end 语句。

（2）如果都要使用 else 和 elseif 语句，则必须将 else 语句放在 elseif 语句的后面，其用于处理未加说明的所有条件。

（3）elseif 语句并不需要单独的 end 语句。

（4）if 语句可以相互嵌套，可根据实际需要将各个 if 语句进行嵌套来解决比较复杂的实际问题。

【例 5-4】 输入一个字符，若为大写字母，则输出其对应的小写字母；若为小写字母，则输出其对应的大写字母；若为数字字符，则输出其对应的数值；若为其他字符，则原样

微视频 5-1

输出。

程序如下:

```
c = input('请输入一个字符', 's');
if c > = 'A' & c <= 'Z'
    disp(setstr(abs(c) + abs('a') - abs('A')));
elseif c > = 'a' & c <= 'z'
    disp(setstr(abs(c) - abs('a') + abs('A')));
elseif c > = '0' & c <= '9'
    disp(abs(c) - abs('0'));
else
    disp(c);
end
```

输出结果为:

```
请输入一个字符 G
g
```

2. switch 语句

switch 语句根据表达式的取值不同,分别执行不同的语句,其语句格式为:

```
switch   表达式
    case   表达式 1
        语句组 1
    case   表达式 2
        语句组 2
        ...
    case   表达式 m
        语句组 m
    otherwise
        语句组 n
end
```

当表达式的值等于表达式 1 的值时,执行语句组 1,当表达式的值等于表达式 2 的值时,执行语句组 2,……,当表达式的值等于表达式 m 的值时,执行语句组 m,当表达式的值不等于 case 所列的表达式的值时,执行语句组 n。当任意一个分支的语句执行完后,直接执行 switch 语句的下一条语句。

【例 5-5】 某商场对顾客所购买的商品实行打折销售,标准如下(商品价格用 price 来表示):

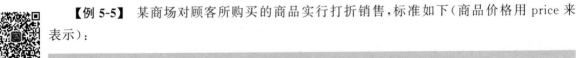

price < 200	没有折扣
200≤price < 500	3% 折扣
500≤price < 1000	5% 折扣
1000≤price < 2500	8% 折扣
2500≤price < 5000	10% 折扣
5000≤price	14% 折扣

输入所售商品的价格,求其实际销售价格。

程序如下:

```
price = input('请输入商品价格');
switch fix(price/100)
    case {0,1}                       % 价格小于 200
        rate = 0;
    case {2,3,4}                     % 价格大于或等于 200 但小于 500
        rate = 3/100;
    case num2cell(5:9)               % 价格大于或等于 500 但小于 1000
        rate = 5/100;
    case num2cell(10:24)             % 价格大于或等于 1000 但小于 2500
        rate = 8/100;
    case num2cell(25:49)             % 价格大于或等于 2500 但小于 5000
        rate = 10/100;
    otherwise                        % 价格大于或等于 5000
        rate = 14/100;
end
price = price * (1 - rate)           % 输出商品实际销售价格
```

输出结果为:

```
请输入商品价格 2576
price =
  2.3184e + 003
```

num2cell 函数是将数值矩阵转换为单元矩阵,num2cell(5:9)等价于{5,6,7,8,9}。

3. try 语句

语句格式为:

```
try
    语句组 1
catch
    语句组 2
end
```

try 语句先试探性执行语句组 1,如果语句组 1 在执行过程中出现错误,则将错误信息赋给保留的 lasterr 变量,并转去执行语句组 2。

在 MATLAB 中,常出现的一些警告信息,如表 5-1 所示。

表 5-1　警告信息的命令

命　　令	说　　明
error('message')	显示出错信息 message,终止程序
errordlg('errorstring','dlgname')	显示出错信息的对话框,对话框的标题为 dlgname
warning('message')	显示警告信息 message,程序继续进行

【例 5-6】　矩阵乘法运算要求两矩阵的维数相容,否则会出错。先求两矩阵的乘积,若出错,则自动转去求两矩阵的点乘。

程序如下:

```
A = [1,2,3;4,5,6]; B = [7,8,9;10,11,12];
try
    C = A * B;
catch
    C = A. * B;
end
C
lasterr                          % 显示出错原因
```

输出结果为:

```
C =
     7    16    27
    40    55    72
ans =
Error using == > mtimes
Inner matrix dimensions must agree.
```

5.2.3 循环结构

1. for 语句

for 语句的格式为:

```
for 循环变量 = 表达式 1:表达式 2:表达式 3
      循环体语句
end
```

其中表达式 1 的值为循环变量的初值,表达式 2 的值为步长,表达式 3 的值为循环变量的终值。步长为 1 时,表达式 2 可以省略。

执行过程为:首先计算 3 个表达式的值,再将表达式 1 的值赋给循环变量,如果此时循环变量的值介于表达式 1 和表达式 3 的值之间,则执行循环体语句,否则结束循环的执行。执行完一次循环之后,循环变量自增一个表达式 2 的值,然后再判断循环变量的值是否介于表达式 1 和表达式 3 结果的值之间,如果是,仍然执行循环体,直至条件不满足。这时将结束 for 语句的执行,而继续执行 for 语句后面的语句。

注意:for 语句需要伴随一个 end 语句。end 语句标志着所要执行语句的结束。

【例 5-7】 若一个 3 位整数各位数字的立方和等于该数本身,则称该数为水仙花数。输出全部水仙花数。

程序如下:

微视频 5-3

```
for m = 100:999
m1 = fix(m/100);                 % 求 m 的百位数字
m2 = rem(fix(m/10),10);          % 求 m 的十位数字
m3 = rem(m,10);                  % 求 m 的个位数字
```

```
if m == m1 * m1 * m1 + m2 * m2 * m2 + m3 * m3 * m3
disp(m)
end
end
```

输出结果为：

```
153
370
371
407
```

【例 5-8】 已知 $y = \dfrac{1}{1^2} + \dfrac{1}{2^2} + \dfrac{1}{3^2} + \cdots + \dfrac{1}{n^2}$，当 $n = 100$ 时，求 y 的值。

程序如下：

```
y = 0;n = 100;
for i = 1:n
y = y + 1/i/i;
end
y
```

输出结果为：

```
y =
    1.6350
```

在实际 MATLAB 编程中，为提高程序的执行速度，常用向量运算来代替循环操作，所以上述程序通常用下面的程序来代替。

```
n = 100;
i = 1:n;
f = 1./i.^2;
y = sum(f)
```

【例 5-9】 设 $f(x) = \mathrm{e}^{-0.5x} \sin\left(x + \dfrac{\pi}{6}\right)$，求 $\displaystyle\int_0^{3\pi} f(x)\,\mathrm{d}x$。

以梯形法为例，程序如下：

```
a = 0;b = 3 * pi;
n = 1000; h = (b - a)/n;
x = a; s = 0;
f0 = exp( - 0.5 * x) * sin(x + pi/6);
for i = 1:n
    x = x + h;
    f1 = exp( - 0.5 * x) * sin(x + pi/6);
    s = s + (f0 + f1) * h/2;
    f0 = f1;
end
s
```

输出结果为：

```
s =
    0.9008
```

上述程序来源于传统的编程思想。也可以利用向量运算,从而使得程序更加简洁,更有MATLAB的特点。程序如下：

```
a = 0;b = 3 * pi;
n = 1000; h = (b - a)/n;
x = a:h:b;
f = exp( - 0.5 * x). * sin(x + pi/6);
for i = 1:n
    s(i) =  (f(i) + f(i + 1)) * h/2;
end
s = sum(s)
```

程序中 x、f、s 均为向量,f 的元素为各个 x 点的函数值,s 的元素分别为 n 个梯形的面积,s 各元素之和即定积分近似值。

事实上,MATLAB 提供了有关数值积分的标准函数,实际应用中直接调用这些函数求数值积分,这些内容已在第 4 章中做了介绍。

按照 MATLAB 的定义,for 语句的循环变量可以是一个列向量。for 语句更一般的格式为：

```
for 循环变量 = 矩阵表达式
    循环体语句
end
```

执行过程是依次将矩阵的各列元素赋给循环变量,然后执行循环体语句,直至各列元素处理完毕。

2. while 语句

while 语句的一般格式为：

```
while (条件)
    循环体语句
end
```

其执行过程为：若条件成立,则执行循环体语句,执行后再判断条件是否成立,若不成立则跳出循环。

【例 5-10】 从键盘输入若干个数,当输入 0 时结束输入,求这些数的平均值和它们的和。

程序如下：

微视频 5-4

```
sum = 0;
n = 0;
val = input('Enter a number (end in 0):');
while (val~ = 0)
```

```
        sum = sum + val;
        n = n + 1;
        val = input('Enter a number (end in 0):');
    end
    if (n > 0)
        sum
        mean = sum/n
    end
```

输出结果为：

```
Enter a number (end in 0):63
Enter a number (end in 0):78
Enter a number (end in 0):15
Enter a number (end in 0):24
Enter a number (end in 0):0
sum =
    180
mean =
    45
```

3. break 语句和 continue 语句

与循环结构相关的语句还有 break 语句和 continue 语句。它们一般与 if 语句配合使用。

break 语句用于终止循环的执行。当在循环体内执行到该语句时，程序将跳出循环，继续执行循环语句的下一语句。

continue 语句控制跳过循环体中的某些语句。当在循环体内执行到该语句时，程序将跳过循环体中所有剩下的语句，继续下一次循环。

【例 5-11】　求[100,200]区间第一个能被 21 整除的整数。

程序如下：

```
for n = 100:200
if rem(n,21)～ = 0
    continue
end
break
end
n
```

输出结果为：

```
n =
    105
```

4. 循环的嵌套

如果一个循环结构的循环体又包括一个循环结构，则称之为循环的嵌套，或多重循环结构。实现多重循环结构仍用前面介绍的循环语句。多重循环的嵌套层数可以是任意的。在设计多重循环时,要注意内、外循环之间的关系,以及各语句放置的位置。

【例 5-12】 若一个数等于它的各个真因子之和,则称该数为完数,如 6=1+2+3,所以6 是完数。求[1,500]区间的全部完数。

程序如下:

```
for m = 1:500
s = 0;
for k = 1:m/2
if rem(m,k) == 0
s = s + k;
end
end
if m == s
    disp(m);
end
end
```

输出结果为:

```
  6
 28
496
```

5.3 函数文件

函数文件是另一种形式的 M 文件,每一个函数文件都定义一个函数。事实上,MATLAB 提供的标准函数大部分都是函数文件定义的。

5.3.1 函数文件的基本结构

函数文件由 function 语句引导,其基本结构为:

```
function 输出形参表 = 函数名(输入形参表)
    注释说明部分
    函数体语句
```

其中,以 function 开头的一行为引导行,表示该 M 文件是一个函数文件。函数名的命名规则与变量名相同。输入形参为函数的输入参数,输出形参为函数的输出参数。当输出形参多于一个时,则应该用方括号括起来。

说明:

(1) 关于函数文件名。

函数文件名通常由函数名再加上扩展名.m 组成,不过函数文件名与函数名也可以不相同。当两者不同时,MATLAB 将忽略函数名而确认函数文件名,因此调用时使用函数文件名。不过最好把文件名和函数名统一,以免出错。

（2）关于注释说明。

注释说明包括 3 部分内容：

① 紧随函数文件引导行之后以％开头的第一注释行。这一行一般包括大写的函数文件名和函数功能简要描述，供 lookfor 关键词查询和 help 在线帮助时使用。

② 第一注释行及之后连续的注释行。通常包括函数输入/输出参数的含义及调用格式说明等信息，构成全部在线帮助文本。

③ 与在线帮助文本相隔一空行的注释行。包括函数文件编写和修改的信息等。

（3）关于 return 语句。

如果在函数文件中插入了 return 语句，则执行到该语句就结束函数的执行，程序流程转至调用该函数的位置。通常，在函数文件中也可不使用 return 语句，这时在被调用函数执行完成后自动返回。

【例 5-13】　编写函数文件求半径为 r 的圆的面积和周长。

函数文件如下：

微视频 5-5

```
function [s,p] = fcircle(r)
% CIRCLE    calculate the area and perimeter of a circle of radii r
% r            圆半径
% s            圆面积
% p            圆周长

% 2020 年 2 月 30 日编
s = pi * r * r;
p = 2 * pi * r;
```

将以上函数文件以文件名 fcircle.m 存盘，然后在 MATLAB 命令窗口调用该函数：

```
[s,p] = fcircle(10)
```

输出结果为：

```
s =
   314.1593
p =
    62.8319
```

采用 lookfor 命令和 help 命令可以显示出注释说明部分的内容，其功能和一般MATLAB 函数的帮助信息是一致的。

5.3.2　函数调用

函数文件编制好以后就可以调用了。函数调用的一般格式是：

```
[输出实参表] = 函数名(输入实参表)
```

注意：函数调用时各实参出现的顺序、个数，应与函数定义时形参的顺序、个数一致，否则会出错。函数调用时，先将实参传递给相应的形参，从而实现参数传递，然后再执行函数的功能。

微视频 5-6

【例 5-14】 利用函数文件,实现直角坐标(x,y)与极坐标(ρ,θ)之间的转换。

已知转换公式为:

极坐标的极径:

$$\rho = \sqrt{x^2 + y^2}$$

极坐标的极角:

$$\theta = \arctan\left(\frac{y}{x}\right)$$

函数文件 tran.m:

```
function [rho,theta] = tran(x,y)
rho = sqrt(x * x + y * y);
theta = atan(y/x);
```

调用 tran.m 的命令为:

```
x = input('Please input x = :');
y = input('Please input y = :');
[rho,the] = tran(x,y);
rho
the
```

输出结果为:

```
Please input x = :5
Please input y = :7
rho =
    8.6023
the =
0.9505
```

在 MATLAB 中,函数可以嵌套调用,即一个函数可以调用别的函数,甚至调用它自身。一个函数调用它自身称为函数的递归调用。

【例 5-15】 利用函数的递归调用,求 $n!$。

$n!$ 本身就是以递归的形式定义的:

$$n! = \begin{cases} 1, & n \leqslant 1 \\ n(n-1)!, & n > 1 \end{cases}$$

显然,求 $n!$ 需要求$(n-1)!$,这时可采用递归调用。递归调用函数文件 factor.m 如下:

```
function f = factor(n)
if n <= 1
    f = 1;
else
    f = factor(n - 1) * n;         % 递归调用求(n-1)!
end
```

在命令窗口中调用函数文件 factor.m 求 $s=1!+2!+3!+4!+5!$。

```
s = 0;
for i = 1:5
    s = s + factor(i);
end
s
```

输出结果为：

```
s =
   153
```

5.3.3　函数参数

MATLAB 的函数参数包括函数的输入参数和输出参数。函数提供输入参数接收数据,经过函数执行后由输出参数给出结果,因此,MATLAB 的函数调用就是输入参数和输出参数传递的过程。

1. 参数的传递

函数的参数传递是将主函数中的变量值传送给被调函数的输入参数,被调函数执行后,将结果通过被调函数的输出参数传送给主函数的变量。被调函数的输入参数和输出参数都存放在函数的工作空间中,与 MATLAB 的工作空间是独立的,当调用结束后,函数的工作空间数据被清除,被调函数的输入参数和输出参数也被清除。

2. 参数的个数

MATLAB 函数的输入参数和输出参数在使用时,不用事先声明和定义,参数的个数可以改变。在调用函数时,MATLAB 用两个永久变量 nargin 和 nargout 分别记录调用该函数时的输入实参和输出实参的个数。只要在函数文件中包含这两个变量,就可以准确地知道该函数文件被调用时的输入输出参数个数,从而决定函数如何进行处理。

5.3.4　函数变量

MATLAB 的函数变量根据作用范围,可以分为局部变量和全局变量。

1. 局部变量

局部变量的作用范围是函数的内部。如果没有特别声明,函数内部的变量都是局部变量,都有自己的函数工作空间,与 MATLAB 的工作空间是独立的。局部变量仅在函数内部执行时存在,函数执行完毕,变量就消失了。

2. 全局变量

全局变量的作用范围是全局数的,可以在不同的函数和 MATLAB 工作空间中共享。使用全局变量可以减少参数的传递,有效地提高程序的执行效率。

全局变量在使用前必须用 global 命令定义,格式为:

```
global 变量名
```

要清除全局变量可以用 clear 命令,格式为:

```
clear global 变量名              % 清除某个全局变量
clear global                    % 清除所有的全局变量
```

在函数文件里,全局变量的定义语句应放在变量使用之前,一般都放在文件的前面,用大写字符命名,以防重复定义。

5.4　程序调试

程序调试是程序设计的重要环节,也是程序设计人员必须掌握的重要技能。MATLAB 提供了相应的程序调试功能,既可以提供文本编辑器对程序进行调试,又可以在命令窗口结合具体的命令进行。

5.4.1　程序调试概述

程序调试的目的是检查程序是否正确,即程序能否顺利运行并得到预期结果。在运行程序之前,应先设想到程序运行的各种情况,测试在各种情况下程序是否能正常运行。

一般来说,应用程序的错误有两类:一类是语法错误,另一类是运行时的错误。语法错误包括词法或文法的错误,例如,函数名的拼写错误、表达式书写错误等。MATLAB 能够检查出大部分的语法错误,给出相应的错误信息,并标出错误在程序中的行号。

程序运行时的错误是指程序的运行结果有错误,这类错误也称为程序逻辑错误。在程序设计中逻辑错误是较为常见的一类错误,这类错误往往隐蔽性较强、不易查找。产生逻辑错误的原因通常是算法设计有误,这时需要对算法进行修改。程序的运行错误通常包括不能正常运行和运行结果不正确,出错的原因一般有:

(1) 数据不对,即输入的数据不符合算法要求。

(2) 输入的矩阵大小不对,尤其是当输入的矩阵为一维数组时,应注意行向量与列向量在使用上的区别。

(3) 程序不完善,只能对某些数据运行正确,而对另一些数据则运行错误,或是根本无法正常运行,这有可能是算法考虑不周所致。

5.4.2　MATLAB 调试菜单

MATLAB 的 M 文件编辑器除了能编辑修改文件外,还能对程序进行调试。通过调试菜单可以查看和修改函数工作空间中的变量,从而准确地找到运行错误。通过调试菜单设置断点可以使程序运行到某一行暂停运行,可以查看和修改工作空间中的变量值,来判断断点之前的语句逻辑是否正确。还可以通过调试菜单逐行运行程序,逐行检查和判断程序是否正确。

MATLAB 调试菜单界面如图 5-1 所示。

(1) 编辑打开:用于调试打开的 M 文件。

(2) 单步调试:用于单步调试程序。

(3) 调试进入:用于单步调试进入子函数。

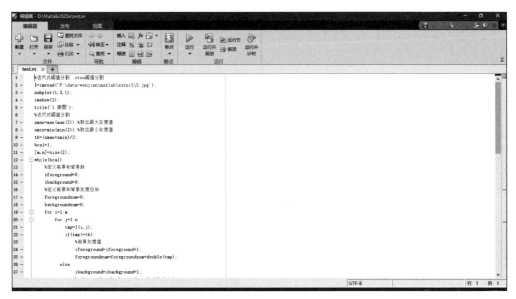

图 5-1 调试菜单界面

（4）调试退出：用于单步调试从子函数跳出。

（5）继续：程序执行到下一断点。

（6）清除断点：清除所有打开文件中的断点。

（7）错误停止：在程序出错或报警处停止往下执行。

（8）退出：退出调试模式。

对于 MATLAB 调试，MATLAB 提供了 F9 键进行选中的程序运行，也可以按 Ctrl＋Enter 键运行程序。当然，对于工具调试也有一些快捷键，具体为：

（1）快捷键 F10——实现单步调试。

（2）快捷键 F11——用于单步调试进入子函数。

（3）快捷键 Shift＋F11——用于单步调试从子函数跳出。

（4）快捷键 F5——实现程序执行到下一断点。

5.4.3 调试命令

除了采用调试菜单调试程序外，MATLAB 还提供了一些命令（如表 5-2 所示）用于程序调试。命令的功能和调试菜单命令类似，具体使用方法请查询 MATLAB 帮助文档。

表 5-2 MATLAB 常用调试命令及功能

命　令	功　　能	命　令	功　　能
dbstop	用于在 M 文件中设置断点	dbup	修改当前工作空间的上、下文关系
dbstatus	显示断点信息	dbdown	
dbtype	显示 M 文件文本（包括行号）	dbclear	清除已设置的断点
dbstep	从断点处执行 M 文件	dbcont	继续执行
dbstack	显示 M 文件执行时调用的堆栈等	dbquit	退出调试状态

5.5　程序设计应用

5.5.1　等级与闰年

【例 5-16】　编写一个程序,输入一个数值分数,输出等级分数。要求:grade>95 为 A;95≥grade>85 为 B;85≥grade>75 为 C;75≥grade≥60 为 D;60>grade≥0 为 F。

方法 1:程序如下:

```
grade = input('请输入分数');
if grade > 95.0
    disp('The grade is A.');
elseif grade > 85.0
    disp('The grade is B.');
elseif grade > 75.0
    disp('The grade is C.');
elseif grade >= 60.0
    disp('The grade is D.');
else
    disp('The grade is F.');
end
```

输出结果为:

```
请输入分数 82
The grade is C.
请输入分数 60
The grade is D.
请输入分数 54
The grade is F.
```

方法 2:程序如下:

```
grade = input('请输入分数');
if grade > 95.0
    disp('The grade is A.');
else
    if grade > 85.0
    disp('The grade is B.');
    else
        if grade > 75.0
    disp('The grade is C.');
        else
            if grade >= 60.0
    disp('The grade is D.');
else
disp('The grade is F.');
end
end
```

```
end
end
```

输出结果为：

```
请输入分数 82
The grade is C.
请输入分数 60
The grade is D.
请输入分数 50
The grade is F.
```

说明：对于有许多选项的选择结构来说，最好在一个 if 结构中使用多个 elseif 语句，尽量不用 if 的嵌套结构。

【**例 5-17**】　编写一个程序，计算闰年。在公历中，闰年是这样规定的：

（1）能被 400 整除的年为闰年；

（2）能被 100 整除但不能被 400 整除的年不为闰年；

（3）能被 4 整除但不能被 100 整除的年为闰年；

（4）其余的年份不为闰年。

程序如下：

```
disp('This program calculates the day of year given the ');
disp('current date. ');
month = input('Enter current month (1 - 12):');
day = input('Enter current day(1 - 31):');
year = input('Enter current year(yyyy): ');
% Check for leap year, and add extra day if necessary
if mod(year, 400) == 0
leap_day = 1;  % Years divisible by 400 are leap years
elseif mod(year, 100) == 0
leap_day = 0;  % Other centuries are not leap years
elseif mod(year, 4) == 0
leap_day = 1;  % Otherwise every 4th year is a leap year
else
leap_day = 0;  % Other years are not leap years
end
% Calculate day of year by adding current day to the
% days in previous months.
day_of_year = day;
for ii = 1:month - 1
% Add days in months from January to last month
switch(ii)
case{1, 3, 5, 7, 8, 10, 12},
day_of_year = day_of_year + 31;
case{4, 6, 9, 11},
day_of_year = day_of_year + 30;
case 2,
day_of_year = day_of_year + 28 + leap_day;
```

```
end
end
% Tell user
fprintf('The date %2d/%2d/%4d is day of year %d.\n', ...
month, day, year, day_of_year);
```

输出结果为:

```
This program calculates the day of year given the current date.
Enter current month (1-12):1
Enter current day(1-31):24
Enter current year(yyyy): 1999
The date  1/24/1999 is day of year 24.
This program calculates the day of year given the current date.
Enter current month (1-12):1
Enter current day(1-31):1
Enter current year(yyyy): 2000
The date  1/ 1/2000 is day of year 1.
This program calculates the day of year given the current date.
Enter current month (1-12):12
Enter current day(1-31):31
Enter current year(yyyy): 2000
The date 12/31/2000 is day of year 366.
This program calculates the day of year given the current date.
Enter current month (1-12):5
Enter current day(1-31):16
Enter current year(yyyy): 2001
The date  5/16/2001 is day of year 136.
```

说明:用到 mod(求余)函数来确定一个数是否能被另一个数整除。如果函数的返回值为 0,则说一个数能被另一个数整除;否则不然。

5.5.2　程序运行时间测量

在 MATLAB 中测试时间要用到函数 tic 和 toc。tic 函数复位内建计时器,toc 函数从最后一次调用 tic 开始以秒计时。因为在许多计算机中,时间钟是相当粗略的,所以有必要多运行几次以获得相应的平均数。

【例 5-18】 比较循环和向量算法执行所用的时间,要求:

(1) 用 for 循环计算 1~10 000 的每一个整数的平方,事先不初始化平方数组。

(2) 用 for 循环计算 1~10 000 的每一个整数的平方,事先初始化平方数组。

(3) 用向量算法计算 1~10 000 的每一个整数的平方。

程序如下:

```
% 1.Using a for loop with an uninitialized output array.
% 2.Using a for loop with an preallocated output array.
% 3.Using vectors.
% "square".This calculation is done only once
% because it is so slow.
```

```
maxcount = 1;                        % One repetition
tic;                                 % Start timer
for jj = 1:maxcount
clear square                         % Clear output array
for ii = 1:10000
square(ii) = ii^2;                   % Calculate square
end
end
average1 = (toc)/maxcount;           % Calculate average time
% Perform calculation with a preallocated array
% "square".This calculation is averaged over 10
% loops.
maxcount = 10;                       % One repetition
tic;                                 % Start timer
for jj = 1:maxcount
clear square                         % Clear output array
square = zeros(1,10000);             % Preinitialize array
for ii = 1:10000
square(ii) = ii^2;                   % Calculate square
end
end
average2 = (toc)/maxcount;           % Calculate average time
% Perform calculation with vectors. This calculation
% averaged over 100 executions.
maxcount = 100;                      % One repetition
tic;                                 % Start timer
for jj = 1:maxcount
clear square                         % Clear output array
ii = 1:10000;                        % Set up vector
square = ii.^2;                      % Calculate square
end
average3 = (toc)/maxcount;           % Calculate average time
% Display results
fprintf('Loop / uninitialized array = %8.4f\n', average1);
fprintf('Loop / initialized array = %8.4f\n', average2);
fprintf('Vectorized = %8.4f\n', average3);
```

输出结果为：

```
Loop / uninitialized array = 0.0942
Loop / initialized array = 0.0005
Vectorized = 0.0001
Loop / uninitialized array = 0.0742
Loop / initialized array = 0.0006
Vectorized = 0.0001
```

【例 5-19】　比较循环结构、选择结构与应用逻辑数组运算的快慢，要求：

（1）创建一个含 10 000 个元素的数组，其值依次为 1～10 000 的整数。用 for 循环和 if

结构计算大于 5000 的元素的平方根。

(2) 创建一个含 10 000 个元素的数组,其值依次为 1～10 000 的整数。用逻辑数组计算大于 5000 的元素的平方根。

程序如下:

```
% 1.Using a for loop and if construct.
% 2.Using a logical array.
% Perform calculation using loops and branches
maxcount = 1;              % One repetition
tic;                       % Start timer
for jj = 1:maxcount
a = 1:10000;               % Declare array a
for ii = 1:10000
if a(ii) > 5000
a(ii) = sqrt(a(ii));
end
end
end
average1 = (toc)/maxcount;  % Calculate average time
% Perform calculation using logical arrays.
maxcount = 10;             % One repetition
tic;                       % Start timer
for jj = 1:maxcount
a = 1:10000;               % Declare array a
b = a > 5000;              % Create mask
a(b) = sqrt(a(b));         % Take square root
end
average2 = (toc)/maxcount;  % Calculate average time
% Display result
fprintf('Loop /if approach = %8.4f\n',average1);
fprintf('Logical array approach = %8.4f\n',average2);
```

输出结果为:

```
Loop /if approach = 0.0293
Logical array approach = 0.0006
Loop /if approach = 0.0022
Logical array approach = 0.0008
```

由此例可以看到,用逻辑数组方法速度是另一种方法的 20 倍以上。

编程总结:在有选择结构和循环结构的编程中,要遵循以下编程指导思想。如果长期坚持这些原则,那么代码将会有很少的错误,有了错误也易于修改,而且在以后修改程序时,也使别人易于理解。

(1) 对于 for 循环体总是要缩进两个或更多空格,以增强程序的可读性。

(2) 在循环体中绝不修改循环变量的值。

(3) 在循环执行开始之前,总是要预先分配一个数组,这样能大大增加循环运行的速度。

（4）如果有可能，可用逻辑函数选择数组中的元素。用逻辑数组进行运算比循环快得多。

5.5.3　M 文件与函数的区别

【例 5-20】　经典的鸡兔同笼问题：鸡兔同笼，头 36，脚 100。求鸡兔各几只。

程序如下：

```
i = 1;
while i > 0
    if rem(100 - i * 2,4) == 0&(i + (100 - i * 2)/4) == 36
        break;
    end
    i = i + 1;
    n1 = i;
    n2 = (100 - 2 * i)/4;
    break
end
    fprintf('The number of chicken is % d.\n',n1);
    fprintf('The number of rabbit is % d.\n',n2);
```

将该 M 文件以 chicken 为文件名保存，并在命令窗口中输入 chicken，运行该程序得到如下结果：

```
chicken
The number of chicken is 2.
The number of rabbit is 24.
```

【例 5-21】　编制一个函数，要求任意输入两个数值后，用两个子函数分别求出它们的和与它们的绝对值的和，再将这两个和相乘。

编写如下函数：

```
function ch = zihanshu(x,y)                    % 主函数
ch = zihanshu1(x,y) * zihanshu2(x,y);
function ch = zihanshu1(x,y)                    % 子函数 1
ch = abs(x) + abs(y);
function ch = zihanshu2(x,y)                    % 子函数 2
ch = x + y;
```

调用结果为：

```
x = 1;y = - 9;
zihanshu(x,y)
ans =
    - 80
```

实训项目五

本实训项目的目的如下:

- 掌握建立和执行 M 文件的方法。
- 掌握利用 if 语句实现选择结构的方法。
- 掌握利用 switch 语句实现多分支选择结构的方法。
- 熟悉 try 语句的使用。
- 掌握利用 for 语句实现循环结构的方法。
- 掌握利用 while 语句实现循环结构的方法。
- 熟悉利用向量运算来代替循环操作的方法。
- 掌握定义和调用 MATLAB 函数的方法。

5-1　计算以下分段函数值。

$$\begin{cases} x, & x < 0 \\ 2x^2 + 1, & 0 \leqslant x < 1 \\ 3x^3 + 2x^2 + 1, & x \geqslant 1 \end{cases}$$

5-2　编写一个程序,求下列函数的值。

$$f(x,y) = \begin{cases} x + y, & x \geqslant 0 \& y \geqslant 0 \\ x + y^2, & x \geqslant 0 \& y < 0 \\ x^2 + y, & x < 0 \& y \geqslant 0 \\ x^2 + y^2, & x < 0 \& t < 0 \end{cases}$$

5-3　我国新税法规定:个税按 5000 元/月的起征标准算,全月应纳税税率如表 5-3 所示。

表 5-3　个税税率

全月收入中应缴纳所得税部分	税率/%
不超过 3000 元的	3
3000~12 000 元的部分	10
12 000~25 000 元的部分	20
25 000~35 000 元的部分	25
35 000~55 000 元的部分	30
55 000~80 000 元的部分	35
超过 80 000 元的部分	45

试编程加以计算。

5-4　计算下列各式的值。

(1) $1 + 2 + 3 + \cdots + 99 + 100$

(2) $1! + 2! + 3! + \cdots + 99! + 100!$

要求:

① 分别用 for 循环、while 循环和向量显示进行;

②比较三者程序运行的时间。

5-5　根据 $y = 1 + \dfrac{1}{3} + \dfrac{1}{5} + \cdots + \dfrac{1}{2n-1}$，求 $y < 3$ 时的最大 n 值和 y 值。

5-6　计算 $\arcsin x$。

$$\arcsin x \approx x + \frac{x^2}{4 \times 3} + \frac{1 \times 3 \times x^5}{16 \times 4 \times 5} + \cdots + \frac{(2n)!}{2^{2n}(n!)^2} \frac{x^{2n+1}}{(2n+1)}, \quad 其中\ |x| < 1。$$

x 为输入参数，当 x 不满足条件时就不计算，并显示提示；当 x^{2n+1} 前的系数小于 0.000 01 时，则循环结束（其中求 $n!$ 可以使用函数 factorial，如果不使用该函数，如何实现该程序）。

5-7　编写 M 函数文件，通过流程控制语句，建立如下的矩阵。

$$\boldsymbol{y} = \begin{bmatrix} 0 & 1 & 2 & 3 & \cdots & n \\ 0 & 0 & 1 & 2 & \cdots & n-1 \\ 0 & 0 & 0 & 1 & \cdots & n-2 \\ \vdots & \vdots & \vdots & \vdots & & \vdots \\ 0 & 0 & 0 & 0 & \cdots & 0 \end{bmatrix}$$

5-8　已知

$$\begin{cases} f_1 = 1, & n = 1 \\ f_2 = 0, & n = 2 \\ f_3 = 1, & n = 3 \\ f_n = f_{n-1} - 2f_{n-2} + f_{n-3}, & n > 3 \end{cases}$$

求 $f_1 \sim f_{100}$ 中：

（1）最大值、最小值、各数之和。

（2）正数、零、负数的个数。

5-9　已知

$$y = \frac{f(40)}{f(30) + f(20)}$$

（1）当 $f(n) = n + 10\ln(n^2 + 5)$ 时，求 y 的值。

（2）当 $f(n) = 1 \times 2 + 2 \times 3 + 3 \times 4 + \cdots + n \times (n+1)$ 时，求 y 的值。

第6章

MATLAB 绘图及应用

绘图是 MATLAB 的基本功能,也是非常重要的功能。MATLAB 提供了丰富的绘图函数和绘图工具,可以简单方便地绘制出令人满意的各种图形,这是其他编程语言所不能及的,而且得到的图形可方便地插入 Word 等其他排版系统。本章主要介绍有关 MATLAB 二维图形、三维图形绘制的基本操作以及图形管理的基本方法,以达到熟练应用的目的。

本章要点:
(1) 二维绘图。
(2) 三维绘图。
(3) 隐函数绘图。
(4) 绘图应用。

学习目标:
(1) 了解 MATLAB 的图形窗口。
(2) 掌握 MATLAB 基本二维图形、三维图形的绘制及图形的基本操作。
(3) 掌握 MATLAB 特殊图形的绘制,如柱状图、饼图。
(4) 掌握图形注释的添加及管理。
(5) 了解三维图形的视点控制及颜色、光照控制。
(6) 掌握 MATLAB 绘图的应用。

6.1 二维绘图

6.1.1 绘制图形的基本步骤

MATLAB 绘制一个图形一般需要以下几个步骤。

1. 准备绘图的数据

对于二维图形,需要准备横纵坐标数据;对于三维图形,需要准备矩阵参数变量和对应的 Z 轴数据。在 MATLAB 中,可以通过下面几种方法获得绘图数据。

(1) 把数据存为文本文件,用 load 函数调入数据。
(2) 由用户自己编写命令文件得到绘图数据。
(3) 在命令窗口直接输入数据。
(4) 在 MATLAB 主工作窗口,通过"导入数据"菜单,导入可以识别的数据文件。

2. 选定绘图窗口和绘图区域

MATLAB 使用 figure 函数指定绘图窗口,默认时打开标题为 Figure 1 的图形窗口。绘图区域如果位于当前绘图窗口,则可以省略这一步。可以使用 subplot 函数指定当前图形窗口的绘图子区域。

3. 绘制图形

根据数据,使用绘图函数绘制曲线和图形。

4. 设置曲线和图形的格式

图形的格式设置主要包括下面几方面。

(1) 线型、颜色和数据点标记设置。

(2) 坐标轴范围、标识及网格线设置。

(3) 坐标轴标签、图题、图例和文本修饰等设置。

5. 输出所绘制的图形

MATLAB 可以将绘制的图形窗口保存为.fig 文件,或者转换为其他图形文件,也可以复制图片或者打印图片等。

6.1.2 绘制二维图形的函数

MATLAB 中绘制二维图形的常用函数及功能如表 6-1 所示。

表 6-1 绘制二维图形的常用函数及功能

函 数	功 能	函 数	功 能
plot	绘制二维平面图形	fplot	对函数自适应采样
plotyy	绘制双纵坐标二维平面图形	subplot	分区绘制子图
ploar	绘制极坐标图形	figure	创建图形窗口
semilogx	半对数 x 坐标	errorbar	图形加上误差范围
semilogy	半对数 y 坐标	hist	累计图
loglog	全对数坐标	rose	极坐标累计图
bar	条形图或直方图	feather	羽毛图
stairs	阶梯图	quiver	向量场图
stem	杆图或针状图	pie	饼图
fill	填充图或实心图	compass	向量图或罗盘图

1. plot 函数

plot 函数是 MATLAB 中最核心的二维绘图函数。

1) 基本调用格式

plot 函数的基本调用格式为:

```
plot(x,y)
```

其中,x 和 y 为长度相同的向量,分别用于存储 x 坐标和 y 坐标数据。当 x,y 是同维矩阵时,则以 x,y 对应列元素为横、纵坐标分别绘制曲线,曲线条数等于矩阵的列数。当 x 是向量,y 是有一维与 x 同维的矩阵时,则绘制出多条不同色彩的曲线。曲线条数等于 y 矩阵的另一维数,x 被作为这些曲线共同的横坐标。

2) 只包含一个输入参数调用格式

plot 函数只包含一个输入参数时的调用格式为:

```
plot(x)
```

当 x 是实向量时,则以 x 为纵坐标,以元素序号为横坐标,用直线依次连接数据点,绘制曲线,这实际上是绘制折线图;当 x 是复向量时,则分别以该向量元素实部和虚部为横、纵坐标绘制出一条曲线;当 x 是实矩阵时,则按列绘制每列元素值相对其序号的曲线,曲线条数等于 x 矩阵的列数;当 x 是复数矩阵时,则按列分别以元素实部和虚部为横、纵坐标绘制多条曲线。

3) 包含多个输入参数调用格式

plot 函数包含多个输入参数时的调用格式为:

```
plot(x1,y1,x2,y2,…,xn,yn)
```

plot 函数可以包含若干组向量对,每一向量对可以绘制一条曲线。当输入参数都为向量时,x1 和 y1、x2 和 y2、xn 和 yn 分别组成一组向量对,每一组向量对的长度可以不同。每一组向量对可以绘制出一条曲线,这样可以在同一坐标内绘制主多条曲线。当输入参数有矩阵形式时,配对的 x 和 y 按对应列元素为横、纵坐标分别绘制曲线,曲线条数等于矩阵的列数。

【例 6-1】 在 $0 \leqslant x \leqslant 2\pi$ 范围内,绘制曲线 $y = 2e^{-0.5x} \sin(2\pi x)$。

程序如下:

```
x = 0:pi/100:2 * pi;
y = 2 * exp( - 0.5 * x). * sin(2 * pi * x);
plot(x,y)
```

程序执行后,运行结果如图 6-1 所示。

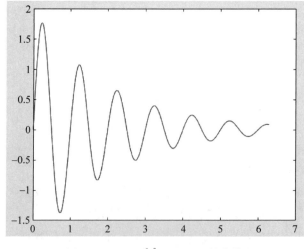

图 6-1 $y = 2e^{-0.5x} \sin(2\pi x)$ 的曲线

微视频 6-1

【例 6-2】　绘制下列参数方程曲线。

$$\begin{cases} x = t\cos 3t \\ y = t\sin^2 t \end{cases}, \quad -\pi \leqslant t \leqslant \pi$$

程序如下：

```
t = - pi:pi/100:pi;
x = t. * cos(3 * t);
y = t. * sin(t). * sin(t);
plot(x,y)
```

程序执行后,运行结果如图 6-2 所示。

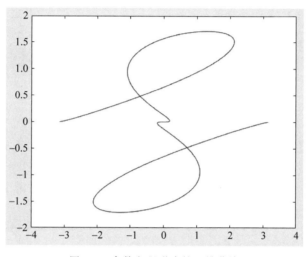

图 6-2　参数方程形式的二维曲线

2. plotyy 函数

在 MATLAB 中利用双纵坐标 plotyy 函数,能把函数值具有不同量纲、不同数量级的两个函数绘制在同一坐标中。其调用格式为：

```
plotyy(x1,y1,x2,y2)
```

其中 x1-y1 对应一条曲线,x2-y2 对应另一条曲线。横坐标的标度相同,纵坐标有两个：左纵坐标用于 x1-y1 数据对,右纵坐标用于 x2-y2 数据对。

【例 6-3】　用不同标度在同一坐标内绘制曲线：

$$y_1 = \mathrm{e}^{-0.5x}\sin(2\pi x); \quad y_2 = 1.5\mathrm{e}^{-0.5x}\sin x$$

程序如下：

```
x1 = 0:pi/100:2 * pi;
x2 = 0:pi/100:3 * pi;
y1 = exp( - 0.5 * x1). * sin(2 * pi * x1);
y2 = 1.5 * exp( - 0.1 * x2). * sin(x2);
plotyy(x1,y1,x2,y2)
```

程序执行后,运行结果如图 6-3 所示。

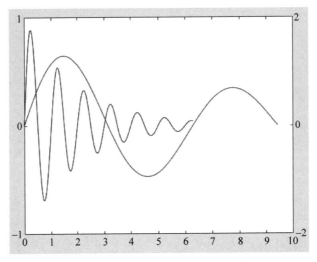

图 6-3　用双纵坐标绘制的二维曲线

3. fplot 函数

为了提高精度,绘制出比较真实的函数曲线,就不能等间隔采样,而必须在变化率大的区间密集采样,以充分反映函数的实际变化规律,进而提高图形的真实度。fplot 函数可自适应地对函数进行采样,能更好地反映函数的变化规律。fplot 函数的语法调用格式如表 6-2 所示。

表 6-2　fplot 函数的语法及其含义

语　法	含　义	示　例
fplot(f)	在默认区间 [−5,5](对于 x)绘制由函数 y=f(x) 定义的曲线	在 x 的默认区间 [−5,5] 绘制 sin(x)fplot (@(x) sin(x))
fplot(f,xinterval)	将在指定区间绘图。将区间指定为 [xmin xmax] 形式的二元向量	
fplot(funx,funy)	在默认区间 [−5,5](对于 t)绘制由 x = funx(t) 和 y = funy(t) 定义的曲线	绘制参数化曲线 x=cos(3t) 和 y=sin(2t) xt = @(t) cos(3 * t); yt = @(t) sin(2 * t); fplot(xt,yt)
fplot(funx,funy, tinterval)	将在指定区间绘图。将区间指定为 [tmin,tmax] 形式的二元向量	绘制分段函数:exp(−3<x<0), cos(x)(0<x<3) 使用 hold on 绘制多根线条。使用 fplot 的第二个输入参数指定绘图区间。使用 'b' 将绘制的线条颜色指定为蓝色。在相同坐标区中绘制多根线条时,坐标轴范围会调整以容纳所有数据 fplot(@(x) exp(x),[−3 0],'b') hold on fplot(@(x) cos(x),[0 3],'b') hold off grid on

续表

语　法	含　义	示　例
fplot(＿,LineSpec)	指定线型、标记符号和线条颜色。例如,'-r' 绘制一根红色线条。在前面语法中的任何输入参数组合后使用此选项	绘制具有不同相位的 3 个正弦波。对于第一个,使用 2 磅的线宽。对于第二个,指定带有圆形标记的红色虚线线型。对于第三个,指定带有星号标记的青蓝色点画线线型
fplot（＿, Name, Value)	使用一个或多个名称-值对组参数指定线条属性。例如,"'LineWidth',2" 指定 2 磅的线宽	fplot(@(x) sin(x＋pi/5),'Linewidth',2); hold on fplot(@(x) sin(x－pi/5),'--or'); fplot(@(x) sin(x),'-. * c') hold off
fplot(ax,＿)	将图形绘制到 ax 指定的坐标区中,而不是当前坐标区（gca）中。指定坐标区作为第一个输入参数	—
fp ＝ fplot(＿)	返回 FunctionLine 对象或 ParameterizedFunctionLine 对象,具体情况取决于输入。使用 fp 查询和修改特定线条的属性	绘制 sin(x) 并将函数行对象指定给变量 fp ＝ fplot(@(x) sin(x))

自 MATLAB 2019b 开始,fplot 不再支持用于指定误差容限或计算点数量的输入参数。之前的版本 fplot 函数的调用格式为:

```
fplot(filename,lims,tol,选项)
```

其中,filename 为函数名,以字符串形式出现。它可以是由多个分量函数构成的行向量,分量函数可以是函数的直接字符串,也可以是内部函数名或函数文件名,但自变量都必须是 x。lims 为 x、y 的取值范围,以向量形式出现,取二元向量[xmin,xmax]时,x 轴的范围被人为确定,取四元向量[xmin,xmax, ymin,ymax]时,x、y 轴的范围被人为确定。tol 为相对允许误差,其系统默认值为 2e-3。选项定义与 plot 函数相同。

【例 6-4】　用 fplot 函数绘制 $f(x)＝\cos(\tan(\pi x))$ 的曲线。

先建立函数文件 zsyf.m:

```
function y = zsyf(x)
y = cos(tan(pi * x)) ;
```

再用 fplot 函数绘制 zsyf.m 函数的曲线:

```
fplot((@zsyf),[－0.4,1.4])
```

程序执行后,运行结果如图 6-4 所示。

4. subplot 函数

为了便于进行多个图形的比较,MATLAB 提供了 subplot 函数,实现一个图形窗口绘制多个图形的功能。subplot 函数可以将同一个窗口分割成多个子图,能在不同坐标系绘制

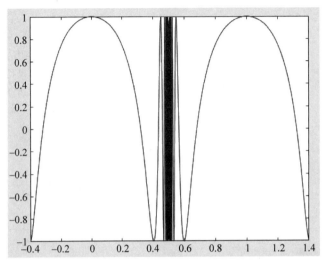

图 6-4 自适应采样绘制的二维曲线

不同的图形,这样便于对比多个图形,也可以节省绘图空间。subplot 函数的调用格式为:

```
subplot(m,n,p)
```

其中,m 为子图行数,n 为子图列数,共分割为 m×n 个子图。p 为当前绘图区。子图排序原则为:左上方为 1,从左到右从上到下依次排序,子图之间彼此独立。

5. ploar 函数

ploar 函数用来绘制极坐标图,其调用格式为:

```
ploar(theta,rho,选项)
```

其中,theta 为极坐标极角,rho 为极坐标极径,选项的内容与 plot 函数相同。

6. 对数坐标图形

MATLAB 提供了绘制对数和半对数坐标曲线的函数,调用格式为:

```
semilogx(x1,y1,选项 1,x2,y2,选项 2,…)
semilogy(x1,y1,选项 1,x2,y2,选项 2,…)
loglog(x1,y1,选项 1,x2,y2,选项 2,…)
```

7. 其他形式的线性直角坐标绘图函数

在线性直角坐标系中,其他形式的图形有条形图、阶梯图、杆图和填充图等,所采用的函数调用格式分别为:

```
bar(x,y,选项)
stairs(x,y,选项)
stem(x,y,选项)
fill(x1,y1,选项 1,x2,y2,选项 2,…)
```

6.1.3　线性图形格式设置

1. 设置曲线的线型、颜色和数据点标记

为了便于曲线的比较,MATLAB 提供了一些绘图选项,可以控制所绘曲线的线型、颜色和数据点的标识符号,调用格式为:

```
plot(x1,y1,选项 1,x2,y2, 选项 2,...,xn,yn,选项 n)
```

其中,选项一般为线型、颜色和数据点的标识符号组合在一起,具体如表 6-2 所示。当选项省略时,MATLAB 默认线型一律为实线,颜色将根据曲线的先后顺序依次采用表 6-3 给出的颜色。

表 6-3　线型、颜色和数据点标识定义

颜　　色		线　　型		数据点标识	
类型	符号	类型	符号	类型	符号
蓝色	b(blue)	实线(默认)	—	点	.
绿色	g(green)	虚线	:	圆圈	∘
红色	r(read)	点画线	-.	叉号	×
青色	c(cyan)	双画线	- -	加号	+
紫红色	m(magenta)			星号	*
黄色	y(yellow)			方块符(square)	s
黑色	k(black)			菱形符(diamond)	d
白色	w(white)			向下三角符号	∨
				向上三角符号	∧
				向左三角符号	<
				向右三角符号	>
				五角星符(pentagram)	p
				六角星符(hexagram)	h

【**例 6-5**】　用不同线型和颜色在同一坐标内绘制曲线 $y = 2e^{-0.5x}\sin(2\pi x)$ 及其包络线。程序如下:

```
x = (0:pi/100:2 * pi)';
y1 = 2 * exp( - 0.5 * x) * [1, -1];
y2 = 2 * exp( - 0.5 * x). * sin(2 * pi * x);
x1 = (0:12)/2;
y3 = 2 * exp( - 0.5 * x1). * sin(2 * pi * x1);
plot(x,y1,'g:',x,y2,'b-- ',x1,y3,'rp');
```

程序执行后,运行结果如图 6-5 所示。

2. 设置坐标轴

MATLAB 可以通过函数设置坐标轴的刻度和范围来调整坐标轴。常用设置坐标轴函数及功能如表 6-4 所示。

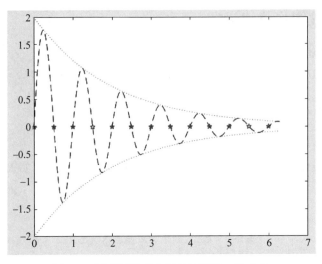

图 6-5　用不同线型和颜色绘制的二维曲线

表 6-4　常用设置坐标轴函数及功能

函　　数	功　　能	函　　数	功　　能
axis auto	使用默认设置	axis manual	保持当前坐标范围不变
axis([xmin xmax ymin ymax])	设定坐标范围,且要求 xmin＜xmax,ymin＜ymax	axis fill	在 manual 方式下,使坐标充满整个绘图区域
axis equal	纵横坐标轴采用等长刻度	axis off	取消坐标轴
axis square	产生正方形坐标系(默认为矩形)	axis on	显示坐标轴
axis normal	默认矩形坐标系	axis xy	普通直角坐标,原点在左下方
axis tight	把数据范围设为坐标范围	axis ij	矩阵式坐标,原点在左下方
axis image	纵横坐标轴采用等长刻度,且坐标框紧贴数据范围	axis vis3d	保持高宽比不变,三维旋转时避免图形大小变化

3. 网格线、坐标边框和图形保持

MATLAB 可以在坐标系中添加网格线,网格线根据坐标的刻度使用虚线分隔。MATLAB 的默认设置是不显示网格线。

坐标边框是指坐标系的刻度框,默认设置是添加坐标框。

一般情况下,绘图命令每执行一次就刷新当前图形窗口,图形窗口原有图形将不复存在。若希望在已存在的图形上再继续添加新的图形,则可使用图形保持命令 hold。其功能如表 6-5 所示。

表 6-5　常用设置网格线函数和坐标轴函数及功能

函数	功　　能	函数	功　　能	函数	功　　能
grid on	画网格线	box on	加边框线	hold on	保持原有图形
grid off	不画网格线	box off	不加边框线	hold off	刷新原有图形
grid	在两种状态之间进行切换	box	在两种状态之间进行切换	hold	在两种状态之间进行切换

6.1.4　图形的辅助操作

为了使图形意义更加明确,便于读图,MATLAB 提供了很多图形的辅助操作函数,如表 6-6 所示。

表 6-6　常用图形辅助操作函数及功能

函　　　数	功　　　能
title(图形名称)	图形标题
xlabel(x 轴说明)	x 轴标注
ylabel(y 轴说明)	y 轴标注
zlabel(z 轴说明)	z 轴标注
text(x,y,图形说明)	文本标注
gtext(图形说明)	鼠标选择位置添加文本
gtext(图形说明 1,图形说明 2,…)	一次放置一个字符串,多次放置在鼠标指定位置
legend(图例 1,图例 2,…)	图例设置

1. 标题和标签设置

MATLAB 提供 title 函数和 label 函数实现添加图形的标题和坐标轴的标签功能,括号内为注释字符串,也可以是结构数组.

如果图形注释中需要使用一些字符如希腊字母、数学符号以及箭头等符号,则可以使用表 6-7 所示的对应命令.

表 6-7　常用的希腊字母、数学符号和箭头符号

类别	命令	符号	命令	符号	命令	符号	命令	符号
希腊字母	\alpha	α	\zeta	ζ	\sigma	σ	\Sigma	Σ
	\beta	β	\epsilon	ϵ	\phi	φ	\Phi	Φ
	\gamma	γ	\Gamma	Γ	\psi	ψ	\Psi	Ψ
	\delta	δ	\Delta	Δ	\upsilon	υ	\Upsilon	Υ
	\theta	θ	\Theta	Θ	\mu	μ	\eta	η
	\lambda	λ	\Lambda	Λ	\nu	ν	\chi	χ
	\xi	ξ	\Xi	Ξ	\kappa	κ	\iota	ι
	\pi	π	\Pi	Π	\rpo	ρ		
	\omega	ω	\Omega	Ω	\tau	τ		
数学符号	\times	$\times$	\approx	$\approx$	\cup	$\cup$	\int	$\int$
	\div	$\div$	\neq	$\neq$	\cap	$\cap$	\infty	∞
	\pm	$\pm$	\oplus	$\equiv$	\in	$\in$	\angle	$\angle$
	\leq	$\leq$	\sim	$\cong$	\otimes	$\odot$	\vee	$\vee$
	\geq	$\geq$	\exists	$\propto$	\oplus	$\oplus$	\wedge	$\wedge$
箭头	\leftarrow	$\leftarrow$	\uparrow	$\uparrow$	leftrightarrow	$\leftrightarrow$		
	\rightarrow	$\rightarrow$	\downarrow	$\downarrow$	updownarrow	$\updownarrow$		

2．图形的文本标注

MATLAB 提供 title 函数和 label 函数实现在坐标系某一位置标注文本注释．title 函数标注在指定的(x,y)处；label 函数标注在鼠标选择的位置．

3．图例设置

为了区别在同一坐标系里的多条曲线，一般会在图形空白处添加图例．legend 函数调用格式为：

```
legend(图例 1,图例 2,…,LOC)
```

图例 1、图例 2 等为字符串即图例标题，与图形内曲线依次对应；LOC 为图例放置位置参数，如表 6-8 所示。

表 6-8　图例位置参数及功能

位 置 参 数	功　　能	位 置 参 数	功　　能
'North'	放置图内的顶部	'NorthOutside'	放置图外的顶部
'South'	放置图内的底部	'SouthOutside'	放置图外的底部
'East'	放置图内的右侧	'EastOutside'	放置图外的右侧
'West'	放置图内的左侧	'WestOutside'	放置图外的左侧
'NorthEast'	放置图内的右上角	'NorthEastOutside'	放置图外的右上角
'NorthWest'	放置图内的左上角	'NorthWestOutside'	放置图外的左上角
'SouthEast'	放置图内的右下角	'SouthEastOutside'	放置图外的右下角
'SouthWest'	放置图内的左下角	'SouthWestOutside'	放置图外的左下角
'Best'	最佳位置（覆盖数据最好）	'BestOutside'	图外最佳位置

微视频 6-2

【例 6-6】　绘制下列分段函数曲线并添加图形标注。

$$f(x)=\begin{cases} \sqrt{x}, & 0 \leqslant x < 4 \\ 2, & 4 \leqslant x < 6 \\ 5-x/2, & 6 \leqslant x < 8 \\ 1, & x \geqslant 8 \end{cases}$$

程序如下：

```
x = linspace(0,10,100);
y = [];
for x0 = x
    if x0 >= 8
        y = [y,1];
    elseif x0 >= 6
        y = [y,5 - x0/2];
    elseif x0 >= 4
        y = [y,2];
    elseif x0 >= 0
        y = [y,sqrt(x0)];
```

```
    end
end
plot(x,y)
axis([0 10 0 2.5])                    %设置坐标轴
title('分段函数曲线');                  %加图形标题
xlabel('Variable X');                 %加 X 轴说明
ylabel('Variable Y');                 %加 Y 轴说明
text(2,1.3,'y = x^{1/2}');            %在指定位置添加图形说明
text(4.5,1.9,'y = 2');
text(7.3,1.5,'y = 5 - x/2');
text(8.5,0.9,'y = 1');
```

程序执行后,运行结果如图 6-6 所示。

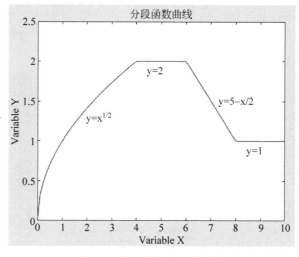

图 6-6 给图形添加图形标注

【例 6-7】 用图形保持功能在同一坐标内绘制曲线 $y = 2e^{-0.5x}\sin(2\pi x)$ 及其包络线。
程序如下:

```
x = (0:pi/100:2 * pi)';
y1 = 2 * exp( - 0.5 * x) * [1, - 1];
y2 = 2 * exp( - 0.5 * x). * sin(2 * pi * x);
plot(x,y1,'b:');
axis([0,2 * pi, - 2,2]);              %设置坐标
hold on;                              %设置图形保持状态
plot(x,y2,'k');
legend('包络线','包络线','曲线 y');      %加图例
hold off;                             %关闭图形保持
grid                                 %网格线控制
```

程序执行后,运行结果如图 6-7 所示。

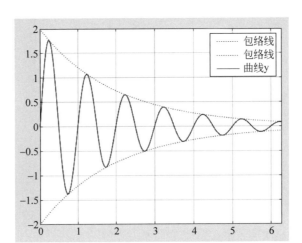

图 6-7　利用图形保持功能绘制多条曲线

【例 6-8】　在一个图形窗口中以子图形式同时绘制正弦、余弦、正切、余切曲线。
程序如下:

```
x = linspace(0,2 * pi,60);
y = sin(x);z = cos(x);
t = sin(x)./(cos(x) + eps); ct = cos(x)./(sin(x) + eps);
subplot(2,2,1);
plot(x,y);title('sin(x)');axis ([0,2 * pi, - 1,1]);
subplot(2,2,2);
plot(x,z);title('cos(x)');axis ([0,2 * pi, - 1,1]);
subplot(2,2,3);
plot(x,t);title('tangent(x)');axis ([0,2 * pi, - 40,40]);
subplot(2,2,4);
plot(x,ct);title('cotangent(x)');axis ([0,2 * pi, - 40,40]);
```

程序执行后,运行结果如图 6-8 所示。

对图形窗口灵活分割,请看下面的程序。

```
x = linspace(0,2 * pi,60);
y = sin(x);z = cos(x);
t = sin(x)./(cos(x) + eps); ct = cos(x)./(sin(x) + eps);
subplot(2,2,1);                          %选择 2×2 个区中的 1 号区
stairs(x,y);title('sin(x) - 1');axis ([0,2 * pi, - 1,1]);
subplot(2,1,2);                          %选择 2×1 个区中的 2 号区
stem(x,y);title('sin(x) - 2');axis ([0,2 * pi, - 1,1]);
subplot(4,4,3);                          %选择 4×4 个区中的 3 号区
plot(x,y);title('sin(x)');axis ([0,2 * pi, - 1,1]);
subplot(4,4,4);                          %选择 4×4 个区中的 4 号区
plot(x,z);title('cos(x)');axis ([0,2 * pi, - 1,1]);
subplot(4,4,7);                          %选择 4×4 个区中的 7 号区
plot(x,t);title('tangent(x)');axis ([0,2 * pi, - 40,40]);
subplot(4,4,8);                          %选择 4×4 个区中的 8 号区
plot(x,ct);title('cotangent(x)');axis ([0,2 * pi, - 40,40]);
```

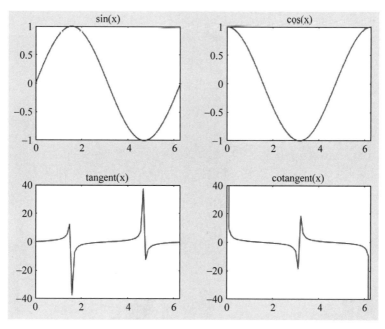

图 6-8 图形窗口的分割

程序执行后,运行结果如图 6-9 所示。

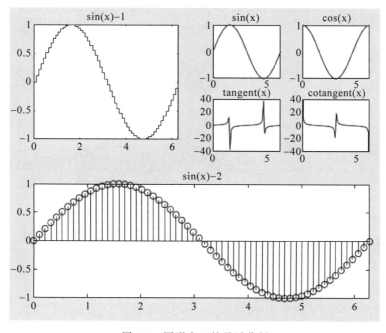

图 6-9 图形窗口的灵活分割

【**例 6-9**】 分别以条形图、填充图、阶梯图和杆图形式绘制曲线 $y=2e^{-0.5x}$。

程序如下:

```
x = 0:0.35:7;
y = 2 * exp( - 0.5 * x);
subplot(2,2,1);bar(x,y,'g');
title('bar(x,y,''g'')');axis([0,7,0,2]);
subplot(2,2,2);fill(x,y,'r');
title('fill(x,y,''r'')');axis([0,7,0,2]);
subplot(2,2,3);stairs(x,y,'b');
title('stairs(x,y,''b'')');axis([0,7,0,2]);
subplot(2,2,4);stem(x,y,'k');
title('stem(x,y,''k'')');axis([0,7,0,2]);
```

程序执行后,运行结果如图 6-10 所示。

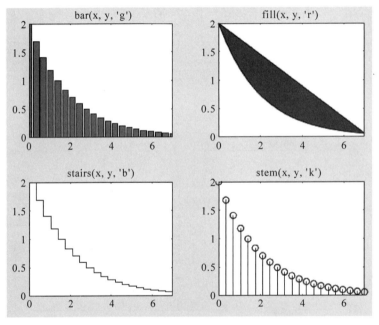

图 6-10 几种不同形式的二维图形

【**例 6-10**】 绘制 $\rho=\sin(2\theta)\cos(2\theta)$ 的极坐标图。

程序如下:

```
theta = 0:0.01:2 * pi;
rho = sin(2 * theta). * cos(2 * theta);
polar(theta,rho,'k');
```

程序执行后,运行结果如图 6-11 所示。

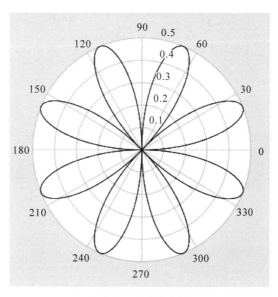

图 6-11　极坐标图形

【例 6-11】　绘制 $y = 10x^2$ 的对数坐标图并与直角线性坐标图进行比较。

程序如下：

微视频 6-4

```
x = 0:0.1:10;
y = 10 * x. * x;
subplot(2,2,1);plot(x,y);title('plot(x,y)');grid on;
subplot(2,2,2);semilogx(x,y);title('semilogx(x,y)');
grid on;
subplot(2,2,3);semilogy(x,y);title('semilogy(x,y)');
grid on;
subplot(2,2,4);loglog(x,y);title('loglog(x,y)');grid on;
```

程序执行后，运行结果如图 6-12 所示。

【例 6-12】　绘制图形：

（1）某次考试优秀、良好、中等、及格、不及格的人数分别为 7、17、23、19、5，试用饼图进行成绩统计分析。

（2）绘制复数的相量图：3+2i、4.5-i 和-1.5+5i。

程序如下：

```
subplot(1,2,1);
pie([7,17,23,19,5]);
title('饼图');legend('优秀','良好','中等','及格','不及格');
subplot(1,2,2);
compass([3 + 2i,4.5 - i, - 1.5 + 5i]);title('相量图');
```

程序执行后，运行结果如图 6-13 所示。

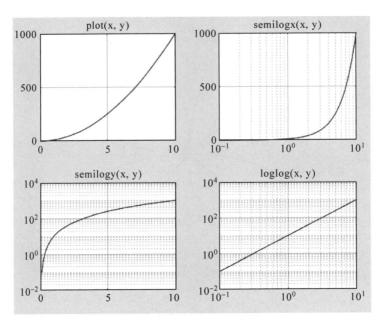

图 6-12　对数坐标图

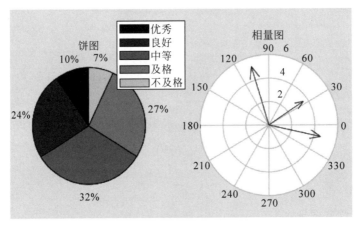

图 6-13　其他形式二维图形

6.2　三维绘图

6.2.1　绘制三维图形的函数

MATLAB具有强大的三维绘图能力,如绘制三维曲线、三维网格图和三维曲面图,并提供了大量的三维绘图函数。

绘制三维图像的基本步骤如下:

(1) 准备数据。

(2) 设置当前绘图区。

(3) 调用绘图函数。

（4）设置视角。

（5）设置图形的曲线和标记点的形式。

（6）保存并导出图形。

绘制三维图形的常用函数及功能如表 6-9 所示。

表 6-9　绘制三维图形的常用函数及功能

函　　数	功　　能	函　　数	功　　能
plot3	绘制三维曲线图形	waterfall	绘制瀑布图
mesh	绘制三维网格图	contour3	绘制三维等高线
surf	绘制三维表面图	meshc	带等高线的三维网格图
sphere	绘制球面图	meshz	带基准平面的三维网格图
cylinder	绘制柱面图	surfc	带等高线的三维表面图
peaks	绘制多峰图形	surfl	带光照效果的三维表面图
bar3	绘制三维条形图或直方图	stem3	绘制三维杆图或针状图
pie3	绘制三维饼图	fill3	绘制三维填充图或实心图
meshgrid	生成网格坐标	movie	播放动画
getframe	录制动画的每一帧图形	moviein	预留分配存储帧的空间

1. plot3 函数

plot3 函数与 plot 函数用法十分相似，其调用格式为：

```
plot3(x1,y1,z1,选项 1,x2,y2,z2,选项 2,…,xn,yn,zn,选项 n)
```

其中，x、y 和 z 为同维的向量或矩阵，若是向量，则绘制一条三维曲线；若是矩阵，则按矩阵的列绘制多条三维曲线，曲线条数等于矩阵的列数。选项的定义和二维 plot 函数定义一样，一般由线型、颜色和数据点标识组合在一起。

【例 6-13】　绘制空间曲线。

$$\begin{cases} x^2 + y^2 + z^2 = 64 \\ y + z = 0 \end{cases}$$

程序如下：

```
t = 0:pi/50:2 * pi;
x = 8 * cos(t);
y = 4 * sqrt(2) * sin(t);
z = - 4 * sqrt(2) * sin(t);
plot3(x, y, z, 'p');
title('Line in 3 - D Space');text(0,0,0,'origin');
xlabel('X'),ylabel('Y'),zlabel('Z');grid;
```

程序执行后，运行结果如图 6-14 所示。

2. 平面网格坐标矩阵的生成

绘制 $z = f(x, y)$ 所代表的三维曲面图，先要在 xy 平面选定一个矩形区域，假定矩形区域 $D = [a, b] \times [c, d]$，然后将 $[a, b]$ 在 x 方向分成 m 份，将 $[c, d]$ 在 y 方向分成 n 份，由各

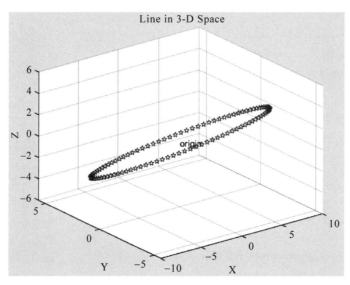

图 6-14　三维曲线

划分点分别作平行于两坐标轴的直线,将 D 区域分成 $m \times n$ 个小矩形,生成代表每一个小矩形顶点坐标的平面网格坐标矩阵,最后利用有关函数绘图。产生平面区域内的网格坐标矩阵有两种方法。

1) 利用矩阵运算生成

```
x = a:dx:b; y = (c:dy:d)';
X = ones(size(y)) * x;
Y = y * ones(size(x));
```

2) 利用 meshgrid 函数生成

```
x = a:dx:b; y = c:dy:d;
[X, Y] = meshgrid(x, y);
```

【例 6-14】 已知 $6 < x < 30, 15 < y < 36$,求不定方程 $2x + 5y = 126$ 的整数解。
程序如下:

```
x = 7:29; y = 16:35;
[x, y] = meshgrid(x, y);          % 在[5,29]×[14,35]区域生成网格坐标
z = 2 * x + 5 * y;
k = find(z == 126);               % 找出解的位置
x(k)', y(k)'                       % 输出对应位置的 x, y 即方程的解
```

程序执行后,运行结果为:

```
ans =
    8    13    18    23
ans =
   22    20    18    16
```

即方程共有 4 组解：(8,22)、(13,20)、(18,18)、(23,16)。

3. mesh 函数

mesh 函数绘制三维网格图,其调用格式为:

```
mesh(x,y,z,c)
```

其中,x、y、z 必须均为向量或矩阵。x、y 是网格坐标矩阵,z 是网格点上的高度矩阵,c 用于指定在不同高度下的颜色范围。c 省略时,默认 c＝z,即颜色的设定是正比于图形的高度的。当 x、y 是向量时,x、y 的长度分别为 m 和 n,则 z 必须是 m×n 的矩阵。若参数中不提供 x、y,则将(i,j)作为 z 矩阵元素 z(i,j)的 x、y 轴坐标值。

微视频 6-5

【例 6-15】 用三维曲面图表现函数 $z=\sin(y)\cos(x)$。

为便于分析三维曲面的特征,下面给出 3 种不同形式的曲面。

程序 1:

```
x = 0:0.1:2 * pi;[x,y] = meshgrid(x);z = sin(y). * cos(x);
mesh(x,y,z);xlabel('x - axis'),ylabel('y - axis'),zlabel('z - axis');
title('mesh');
```

程序执行后,运行结果如图 6-15 所示。

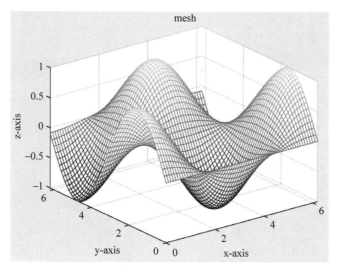

图 6-15 三维网格图形

程序 2:

```
x = 0:0.1:2 * pi;[x,y] = meshgrid(x);z = sin(y). * cos(x);
surf(x,y,z);xlabel('x - axis'),ylabel('y - axis'),zlabel('z - axis');
title('surf');
```

程序执行后,运行结果如图 6-16 所示。

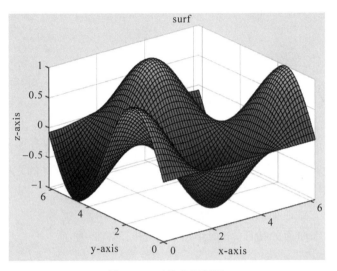

图 6-16　三维曲面图形

程序 3：

```
x = 0:0.1:2 * pi;[x,y] = meshgrid(x);z = sin(y). * cos(x);
plot3(x,y,z);xlabel('x - axis'),ylabel('y - axis'),zlabel('z - axis');
title('plot3 - 1');grid;
```

程序执行后,运行结果如图 6-17 所示。

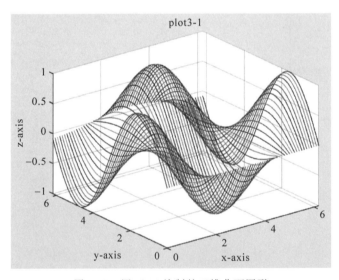

图 6-17　用 plot3 绘制的三维曲面图形

另外,mesh 函数还派生出另外两个函数 meshc 和 meshz,meshc 用来绘制带有等高线的三维网格图;meshz 用来绘制带基准平面的三维网格图,用法和 mesh 类似。

4. surf 函数

surf 函数绘制三维表面图,其调用格式为:

```
surf (x,y,z,c)
```

其中,参数定义和 mesh 参数定义相同。

另外,surf 函数还派生出另外两个函数 surf c 和 surfl,surf c 用来绘制带有等高线的三维表面图;surfl 用来绘制带光照效果的三维表面图,用法和 surf 类似。

【例 6-16】　绘制两个直径相等的圆管的相交图形。

程序如下:

```
% 两个等直径圆管的交线
m = 30;
z = 1.2 * (0:m)/m;
r = ones(size(z));
theta = (0:m)/m * 2 * pi;
x1 = r' * cos(theta);y1 = r' * sin(theta);          % 生成第一个圆管的坐标矩阵
z1 = z' * ones(1,m + 1);
x = ( − m:2:m)/m;
x2 = x' * ones(1,m + 1);y2 = r' * cos(theta);        % 生成第二个圆管的坐标矩阵
z2 = r' * sin(theta);
surf(x1,y1,z1);                                      % 绘制竖立的圆管
axis equal,axis off
hold on
surf(x2,y2,z2);                                      % 绘制平放的圆管
axis equal,axis off
title('两个等直径圆管的交线');
hold off
```

程序执行后,运行结果如图 6-18 所示。

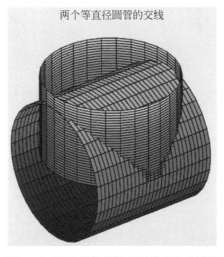

图 6-18　两个直径相等的圆管的相交图形

【例 6-17】 分析由函数 $z = x^2 - 2y^2$ 构成的曲面形状及与平面 $z = a$ 的交线。

程序如下：

```
[x,y] = meshgrid( - 10:0.2:10);
z1 = (x.^2 - 2 * y.^2) + eps;                      % 第 1 个曲面
a = input('a = ?'); z2 = a * ones(size(x));         % 第 2 个曲面
subplot(1,2,1);mesh(x,y,z1);hold on;mesh(x,y,z2);   % 分别画出两个曲面
v = [ - 10,10, - 10,10, - 100,100];axis(v);grid;    % 第 1 个子图的坐标设置
hold off;
r0 = abs(z1 - z2)<= 1;                              % 求两曲面 z 坐标差小于 1 的点
xx = r0. * x; yy = r0. * y; zz = r0. * z2;          % 求这些点上的 x,y,z 坐标,即交线坐标
subplot(1,2,2);
plot3(xx(r0~ = 0),yy(r0~ = 0),zz(r0~ = 0),' * ');   % 在第 2 个子图画出交线
axis(v);grid;                                       % 第 2 个子图的坐标设置
```

程序执行时,若输入 $a = -24$,则所得三维曲面图如图 6-19 所示。

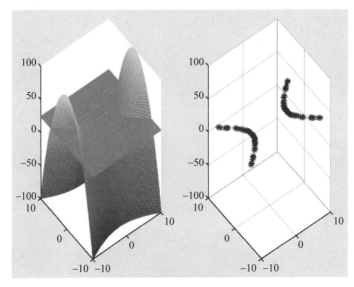

图 6-19 两曲面及其交线图形

微视频 6-6

【例 6-18】 在 xy 平面内选择区域 $[-8,8] \times [-8,8]$,绘制下列函数的 4 种三维曲面图。

$$z = \frac{\sin\sqrt{x^2 + y^2}}{\sqrt{x^2 + y^2}}$$

程序如下：

```
[x,y] = meshgrid( - 8:0.5:8);
z = sin(sqrt(x.^2 + y.^2))./sqrt(x.^2 + y.^2 + eps);
subplot(2,2,1);
meshc(x,y,z);
title('meshc(x,y,z)')
subplot(2,2,2);
```

```
meshz(x,y,z);
title('meshz(x,y,z)')
subplot(2,2,3);
surfc(x,y,z)
title('surfc(x,y,z)')
subplot(2,2,4);
surfl(x,y,z)
title('surfl(x,y,z)')
```

程序执行后,运行结果如图 6-20 所示。

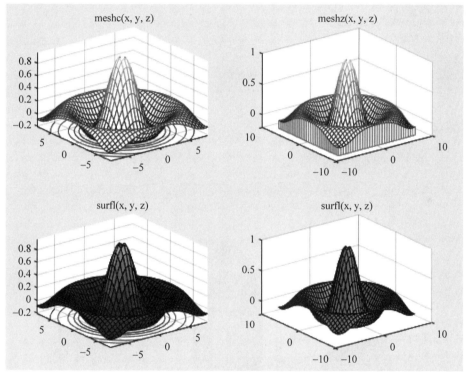

图 6-20　4 种形式的三维曲面图形

5. 标准三维曲面

MATLAB 提供了一些函数用于绘制标准三维曲面,这些函数可以产生相应的绘图数据,常用于三维图形的演示。Sphere 函数用于绘制三维球面,其调用格式为:

```
[x,y,z] = sphere(n)
```

该函数将产生(n+1)×(n+1)矩阵 x、y、z,采用这 3 个矩阵可以绘制出圆心位于原点、半径为 1 的单位球体。若在调用该函数时不带输出参数,则直接绘制出所需球面。n 决定了球面的圆滑程度,其默认值为 20。若 n 取值较小,则将绘制出多面体表面图。

cylinder 函数用于绘制三维柱面,其调用格式为:

```
[x,y,z] = cylinder (R,n)
```

其中,R 是一个向量,存放柱面各个等间隔上的半径,n 表示在圆柱圆周上有 n 个间隔点,默认有 20 个间隔点。例如,cylinder(3)生成一个柱面;cylinder([10,1])生成一个圆锥;而 t=0:pi/100:4 * pi,R=sin(t),cylinder(R,30)生成一个正弦型柱面。

MATLAB 还有一个 peaks 函数,称为多峰函数,常用于三维曲面的演示。

【例 6-19】 绘制标准三维曲面图形。

程序如下:

```
t = 0:pi/20:2 * pi;
[x,y,z] = cylinder(2 + sin(t),30);
subplot(1,3,1);
surf(x,y,z);
subplot(1,3,2);
[x,y,z] = sphere;
surf(x,y,z);
subplot(1,3,3);
[x,y,z] = peaks(30);
meshz(x,y,z);
```

程序执行后,运行结果如图 6-21 所示。

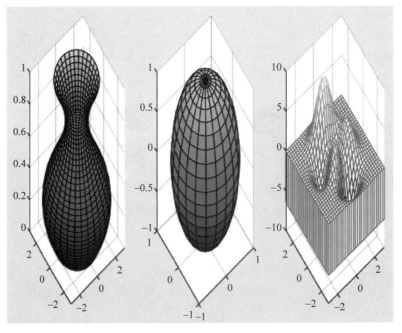

图 6-21　标准三维曲面图形

6. 其他三维图形

条形图、饼图和填充图等特殊图形可以以三维形式出现,使用的函数分别是 bar3、pie3 和 fill3。此外,还有三维曲面的等高线图形。等高线图分二维和三维两种形式,分别使用函数 contour 和 contour3 绘制。

【例6-20】 绘制三维图形:

(1) 绘制魔方阵的三维条形图。

(2) 以二维杆图形式绘制曲线 $y = 2\sin(x)$。

(3) 已知 $x = [2347, 1827, 2043, 3025]$,绘制三维饼图。

(4) 用随机的顶点坐标值画出 5 个黄色三角形。

程序如下:

```
subplot(2,2,1);
bar3(magic(4))
subplot(2,2,2);
y = 2 * sin(0:pi/10:2 * pi);
stem3(y);
subplot(2,2,3);
pie3([2347,1827,2043,3025]);
subplot(2,2,4);
fill3(rand(3,5),rand(3,5),rand(3,5), 'y')
```

程序执行后,运行结果如图 6-22 所示。

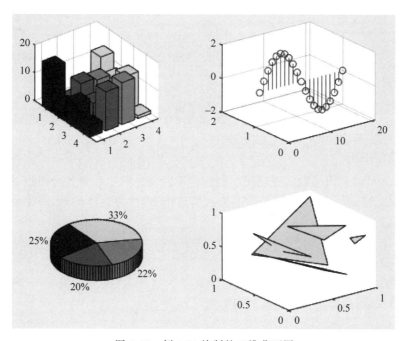

图 6-22 例 6-20 绘制的三维曲面图

【例6-21】 绘制多峰函数的瀑布图和等高线图。

程序如下:

```
subplot(1,2,1);
[X,Y,Z] = peaks(30);
waterfall(X,Y,Z)
xlabel('X - axis'),ylabel('Y - axis'),zlabel('Z - axis');
```

```
subplot(1,2,2);
contour3(X,Y,Z,12,'k');                    % 其中 12 代表高度的等级数
xlabel('X - axis'),ylabel('Y - axis'),zlabel('Z - axis');
```

程序执行后,运行结果如图 6-23 所示。

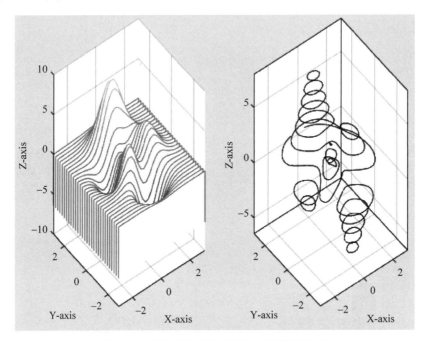

图 6-23   多峰函数的瀑布图和三维等高线图

7. 绘制动画图形

MATLAB 可以利用函数实现动画的制作。原理是先把一系列各种类型的二维或三维图形存储起来,然后利用命令把这些图形依次播放出来,称为逐帧动画,产生动画效果。函数调用格式为:

```
(1) movie(M,k)    % 播放动画
```

其中,M 是要播放的画面矩阵,k 如果是一个数,则为播放次数;k 如果是一个向量,则第一个元素为播放次数,后面向量组成播放帧的清单。

```
(2) M(i) = getframe    % 录制动画的每一帧图形
(3) M = moviein(n)     % 预留分配存储帧的空间
```

其中,n 为存储放映帧数,M 预留分配存储帧的空间。

【例 6-22】   矩形函数的傅里叶变换时 sinc 函数,$\mathrm{sinc}(r)=\sin(r)/r$,其中 r 是 X-Y 平面上的向径。用 surfc 函数制作 sinc 函数的立体图,并采用动画函数播放动画效果。

程序如下:

```
x = - 9:0.2:9;
[X,Y] = meshgrid(x);
```

```
R = sqrt(X.^2 + Y.^2) + eps;
Z = sin(R)./R;
h = surfc(X,Y,Z);              %产生每帧数据
M = moviein(20);               %预先分配一个能存储20帧的矩阵
for i = 1:20
    rotate(h,[0 0 1],15);      %使得图形绕z轴旋转,15°/次
    M(i) = getframe;           %录制动画的每一帧
end
movie(M,10,6)                  %每秒6帧速度,重复播放10次
```

程序执行后,运行结果如图6-24所示。

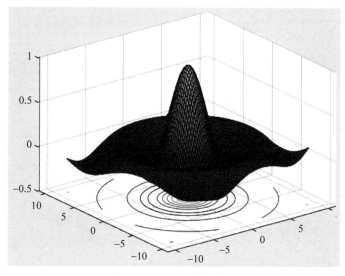

图6-24　sinc函数的动画

6.2.2　三维图形的精细处理

为了达到更好的三维显示效果,MATLAB语言允许进一步对三维图形进行精细控制。精细控制主要有视点控制、图形的旋转、色彩控制、照明和材质的处理等几方面。以下就其中常用的精细控制操作分别加以介绍。

1. 视点处理

MATLAB提供了设置视点的函数view。其调用格式为:

```
view(az,el)
```

其中,az为方位角,el为仰角,它们均以度为单位。系统默认的视点定义为方位角$-37.5°$、仰角$30°$。

【例6-23】　从不同视点绘制多峰函数曲面。
程序如下:

```
subplot(2,2,1);mesh(peaks);
view( - 37.5,30);              %指定子图1的视点
```

微视频6-8

```
title('azimuth = - 37.5,elevation = 30')
subplot(2,2,2);mesh(peaks);
view(0,90);                           %指定子图2的视点
title('azimuth = 0,elevation = 90')
subplot(2,2,3);mesh(peaks);
view(90,0);                           %指定子图3的视点
title('azimuth = 90,elevation = 0')
subplot(2,2,4);mesh(peaks);
view( - 7, - 10);                     %指定子图4的视点
title('azimuth = - 7,elevation = - 10')
```

程序执行后,运行结果如图 6-25 所示。

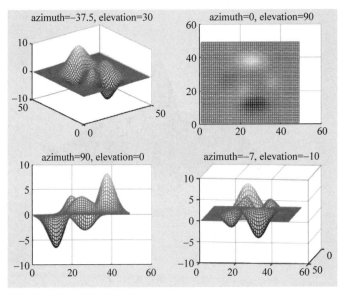

图 6-25　不同视点的图形

2. 色彩处理

1) 颜色的向量表示

MATLAB 除用字符表示颜色外,还可以用含有 3 个元素的向量表示颜色。向量元素在[0,1]范围取值,3 个元素分别表示红、绿、蓝 3 种颜色的相对亮度,称为 RGB 三元组。表 6-10 中列出了几种常见颜色的 RGB 值。

表 6-10　几种常见颜色的 RGB 值

RGB 值	颜　　色	字　　符	RGB 值	颜　　色	字　　符
[0 0 1]	蓝色	b	[1 1 1]	白色	W
[0 1 1]	绿色	g	[0.5 0.5 0.5]	灰色	
[1 0 0]	红色	r	[0.67 0 1]	紫色	
[0 1 1]	青色	c	[1 0.5 0]	橙色	
[1 0 1]	品红色	m	[1 0.62 0.40]	铜色	
[1 1 0]	黄色	y	[0.49 1 0.83]	宝石蓝	
[0 0 0]	黑色	k			

2) 色图

色图是 MATLAB 系统引入的概念。在 MATLAB 中,每个图形窗口只能有一个色图。色图是 m×3 的数值矩阵,它的每一行是 RGB 三元组。色图矩阵可以人为地生成,也可以调用 MATLAB 提供的函数来定义色图矩阵。表 6-11 列出了定义色图矩阵的函数,色图矩阵的函数由函数调用格式决定。例如:

```
M = hot
```

生成 64×3 色图矩阵 M,表示的颜色是从黑色、红色、黄色到白色的由浓到淡的颜色。又如:

```
P = gray(100)
```

生成 100×3 色图矩阵 P,表示的颜色是灰色由浓到淡。

表 6-11　几种常见定义色图矩阵的函数及功能

函　　数	功　　能	函　　数	功　　能
autumn	红、黄浓淡色	jet	蓝头红尾饱和值色
bone	蓝色调浓淡色	lines	采用 plot 绘线色
colorcube	三浓淡多彩交错色	pink	淡粉红色图
cool	青、品红浓淡色	prism	光谱交错色
copper	纯铜色调线性浓淡色	spring	青、黄浓淡色
flag	红、白、蓝、黑交错色	summer	绿、黄浓淡色
gray	灰色调线性浓淡色	winter	蓝、绿浓淡色
hot	黑、红、黄、白浓淡色	white	全白色
hsv	两端为红的饱和值色		

除 plot 及其派生函数外,mesh、surf 等函数均使用色图着色。图形窗口色图的设置和改变,可使用函数:

```
colormap(m)
```

其中,m 代表色图矩阵。

3) 三维表面图的着色

三维表面图实际上就是在网格图的每一个网格片上涂上颜色。surf 函数用默认的着色方式对网格片着色。除此之外,还可以用 shading 命令来改变着色方式。

shading faceted 命令将每个网格片内用高度对应的颜色进行着色,但网格线仍保留,其颜色是黑色。这是系统的默认着色方式。

shading flat 命令将每个网格片内用同一颜色进行着色,且网格线也用相应的颜色,从而使得图形表面显得更加光滑。

shading interp 命令将每个网格片内用颜色插值处理,得到的表面图显得最光滑。

【例 6-24】　3 种图形着色方式的效果展示。

程序如下：

```
z = peaks(20);colormap(copper);
subplot(1,3,1);surf(z);
subplot(1,3,2); surf(z);shading flat;
subplot(1,3,3);surf(z);shading interp;
```

程序执行后,运行结果如图 6-26 所示。

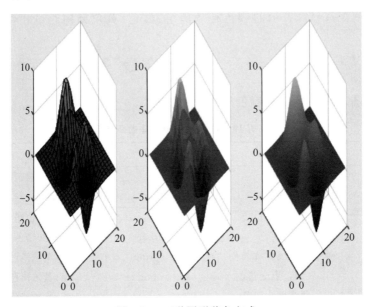

图 6-26　三种图形着色方式

3. 图形的裁剪处理

MATLAB 定义的 NaN 常数可以用于表示那些不可使用的数据,利用这种特性,可以将图形中需要裁剪部分对应的函数值设置成 NaN,这样在绘制图形时,函数值为 NaN 的部分将不显示出来,从而达到对图形进行裁剪的目的。例如,要削掉正弦波顶部或底部大于 0.5 的部分,可使用下面的程序：

```
x = 0:pi/10:4 * pi;
y = sin(x);
i = find(abs(y)> 0.5);
x(i) = NaN;
plot(x,y);
```

【例 6-25】　绘制两个球面,其中一个球在另一个球里面,将外面的球裁掉一部分,使得能看见里面的球。

程序如下：

```
[x,y,z] = sphere(20);                         % 生成外面的大球
z1 = z;
```

```
z1(:,1:4) = NaN;                          % 将大球裁掉一部分
c1 = ones(size(z1));
surf(3 * x,3 * y,3 * z1,c1);              % 生成里面的小球
hold on
z2 = z;
c2 = 2 * ones(size(z2));
c2(:,1:4) = 3 * ones(size(c2(:,1:4)));
surf(1.5 * x,1.5 * y,1.5 * z2,c2);
colormap([0,1,0;0.5,0,0;1,0,0]);
grid on
hold off
```

程序执行后,运行结果如图 6-27 所示。

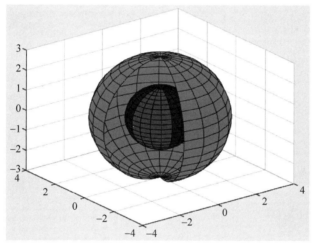

图 6-27 图形裁剪

6.3 隐函数绘图

6.3.1 隐函数绘图函数

MATLAB 提供了一个 ezplot 函数,实现绘制隐函数图形,其调用格式有以下几种。

(1) 对于函数 f＝f(x),ezplot 函数的调用格式为:

ezplot(f): 在默认区间 $-2\pi < x < 2\pi$ 绘制 f＝f(x)的图形。

ezplot(f,[a,b]): 在区间 a＜x＜b 绘制 f＝f(x)的图形。

(2) 对于隐函数 f＝f(x,y),ezplot 函数的调用格式为:

ezplot(f): 在默认区间 $-2\pi < x < 2\pi$ 和 $-2\pi < y < 2\pi$ 绘制 f(x,y)＝0 的图形。

ezplot(f,[xmin,xmax,ymin,ymax]): 在区间 xmin＜x＜xmax 和 ymin＜y＜ymax 绘制 f(x,y)＝0 的图形。

ezplot(f,[a,b]): 在区间 a＜x＜b 和 a＜y＜b 绘制 f(x,y)＝0 的图形。

（3）对于参数方程 x＝x(t)和 y＝y(t)，ezplot 函数的调用格式为：

ezplot(x,y)：在默认区间 0＜t＜2π 绘制 x＝x(t)和 y＝y(t)的图形。

ezplot(x,y,[tmin,tmax])：在区间 tmin＜t＜tmax 绘制 x＝x(t)和 y＝y(t)的图形。

6.3.2　隐函数绘图实例

微视频 6-10

【例 6-26】　绘制下列隐函数的图形。

（1）$x^2+y^2-9=0$

（2）$x^3+y^3-5xy+\dfrac{1}{5}=0$

（3）$\cos(\tan(\pi,x))$

（4）$x=8\cos(t)$，$y=4\mathrm{sqrt}(2)\sin(t)$

程序如下：

```
subplot(2,2,1);
ezplot('x^2+y^2-9');axis equal
subplot(2,2,2);
ezplot('x^3+y^3-5*x*y+1/5')
subplot(2,2,3);
ezplot('cos(tan(pi*x))',[0,1])
subplot(2,2,4);
ezplot('8*cos(t)','4*sqrt(2)*sin(t)',[0,2*pi])
```

程序执行后，运行结果如图 6-28 所示。

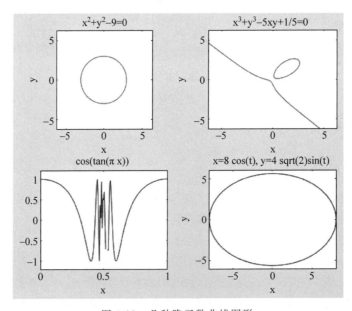

图 6-28　几种隐函数曲线图形

其他隐函数绘图函数还有 ezpolar、ezcontour、ezcontourf、ezplot3、ezmesh、ezmeshc、ezsurf、ezsurfc。

【例 6-27】　绘制下列隐函数的曲面。

$$\begin{cases} x = \mathrm{e}^{-s}\cos t \\ y = \mathrm{e}^{-s}\sin t\,, \quad 0 \leqslant s \leqslant 8, 0 \leqslant t \leqslant 5\pi \\ z = t \end{cases}$$

程序如下：

```
ezsurf('exp( - s) * cos(t)','exp( - s) * sin(t)','t',[0,8,0,5 * pi])
```

程序执行后，运行结果如图 6-29 所示。

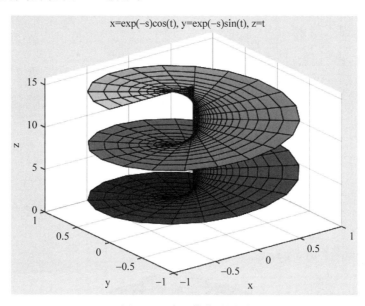

图 6-29　隐函数曲面图形

6.4　绘图应用

MATLAB 绘图功能十分强大，应用范围非常广泛，充分利用 MATLAB 的绘图功能，一些没有想到的问题，在图形中一目了然。一些问题用多种方法画曲线，验证方法和结果的正确性。一些问题通过动画演示，可形象地表示系统的运动过程。

6.4.1　直角坐标和极坐标画曲面的比较

【例 6-28】　分别用直角坐标和极坐标画如下函数的曲面。

$$z = \mathrm{e}^{ar}\cos r \quad r = \sqrt{x^2 + y^2}\,, \quad a = -0.1$$

用直角坐标画曲面的程序如下：

```
% 曲面的画法(用直角坐标)
clear                              % 清除变量
a = - 0.1;                         % 系数
rm = 20;                           % 最大极径
```

```
r = - rm:0.5:rm;                                % 坐标向量
[X,Y] = meshgrid(r);                            % 坐标矩阵
R = sqrt(X.^2 + Y.^2);                          % 极径矩阵
% -------------------------------------------------
Z = exp(a * R). * cos(R);                       % 函数矩阵
Z(X < 0&Y < 0) = nan;                           % 横坐标和纵坐标小于零的函数值改为非数
figure                                          % 创建图形窗口
surf(X,Y,Z)                                     % 画曲面(颜色按 Z 值变化)
% surf(X,Y,Z,Z)                                 % 画曲面(同上)
% surf(X,Y,Z, - Z)                              % 画曲面(颜色按 - Z 值变化)
% surf(X,Y,Z,X)                                 % 画曲面(颜色按 X 值变化)
box on                                          % 加框
fs = 10;                                         % 字体大小
title('二元自变量的曲面','FontSize',fs)          % 标题
xlabel('\itx','FontSize',fs)                    % 横坐标标目
ylabel('\ity','FontSize',fs)                    % 纵坐标标目
zlabel('\itz','FontSize',fs)                    % 高坐标标目
axis([ - rm,rm, - rm,rm, - 0.5,1])              % 设置坐标范围
```

程序执行后,运行结果如图 6-30 所示。

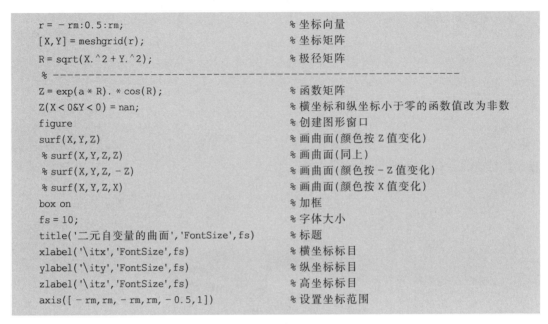

图 6-30　直角坐标曲面图形

说明:

(1) 最大极径根据具体情况设置。

(2) 根据直角坐标矩阵计算极坐标矩阵。

(3) 将部分函数值改为非数,可剪裁曲面。

(4) surf 命令画曲面,第 1 个参数表示横坐标,第 2 个参数表示纵坐标,第 3 个参数表示高坐标。曲面是对称的,在直角坐标系中,网格线分别向 x 方向和 y 方向延伸。曲面由方格组成,方格线是黑色。一个方格用一种颜色,当函数值较大时,方格的颜色偏红;当函数值较小时,颜色偏蓝。此指令等效于命令 surf(X,Y,Z,Z),其中第 4 个参数表示颜色的变化规律。没有第 4 个参数时,就将第 3 个参数当作第 4 个参数。颜色成为三个坐标之外的第

四维,如果要使颜色按 Z 值相反的规律变化,则将命令改为 surf(X,Y,Z,−Z);如果要使颜色按 X 值变化,则将命令改为 surf(X,Y,Z,X)。

(5) box 命令加框,增加图形立体感。

(6) 三维图形需要加高坐标标目。

用极坐标画曲面的程序如下:

```
% 曲面的画法(用极坐标)
clear                             % 清除变量
a = − 0.1;                        % 系数
rm = 20;                          % 最大极径
r = 0:0.5:rm;                     % 极径向量
th = linspace(0,2 * pi,50);       % 极角向量
[TH,R] = meshgrid(th,r);          % 极角和极径矩阵
[X,Y] = pol2cart(TH,R);           % 极坐标化为直角坐标
% ---------------------------------------------------
Z = exp(a * R). * cos(R);         % 函数矩阵
Z(X < 0&Y < 0) = nan;             % 横坐标和纵坐标小于 0 的函数值改为非数
figure                            % 创建图形窗口
surf(X,Y,Z)                       % 画曲面
box on                            % 加框
fs = 10;                          % 字体大小
title('二元自变量的曲面','FontSize',fs)  % 标题
xlabel('\itx','FontSize',fs)      % 横坐标标目
ylabel('\ity','FontSize',fs)      % 纵坐标标目
zlabel('\itz','FontSize',fs)      % 高坐标标目
```

程序执行后,运行结果如图 6-31 所示。

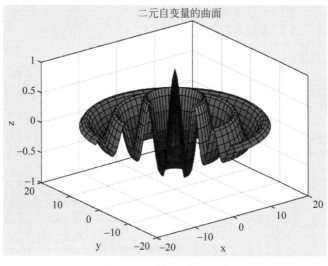

图 6-31 极坐标曲面图形

说明:(1) 当极角从 0 取到 2π 时,极径应该不小于 0。

(2) 利于网格函数可将级坐标向量转化为极坐标矩阵。

(3) 极坐标矩阵与直角坐标矩阵之间也可通过 pol2cart 函数转化。

（4）用极坐标所画的曲面与用直角坐标所画的曲面是相同的，但是没有边角，网格线分别向极径 r 方向和极角 θ 方向延伸。在物理问题中，有些物理量有两个自变量，因此需要用曲面表示。

6.4.2　二维和三维等值线的画法

【例 6-29】　一曲面方程为

$$z = \cos x \sin y, \quad z = -0.9:0.1:0.9$$

（1）画出二维等值线；

（2）画出函数的三维曲面，在曲面上画三维等值线。

程序如下：

```
% 等值线的画法
clear                               % 清除变量
x = linspace( - 1.5 * pi,1.5 * pi);  % 横坐标向量
y = linspace( - pi,pi);              % 纵坐标向量
Z = sin(y') * cos(x);               % 高坐标
z = - 0.9:0.1:0.9;                  % 等值线之值
figure                              % 开创图形窗口
contour(x,y,Z,z)                    % 画等值线
% contour(x,y,Z,[0,0])             % 画单一等值线
% contour(x,y,Z,z,'LineWidth',2)   % 画较粗的等值线
% C = contour(x,y,Z,z);           % 画等值线并取坐标矩阵
% clabel(C)                        % 标记等值线的值
fs = 16;                            % 字体大小
title('等值线','FontSize',fs)       % 加标题
xlabel('\itx','FontSize',fs)        % 加横坐标标目
ylabel('\ity','FontSize',fs)        % 加纵坐标标目
figure                              % 开创图形窗口
surfc(x,y,Z)                        % 画等值线投影的曲面
shading interp                      % 染色
box on                              % 加框
hold on                             % 保持图像
contour3(x,y,Z,z,'k')              % 画三维等值线
title('曲面的三维等值线','FontSize',fs)  % 加标题
xlabel('\itx','FontSize',fs)        % 加横坐标标目
ylabel('\ity','FontSize',fs)        % 加纵坐标标目
zlabel('\itz','FontSize',fs)        % 加高坐标标目
view( - 30,60)                      % 设置方位角为 - 30°,仰角为 60°
pause                               % 暂停
view(0,0)                           % 设置正视角
title('曲面的正视图','FontSize',fs)  % 修改标题
pause                               % 暂停
view(90,0)                          % 设置右视角
title('曲面的右视图','FontSize',fs)  % 修改标题
pause                               % 暂停
view(0,90)                          % 设置俯视角
title('曲面的俯视图','FontSize',fs)  % 修改标题
```

程序执行后,运行结果如图 6-32 所示。

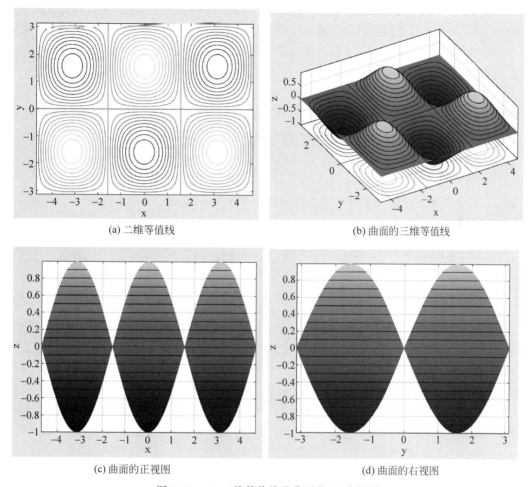

(a) 二维等值线　　　　　　(b) 曲面的三维等值线

(c) 曲面的正视图　　　　　　(d) 曲面的右视图

图 6-32　二、三维等值线及曲面的正、右视图

说明:

(1) 坐标范围可适当选择。

(2) 根据矩阵乘法形成函数值。当函数是两个坐标变量的函数的乘积时,常用矩阵乘法计算函数值。注意:横坐标要用行向量,纵坐标要用列向量。

(3) 等值线的值用向量表示。

(4) 等值线命令 contour 画等值线或等高线,第 1 个参数表示横坐标,第 2 个参数表示纵坐标,第 3 个参数表示高坐标,第 4 个参数时等值线向量。如图 6-32(a)所示,函数的正的等值线和负的等值线是相同的,都是闭合曲线;0 值线是直线。注意:单一等值线的画法也要用向量,例如,画单一 0 值的命令是 contour(X,Y,Z,[0,0]),这种方法常用于绘制二元隐函数曲线。

(5) surfc 命令在画曲面时还画出二维等值线,如图 6-32(b)所示,函数有 3 个峰和 3 个谷,峰和谷分为 2 行 3 列。

(6) shading 命令用于着色。当参数取 interp 时,表示插值法着色,颜色是连续变化的。

指令的参数用 faceted,这是默认方式。

(7) 用 view 命令可设置视角,第 1 个参数是方位角,第 2 个参数是仰角。当方位角和仰角均为 0°时,就从正面观察曲面,3 个峰和 3 个谷的投影和等值线如图 6-32(c)所示;当方位角为 90°、仰角为 0°时,就从右向左观察曲面,2 个峰和 2 个谷的投影和等值线如图 6-32(d)所示;当方位角 0°、仰角为 90°时,就从上向下观察曲面,等值线与图 6-32(a)相同。

6.4.3 光学中的应用

【例 6-30】 在杨氏双缝干涉实验中,光强的分布公式为

$$I = 4I_0 \cos^2 \frac{\Delta \varphi}{2}$$

其中,I_0 是一条缝的光强,$\Delta \varphi$ 是两束光相遇时的相位差。画出光的干涉图样。

程序如下:

```
% 光的双缝干涉强度和干涉条纹
clear                                      % 清除变量
n = 3;                                     % 条纹的最高阶数
dphi = ( - 1:0.01:1) * n * 2 * pi;         % 相差向量
i = 4 * cos(dphi/2).^2;                    % 干涉的相对强度
figure                                     % 创建图形窗口
subplot(2,1,1)                             % 取子图
plot(dphi, i,'LineWidth',2)                % 画曲线
grid on                                    % 加网格
axis tight                                 % 曲线紧贴坐标范围
set(gca,'XTick',( - n:n) * 2 * pi)         % 改水平刻度
fs = 10;                                   % 字体大小
title('光的干涉强度分布','FontSize',fs)    % 标题
xlabel('相差\Delta\it\phi','FontSize',fs)  % x 坐标标目
ylabel('相对强度\itI/I\rm_0','FontSize',fs) % y 坐标标目
subplot(2,1,2)                             % 取子图
c = linspace(0,1,64)';                     % 颜色的范围
colormap([c,0 * c,0 * c]);                 % 形成红色色图
image(i * 16)                              % 画条纹(乘以 16 放大强度,最大为 64)
axis off                                   % 隐轴
title('光的双缝干涉条纹','FontSize',fs)    % 标题
```

程序执行后,运行结果如图 6-33 所示。

说明:

(1) gca 表示当前的坐标系,set 命令设置当前坐标系的横坐标线,就是每隔 2π 设置一条网格纵线。

(2) 颜色值的范围为 0~1,将颜色分为 64 个点,可使条纹颜色的明暗连续变化。64 也表示最大光强值。

(3) 命令 colormap 形成色图。红色向量不取 0,绿色和蓝色向量取 0,就是使用红色。

(4) 命令 image 专门画图像。由于最大强度值是 64,所以光强要乘以系数 16。如果系数较小,则光强较暗;如果系数较大,则光强较强的范围比较大。

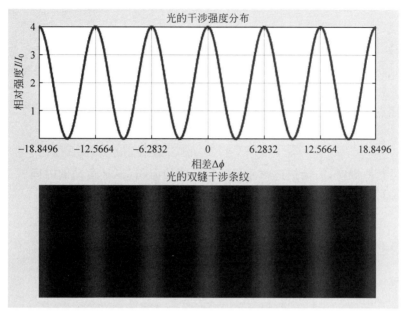

图 6-33 光的干涉强度分布及干涉条纹

6.4.4 动画的应用

【例 6-31】 我国第一颗人造卫星绕地球沿椭圆轨道运行,地球的中心处于椭圆的一个焦点上。已知地球半径为 $R_E = 6.378 \times 10^6$ m,人造卫星距地面的最近高度(即近地点)为 $h_1 = 4.39 \times 10^5$ m,最远高度(即远地点)为 $h_2 = 2.384 \times 10^6$ m。卫星在近地点的速度为 $v_1 = 8.1 \times 10^3$ m/s。具体描绘卫星运动的轨迹。求卫星在远地点的速度 v_2 和运动的周期 T。

【解析】 取地球中心为坐标原点,则表示地球圆周的参数方程为

$$x = R_E \cos\theta, \quad y = R_E \sin\theta$$

卫星椭圆轨道的半长轴为

$$a = (h_1 + h_2 + 2R_E)/2 = (r_1 + r_2)/2$$

其中,$r_1 = R_E + h_1$,$r_2 = R_E + h_2$。焦距为

$$c = a - R_E - h_1 = (h_2 - h_1)/2$$

半短轴为

$$b = \sqrt{a^2 - c^2}$$

椭圆的方程为

$$\frac{(x+c)^2}{a^2} + \frac{y^2}{b^2} = 1$$

其参数方程为

$$x = a\cos\theta - c, \quad y = b\sin\theta$$

设卫星的质量为 m,卫星在近地点的角动量为 $L_1 = mv_1 r_1$,在远地点的角动量为 $L_2 = mv_2 r_2$,根据角动量守恒定律可得

$$v_2 = \frac{r_1}{r_2} v_1$$

【算法一】 用开普勒第二定律求周期。行星运动的开普勒第二定律是：行星对太阳的矢径在相等时间内扫过相等的面积。该定律也适用于卫星绕地球运行的情况

$$dS / dt = C$$

根据近地点的速度和距离可计算常数 C

$$C = \frac{dS}{dt} = \frac{1}{2} \frac{r_1^2 \, d\theta}{dt} = \frac{1}{2} r_1 \frac{r_1 \, d\theta}{dt} = \frac{1}{2} r_1 \frac{ds_1}{dt} = \frac{1}{2} r_1 v_1$$

当卫星运行一圈时，矢径扫过的面积就是椭圆的面积，卫星运动的时间就是一个周期。椭圆的短半轴可表示为

$$b = \sqrt{(a-c)(a+c)} = \sqrt{r_1 r_2}$$

椭圆的面积为

$$S = \pi a b$$

因此卫星的周期为

$$T = \frac{S}{C} = \frac{\pi (r_1 + r_2) \sqrt{r_1 r_2}}{r_1 v_1} = \frac{\pi (r_1 + r_2)}{v_1} \sqrt{\frac{r_2}{r_1}}$$

【算法二】 用开普勒第三定律求周期。行星运动的开普勒第三定律是：行星公转周期的平方与它的轨道长半轴的立方成正比。该定律也适用于卫星绕地球运行的情况

$$\frac{T^2}{a^3} = C$$

如果卫星的轨道是圆形，长半轴就是圆的半径。假设一颗卫星绕地球做半径为 R_0 的匀速圆周运动，其周期为 T_0，则常数 C 为

$$C = \frac{T_0^2}{R_0^3}$$

假设卫星的质量为 m，在绕地球做匀速圆周运动时，根据向心力公式得

$$F = m R_0 \omega^2 = G \frac{m M_E}{R_0^2}$$

其中，G 是万有引力常数，M_E 是地球质量，$M_E = 5.98 \times 10^{24}\,\text{kg}$。由于 $\omega = 2\pi / T_0$，所以常数为

$$C = \frac{4\pi^2}{G M_E}$$

这是一个由地球质量决定的常数，地球质量越大，常数就越小。我国第一颗人造地球卫星的周期为

$$T = \sqrt{C a^3}$$

由此编写的程序如下：

```
% 我国第一颗人造地球卫星的椭圆轨道和周期
clear                                    % 清除变量
re = 6.378e6;                            % 地球半径
```

```matlab
th = (0:10000)/10000 * 2 * pi;                              % 角度向量
x = re * cos(th);                                           % 地球横坐标
y = re * sin(th);                                           % 地球纵坐标
figure                                                      % 创建图形窗口
fill(x,y,'g')                                               % 画地球
grid on                                                     % 加网格
h1 = 4.39e5;                                                % 近地高度
h2 = 2.384e6;                                               % 远地高度
r1 = re + h1;                                               % 近地距离
r2 = re + h2;                                               % 远地距离
a = (r1 + r2)/2;                                            % 轨道半长轴
c = a - r1;                                                 % 轨道半焦距
b = sqrt(a^2 - c^2);                                        % 轨道半短轴
axis([ - r2,r1, - b,b])                                     % 轨道范围
axis equal                                                 % 使轴相等
fs = 10;                                                    % 字体大小
title('我国第一颗人造地球卫星的轨道和周期','FontSize',fs)       % 标题
xlabel('\itx\rm/m','FontSize',fs)                          % 标记坐标 x 符号
ylabel('\ity\rm/m','FontSize',fs)                          % 标记坐标 y 符号
v1 = 8.1e3;                                                 % 近地速率
v2 = v1 * r1/r2;                                            % 求远地速率
text(r1,0,['\itv\rm_1 = ',num2str(v1),'m/s'],'FontSize',fs)  % 显示近地点速率
text( - r2,0,['\itv\rm_2 = ',num2str(v2),'m/s'],'FontSize',fs) % 显示远地点速率
x = a * cos(th) - c;                                        % 椭圆横坐标
y = b * sin(th);                                            % 椭圆纵坐标
hold on                                                     % 保持图像
plot([ - r2,r1],[0,0])                                      % 画长轴
comet(x,y)                                                  % 画彗星轨道
plot(x,y,'LineWidth',2)                                     % 画椭圆
% 用开普勒第二定律计算周期
s = pi * a * b;                                             % 求椭圆面积
c = r1 * v1/2;                                              % 求常数
t = s/c;                                                    % 求周期
% t1 = pi * (r1 + r2) * sqrt(r2/r1)/v1;                     % 用最终公式求卫星周期
disp(['用开普勒第二定律求周期 T = ',num2str(t),'s']
% 用开普勒第三定律计算周期
g = 6.67e - 11;                                             % 万有引力恒量
me = 5.98e24;                                               % 地球质量
c = 4 * pi^2/g/me;                                          % 常数
t3 = sqrt(c * a^3);                                         % 卫星周期
disp(['用开普勒第三定律求周期\itT\rm = ',num2str(t3),'s'])
```

程序执行后,运行结果如图 6-34 所示,周期为:

用开普勒第二定律求周期 $T = 6850.2971s$,用开普勒第三定律求周期 $T = 6839.6004s$。

由图 6-34 可知,我国第一颗人造地球卫星的轨迹是椭圆,在近地点速度最大,在远地点速度最小,只有 6.3km/s。根据开普勒第二定律求出卫星周期约为 6850s,根据开普勒第三定律求出卫星周期约为 6840s。用两种方法计算的周期稍有差别,这是因为计算中的数值

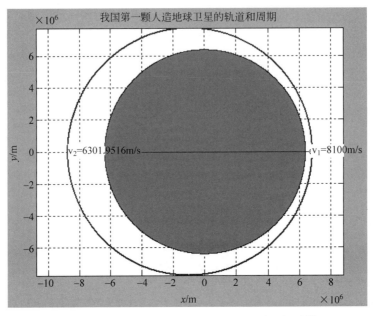

图 6-34　我国第一颗人造地球卫星的椭圆轨道和周期

都是近似值。

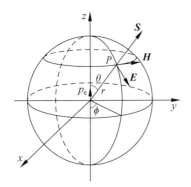

图 6-35　振荡电偶极子原理

【例 6-32】　如图 6-35 所示,电矩振幅为 p_0 的振荡电偶极子 $p_e = p_0 \cos\omega t$,其中 ω 是振荡频率。演示电磁波的发射过程。

[解析]　电偶极子在时刻 t 的电场强度和磁场强度为

$$E_\theta = \frac{\omega^2 p_0 \sin\theta}{4\pi\varepsilon_0 c^2 r} \cos\omega\left(t - \frac{r}{c}\right)$$

$$H_\varphi = \frac{\omega^2 p_0 \sin\theta}{4\pi c r} \cos\omega\left(t - \frac{r}{c}\right)$$

其中,θ 是极角,φ 是方位角。根据公式,电磁波的发射曲线演示程序如下:

```
% 振荡偶极子发射的电磁波的电场分量的传播(等值线)
clear                            % 清除变量
rm = 2;                          % 最大距离
r = 0.01:0.02:rm;                % 电场的距离向量
th = linspace(0,2 * pi,300);     % 电场的角度向量
[R,TH] = meshgrid(r,th);         % 距离和角度矩阵
[X,Y] = pol2cart(TH,R);          % 极坐标化为直角坐标
eth = - 3:0.3:3;                 % 电场强度向量
rh = 0.5:0.1:rm;                 % 磁场的距离向量
phi = (0:10:350) * pi/180;       % 磁场的角度向量
[RH,PHI] = meshgrid(rh,phi);     % 距离和角度矩阵
```

```
[XH,YH] = pol2cart(PHI,RH);                              % 极坐标化为直角坐标
figure                                                   % 创建图形窗口
fs = 10,                                                 % 字体大小
t = 0;                                                   % 初始时刻
while 1                                                  % 无限循环
if get(gcf,'CurrentCharacter') == char(27) break;end     % 按 Esc 键则退出循环
    Eth = cos(TH). * cos(2 * pi * (t - R))./R;          % 计算电场强度
    contour(X,Y,Eth,eth,'r','LineWidth',2)              % 画等值线
    HPHI = cos(PHI). * cos(2 * pi * (t - RH))./RH;      % 计算磁场强度
    L = HPHI > 0;                                        % 取磁场强度大于 0 的逻辑值
    hold on                                             % 保持属性
    plot(XH(L),YH(L),'x','MarkerSize',9)                % 正方向的磁场强度画叉
    plot(XH(~L),YH(~L),'.','MarkerSize',12)             % 负方向的磁场强度画点
    grid on                                             % 加网格
    axis equal                                          % 使坐标间隔相等
    xlabel('\itx/\lambda','FontSize',fs)                % x 坐标的标目
    ylabel('\ity/\lambda','FontSize',fs)                % y 坐标的标目
    title('振荡偶极子发射的电磁波的电场分量的传播','FontSize',fs)   % 标题
    drawnow                                             % 更新屏幕
    if t == 0 pause,end                                 % 初始时暂停
    t = t + 0.02;                                       % 下一时刻(与周期的比)
    hold off                                            % 关闭属性保持
end                                                     % 结束循环
```

程序运行结果如图 6-36 所示。

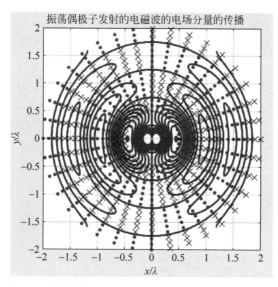

图 6-36 振荡偶极子发射的电磁波的电场分量的传播

开始时刻的电场强度的等值线和磁场强度的方向点如图 6-36 所示。电场强度的等值
线是闭合曲线,其中圆表示零值线。磁场强度是围绕中轴线的圆,其截面用符号"·"和"×"
表示,"×"表示磁场强度垂直向里,"·"表示磁场强度垂直向外。在近处,场强比较强,在远

处,场强比较弱。在垂直轴的水平方向,场强比较强;在沿着轴的方向,场强比较弱。在演示过程中,等值线从中心产生,然后向四周散开,表示波的发射。

注意:闭合曲线表示电场强度的等值线,并不是电场线;在等值线周围,磁场强度都有相同的方向。

电磁波的发射曲面演示程序如下:

```matlab
% 振荡偶极子发射的电磁波曲面
clear                                                    % 清除变量
rm = 3;                                                  % 最大距离(与波长的比)
r = 0.1:0.1:rm;                                          % 距离向量
th = linspace(0,2 * pi);                                 % 角度向量
[R,TH] = meshgrid(r,th);                                 % 距离和角度矩阵
[X,Y] = pol2cart(TH,R);                                  % 极坐标化为直角坐标
Eth = cos(TH). * cos(2 * pi * R)./R;                     % 电场强度
eth = - 3:0.3:3;                                         % 电场强度向量
figure                                                   % 创建图形窗口
h = surf(X,Y,Eth);                                       % 画曲面并取句柄
shading interp                                           % 染色
grid on                                                  % 加网格
box on                                                   % 加框
axis([ - rm,rm, - rm,rm, - 6,6])                         % 坐标范围
fs = 10;                                                 % 字体大小
xlabel('\itx/\lambda','FontSize',fs)                     % x坐标标目
ylabel('\ity/\lambda','FontSize',fs)                     % y坐标标目
zlabel('\itE_\theta/E\rm_0','FontSize',fs)               % z标签
title('振荡偶极子发射的电磁波的电场强度曲面','FontSize',fs)  % 标题
txt = '\itE\rm_0 = \itk\omega\rm^3\itp/\rm_0/(2\pi\itc\rm^3)';  % 场强单位文本
text( - rm, - rm,5,txt,'FontSize',fs)                    % 显示单位
pause                                                    % 暂停
t = 0;                                                   % 初始时刻
hold on                                                  % 保持图像
while 1                                                  % 无限循环
    t = t + 0.01;                                        % 下一时刻(与周期的比)
    Eth = cos(TH). * cos(2 * pi * (R - t))./R;           % 电场强度
    set(h,'ZData',Eth)                                   % 设置z坐标
    drawnow                                              % 更新屏幕
    if get(gcf,'CurrentCharacter') == char(27) break,end % 按Esc键退出
end                                                      % 结束循环
```

程序运行结果如图 6-37 所示。

开始时刻的电场强度的曲面如图 6-37 所示。在中心附近,波的强度的振幅很大,因而形成很高的峰和很低的谷。在离中心较远的地方,场强的振幅较小。演示波的发射时,波峰与波谷相互转化,波就不断产生和发射出去。由于磁场强度与电场强度是同步变化的,所以这种曲面也能表示磁场强度曲面。

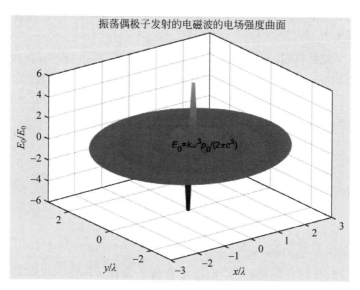

图 6-37　振荡偶极子发射的电磁波曲面

实训项目六

本实训项目的目的如下：

- 掌握绘制二维图形的常用函数。
- 掌握绘制三维图形的常用函数。
- 掌握绘制图形的辅助操作。
- 熟悉隐函数绘图。

6-1　已知 $y_1 = x^2$，$y_2 = \cos(2x)$，$y_3 = y_1 \times y_2$，完成以下操作：

（1）在同一坐标系中用不同的颜色和线型绘制 3 条曲线。

（2）以子图的形式绘制 3 条曲线。

（3）分别以条形图、阶梯图、杆图和填充图绘制 3 条曲线。

6-2　绘制下列极坐标图。

（1）$\rho = \dfrac{5}{\cos\theta} - 7$

（2）$\rho = \dfrac{\pi}{3}\,\theta^2$

6-3　绘制下列三维图形。

（1）$\begin{cases} x = (1 + \cos u)\cos v \\ y = (1 + \cos u)\sin v \\ z = \sin u \end{cases}$

（2）半径为 10 的球面

6-4　已知一个班成绩为

$$x = [61, 98, 78, 65, 54, 96, 93, 87, 83, 72, 99, 81, 77, 72, 62, 74, 65, 40, 82, 71]$$

用 hist 函数统计 60 分以下、60～69 分、70～79 分、80～89 分、90 分以上各分数段学生的人数,并绘制条形图。分别用二维和三维饼图显示各分数段学生百分比,标注"不及格""及格""中等""良好""优秀"。

6-5 已知 3 个复数向量 $A_1=2+2i$,$A_2=3-2i$ 和 $A_3=-1+2i$,在同一个图形窗口 3 个子区域,分别用 compass、feather 和 quiver 函数绘制向量图,并添加标题。

6-6 已知 $z=2x^2+y^2$,$x,y\in[-3,3]$,分别用 plot3、mesh、meshc 和 meshz 绘制三维曲线和三维网格图。

6-7 在 $x\in[-3,3]$,$y\in[-3,3]$ 上作出 $z=\cos\sqrt{x^2+y^2}/\sqrt{x^2+y^2}$ 所对应的三维网格图三维曲面图。

6-8 绘制曲面图形,并进行插值着色处理。

$$\begin{cases} x=\cos s\cos t \\ y=\cos s\sin t \\ z=\sin s \end{cases}, \quad 0\leqslant s\leqslant \frac{\pi}{2}, 0\leqslant t\leqslant \frac{3\pi}{2}$$

6-9 绘制地球、月球、"嫦娥一号"的运动轨迹。假设:月亮到地球的平均距离为 10,"嫦娥一号"到月亮的平均距离为 3,月亮公转角速度为 1,"嫦娥一号"绕月亮公转角速度为 12。

6-10 绘制均匀带电球面、球体和球壳的电场强度和电势的变化规律。

(1) 一均匀带电球面,半径为 R,带电量为 Q,求电荷产生的电场强度和电势。如果电荷均匀分布在同样大小的球体内,求球体的电场强度和电势。

(2) 一均匀带电球壳,内部是空腔,球壳内外半径分别为 R_0 和 R,带电量为 Q,求空间各点的电场强度和电势,对于不同的球壳厚度,电场强度和电势随距离变化的规律是什么?

第7章

MATLAB GUI 设计及应用

所谓图形用户界面(GUI),是指由窗口、控件、菜单等各种图形元素组成的用户界面。设计出的界面简洁清晰、用户操作起来灵活便捷,所以绝大部分开发环境与应用程序都采用图形用户界面。

MATLAB 作为强大的科学计算软件,同样提供了图形用户界面设计的功能。在MATLAB中,GUI编程和M文件编程相比,除了要编写程序功能的代码外,还需要编写前台界面。MATLAB GUI的前台界面由一系列交互组件组成,主要包括按钮、复选框、单选按钮、列表框、弹出框、编辑框、滑动条、静态文本等,用户选择用某种方式激活这些对象,从而发生某些动作。因此,用户只和前台界面下的控件发生交互,而所有运算、绘图等操作均封装在内部,终端用户不需要去深究这些复杂运算的代码。

图形用户界面编程大大提高了用户使用 MATLAB 程序的易用性。因此学习MATLAB 图形用户界面编程,即 GUI 程序的创建,是 MATLAB 编程用户应该掌握的重要一环。

本章要点:

(1) 句柄图形对象。

(2) 控件和属性的基本原理及操作。

(3) 用户菜单的建立。

(4) GUI 的设计原则及步骤。

(5) 对话框的设计。

(6) 回调函数的使用。

学习目标:

(1) 熟悉 MATLAB 图形对象句柄的操作。

(2) 掌握 MATLAB 图形对象属性的设置及其访问。

(3) 掌握控件和属性的基本原理和操作。

(4) 掌握用户菜单的建立。

(5) 了解 GUI 设计原则和步骤。

(6) 掌握对话框设计的原理和操作。

(7) 了解回调函数的内容和操作。

7.1　GUI 的常见设计技术

MATLAB 是一种面向对象的高级计算机语言,其数据可视化技术中的各种元素,实际上都是抽象图形对象的实例。绘图函数将不同的曲线或曲面绘制在图形窗口中,图形窗口是由不同的对象(如坐标系、曲线、曲面等)组成的图形界面。MATLAB 给每一个对象分配一个标识符,称为句柄,标识代码中含有图形对象的各种必要的属性信息。因此这些对象称为句柄图形对象。

7.1.1　图形对象及其句柄

MATLAB 的图形对象包括计算机屏幕、图形窗口、坐标轴、菜单、控件、曲线、曲面、文本等。系统将每一个对象按树形结构组织起来,计算机屏幕为根对象。图形图像是根对象的子对象。坐标轴、控件、菜单是图形窗口的子对象。曲线、曲面、文本、图像、光源、区域块、方框为坐标轴的子对象。图形图像树形结构如图 7-1 所示。

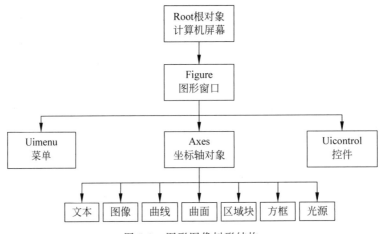

图 7-1　图形图像树形结构

MATLAB 创建每一个图形图像实例时,都会为该图形实例分配一个唯一确定的值,称为句柄。句柄是图形图像的标识代码,标识代码中包含该对象的相关信息参数。通过操作句柄,可以改变其中的参数,实现对相应图形图像属性的设置,从而绘制各种图形。MATLAB 提供了有关函数用于获取已有图形对象的句柄,常用的函数及功能如表 7-1 所示。

表 7-1　常用的获取图形图像句柄函数及功能

函　　数	功　　能
gcf	获取当前图形窗口的句柄
gca	获取当前坐标轴的句柄
gco	获取当前被选中图形图像的句柄值

1. 属性的设置与查询

各种句柄图形对象均具有自己的属性,对象属性包括属性名和相关联的其他值。属性名是字符串。例如,LineStyle 为曲线对象的属性名。

在 MATLAB 中,当创建一个对象时,必须给对象的各种属性赋予必要的属性值,否则,系统自动使用默认属性值。为了获得和改变句柄图形图像的属性,即使用 get 函数获取已创建的对象的各种属性,用 set 函数设置已创建的对象的各种属性。

1) set 函数

set 函数的调用格式为:

```
set(句柄,属性名 1,属性值 1,属性名 2,属性值 2,…)
```

其中,句柄用于指向要操作的对象。如果在调用 set 函数的时候省略所有属性名和属性值,则将显示句柄所有的允许属性。

2) get 函数

get 函数的调用格式为:

```
V = get(句柄,属性名)
```

其中,V 是返回的属性值。如果在调用 get 函数的时省略属性名,则将返回句柄所有的属性值。

【例 7-1】　绘制正弦曲线,并设置曲线的颜色、线宽、线型。

输入命令:

```
x = 0:0.2:4 * pi;
y = plot(x,sin(x));
set(y,'Color','r','LineWidth',2,'LineStyle','-- ')        %设置曲线颜色为'r',线宽为'2',线型为'
-- '
```

则输出运行结果如图 7-2 所示。

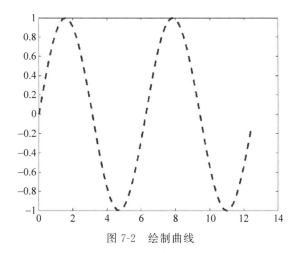

图 7-2　绘制曲线

【**例 7-2**】 绘制 3 条曲线,并分别设置 3 条曲线的颜色、线宽、线型。

输入命令:

```
x = 0:0.2:4 * pi;
y1 = sin(x);
y2 = cos(x);
y3 = sin(x + 1);
h = plot(x,y1,x,y2,x,y3);
set(h,{'LineWidth'},{2;4;5},{'Color'},{'r';'g';'b'},{'LineStyle'},{'--';':';'-.'})
% 设置线宽、颜色、线型
```

则输出运行结果如图 7-3 所示。

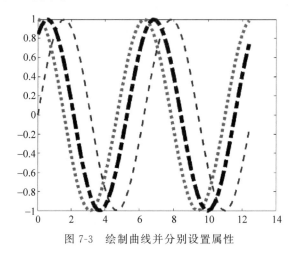

图 7-3 绘制曲线并分别设置属性

2. 对象的默认属性值

MATLAB 在建立新的对象时,所有的属性都会自动初始化为默认值。但要改变同一种属性时,允许用户自己设置默认属性。若用户不采用默认值,则可以通过句柄图形工具进行重新设置。

对象属性的继承操作是通过父代对象设置默认属性来实现的,当父代句柄设置默认值后,其所有子代对象均可以继承该属性的默认值。需要注意的是,用户自定义的属性值只能影响到该属性设置后创建的对象,之前创建的对象将不会受到影响。

MATLAB 使用一个以 Default 开头,加对象名称以及对象属性的字符串来设置默认值。属性默认值的描述结构为:

```
Default + 对象名称 + 对象属性
```

例如,

```
DefaultLineColor                    % 线的颜色
DefaultLineLineWide                 % 线的宽度
DefaultAxesFontSize                 % 坐标的字体大小
DefaultFigureColor                  % 图形窗口的颜色
```

默认值的获得与设置也是利用 get 函数和 set 函数实现的,例如:

```
get(0,'DefaultAxesFontSize')          % 获得坐标字体大小的默认值
set(gcf,'DefaultAxesGrid','off')      % 设置当前图形下坐标无网格
```

3. 对象的属性查找

在 MATLAB 中,findobj 函数用于获取具有指定属性值的对象的句柄,如果用户没有指定起始对象,那么 findobj 函数将从根对象开始查找。通过 findobj 函数来根据对象的属性进行查找,返回该对象的句柄,从而进一步处理对象。

【例 7-3】 绘制两条不同颜色的曲线,并且利用 findobj 函数改变当前轴上一条曲线的颜色。

输入命令:

```
clfreset
x = 0:0.2:4 * pi;
y1 = sin(x + 1);y2 = cos(x) + 1;
plot(x,y1,x,y2,'g',x,zeros(size(x)),'k:')       % 绘制曲线
```

则输出运行结果如图 7-4 所示。

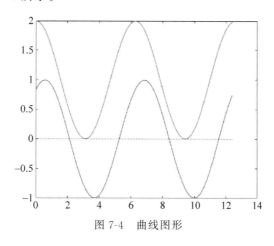

图 7-4　曲线图形

利用 findobj 函数,获得绿色曲线的句柄,然后利用 set 函数将该绿色句柄变为黑色。
输入命令:

```
hg = findobj(gca,'Color','g')       % 在当前轴上寻找绿色曲线的句柄
set(hg,'Color','k')
```

则输出运行结果如图 7-5 所示,可以发现绿色的曲线变为了黑色。

4. 图形对象的复制

copyobj 函数的作用是复制图形对象及其子级,实现创建对象的副本并将这些对象分配给新的父对象。新对象与原对象唯一的区别在于其 Parent 属性值不同,并且其句柄不同。使用过程中需要注意,新的父对象必须适用于复制的对象,即子对象与父对象之间的类型必须匹配。在复制对象过程中,如果被复制的对象包含子对象,MATLAB 将同时复制所

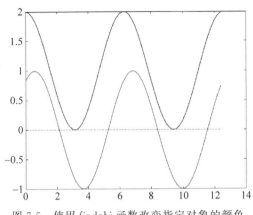

图 7-5 使用 findobj 函数改变指定对象的颜色

有的子对象。copyobj 函数的用法为:

```
new_handle = copyobj(h,p)       % 复制 h 标识的一个或多个图形对象并返回新对象句柄或新对象数
% 组。新图形对象是 p 指定的图形对象的子级。其中 h 和 p 可为标量或向量
% 当二者均为向量时,h 和 p 长度必须相同,且输出参数 new_handle 是同一长度的向量。在此情况
% 下,new_handle(i)是 h(i)副本,其 Parent 属性设置为 p(i)
% 当 h 是标量且 p 是向量时,h 复制到 p 指定的所有对象中。每个 new_handle(i)是其 Parent 属性设
% 置为 p(i)的 h 的副本,并且 length(new_handle)等于 length(p)
% 当 h 是向量且 p 是标量时,每个 new_handle(i)都是其 Parent 属性设置为 p 的 h(i)的副本。new_
% handle 的长度等于 length(h)
```

5. 图形对象的删除

在 MATLAB 中,利用 delete 函数可以实现删除图形图像。其格式为: delete(h),该语句删除 h 所指定的对象,例如:

输入命令:

```
fig = figure;
ax = axes;
delete(ax)
display(ax)
```

即创建一个图窗和一个坐标区对象,然后删除坐标区。坐标区对象被删除,但图窗依然存在。坐标区变量 ax 仍保留在工作区中,但不再引用对象。

7.1.2 图形对象属性

MATLAB 给每种对象的每一个属性都规定了一个名字,称为属性名,而属性名的取值称为属性值。图形对象的属性控制着图形的外观和显示特点。在 MATLAB 中,句柄对象有着共有属性和特有属性,图形对象的共有属性及含义如表 7-2 所示。

表 7-2　图形对象的共有属性及含义

属 性 名	含 义
BeingDeleted	当对象的 DeleteFcn 函数调用后,该属性的值为 on
BusyAction	控制 MATLAB 图形图像句柄响应函数点中断方式
ButtonDownFcn	取值是一个字符串,一般是某个 M 文件名或一段 MATLAB 程序。当单击按钮时,自动执行该程序段
Children	取值是该对象所有子对象的句柄组成的一个向量
Clipping	打开或关闭剪切功能(只对坐标轴对象有效)
CreateFcn	取值是一个字符串,一般是某个 M 文件名或一段 MATLAB 程序。当创建该对象时自动执行该程序段
DeleteFcn	取值是一个字符串,一般是某个 M 文件名或一段 MATLAB 程序。当删除对象时自动执行该程序段
HandleVisiblity	用于控制句柄是否可以通过命令行或者响应函数访问
HitTest	设置当鼠标单击时是否可以使选中对象成为当前对象
Intereuptible	确定当前的响应函数是否可以被后继的响应函数中断
Parent	取值时该对象父对象的句柄
Selected	报名该对象是否被选中
SelectionHighlight	指定是否显示对象的选中状态
Tag	取值时一个字符串,作为对象的一个标识符
Type	表示该对象的类型(不可改变)
UserData	用户想与该对象关联的任意数据,该属性的取值为矩阵,默认值为空矩阵
Visible	设置该对象是否可见,取值为 on 或 off,决定是否显示在屏幕上

【例 7-4】　利用 Children 属性完成例 7-3 的要求。

说明：Children 属性的取值时该对象所有子对象的句柄组成的向量。

输入命令：

```
x = 0:0.2:4 * pi;
y1 = sin(x);
y2 = cos(x);
plot(x,y1,'r',x,y2,'g');
H = get(gca,'Children');              % 获取两曲线句柄向量 H
for k = 1:size(H)
    if get(H(k),'Color') == [0 1 0]
        H1 = H(k);                    % 得到绿色曲线的句柄
    end
end
pause;                                % 暂停
set(H1,'Color','k');                  % 将绿色曲线颜色设置为黑色
```

输出运行结果如图 7-6 所示,图 7-6(a)为绘制曲线图形,图 7-6(b)为 Children 属性设置绿色曲线为黑色。

在 MATLAB 中,句柄对象除了有共有属性,还有一些特有属性,只有充分地了解各属性的含义才能灵活运用。下面分别介绍主要对象的相关属性。

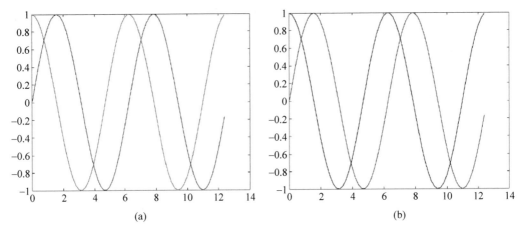

图 7-6　利用 Children 属性设置曲线

1. 根对象

图形对象的基本要素以根屏幕为先导,根对象位于 MATLAB 层次结构的最上层,在创建图像对象时,只能创建唯一的一个 Root 对象。在启动 MATLAB 时,系统自动创建根对象,用户可以对根对象的属性进行设置,从而改变图形的显示效果。根对象只具有信息存储的功能,其句柄永远为 0。表 7-3 列出了根对象的常用属性。

表 7-3　根对象常用属性

属 性 名	含 义	取 值
BlackAndWhite	自动硬件检测标志	on:认为显示是单色的,不检测 {off}:检测显示类型
CurrentFigure	当前图形的句柄	
Diary	会话记录	on:将所有的键盘输入和大部分输出复制到文件中 {off}:不将输入和输出存入文件
DiaryFile	一个包含 diary 文件名的字符串,默认的文件名为 diary	
Echo	脚本响应模式	on:在文件执行时,显示脚本文件的每一行 {off}:除非指定 echo on,否则不响应
Format	数字显示的格式	{short}:5 位的定点格式 shortE:5 位的浮点格式 long:5 位换算过的定点格式 longE:15 位的浮点格式 hex:十六进制格式 bank:美元和分的定点格式 +:显示＋和－符号 Rat:用整数比率逼近
FormatSpacing	输出间隔	{loose}:显示附加行的输入 compact:取消附加行的输入

续表

属 性 名	含 义	取 值
* HideUndocumented	控制非文件式属性的显示	no：显示非文件式属性 {yes}：不显示非文件式属性
PointerLocation	相对于屏幕左下角指针位置的只读向量[left,bottom]或[X,Y]，单位由Units属性指定	
PointerWindow	含有鼠标指针的图形句柄，如果不在图形窗口内，值为0	
ScreenDepth	整数，指定以比特为单位的屏幕颜色深度，比如：1代表单色，8代表256色或灰度	
ScreenSize	位置向量[left,bottom,width,height]，其中[left,bottom]常为[0 0]，[width,height]是屏幕尺寸，单位由Units属性指定	
TerminalOneWindow	由终端图形驱动器使用	no：终端有多窗口 yes：终端只有一个窗口
* TerminalDimensions	终端尺寸向量[width,height]	
TerminalProtocal	启动时终端类型设置，然后为只读	none：非终端模式，不连到X服务器 X：找到X显示服务器，X Window模式 tek401x：Tektronix 4010/4014仿真模式 tek410x：Tektronix 4100/4105仿真模式
Units	Position属性值的度量单位	inches：英寸 centimeters：厘米 normalized：归一化坐标，屏幕的左下角映射到[0 0]，右上角映射到[1 1] points：排字机的点，等于1/72英寸 {pixels}：屏幕像素，计算机屏幕分辨率的最小单位
ButtonDowFcn	MATLAB回调字符串，当对象被选择时传给函数eval，初始值是一空矩阵	
Children	所有图形对象句柄的只读向量	
Clipping	数据限幅模式	{on}：对根对象无效果 off：对根对象无效果
Interruptible	ButtonDowFcn回调字符串的可中断性	{no}：不能被其他回调中断 yes：可以被其他回调中断
Parent	父对象的句柄，常为空矩阵	
* Selected	对象是否已被选择上	值为[on|off]
* Tag	文本串	

续表

属 性 名	含 义	取 值
Type	只读的对象辨识字符串,常是 root	
UserData	用户指定的数据,可以是矩阵、字符串等等	
Visible	对象可视性	{on}:对根对象有效果 off:对根对象无效果

根对象是由系统在启动 MATLAB 时产生的,因此用户必能对根对象实例化,但是用户可以通过 get 函数和 set 函数查询和设置根对象的某些属性。

2. 图形窗口对象

图形窗口是 MATLAB 中很重要的一类图形对象。图形对象是根对象的直接子对象,所有的其他句柄都直接或间接继承图形窗口对象。

MATLAB 通过 figure 函数实例化创建任意多个图形窗口对象,一切图形图像的输出都是在图形窗口中完成的,因此,图形窗口对象实际上相当于容器。

figure 函数调用格式为:

(1) 句柄变量=figure(属性名 1,属性值 1,属性名 2,属性值 2,…)。其中属性名和属性值可以省略,则命令如下:

```
句柄变量 = figure 或 figure
```

(2) figure(h)。创建句柄为 h(必须是整数)的图形窗口,如果 h 是一个已经存在的图形窗口的句柄,则将该图形窗口设为当前图形窗口。

(3) close(窗口句柄)。关闭图形窗口,close all 命令可以关闭所有的图形窗口,clf 命令清除当前图形窗口的内容,但不关闭窗口。

图形窗口对象继承于根对象,因此它具有根对象具有的一些属性,另外也有独有的属性。图形窗口对象主要的属性如表 7-4 所示。

表 7-4   图形窗口对象的属性

属 性 名	含 义	取 值
BackingStore	为了快速重画,存储图形窗口的副本	{on}:当一个图原本被覆盖的一部分显露时,进行备份,刷新窗口较快,但需要较多的内存 off:重画图形以前被覆盖的部分,刷新较慢,但节省内存
Color	图形背景色,一个 3 元素的 RGB 向量或 MATLAB 预定的颜色名,默认颜色是黑色	
Colormap	$m \times 3$ 的 RGB 向量矩阵,参阅函数 colormap	
CurrentAxes	图形的当前坐标轴的句柄	

续表

属　性　名	含　义	取　值
CurrentCharacter	当鼠标指针在图形窗口中,键盘上最新按下的字符键	
CurrentMenu	最近被选择的菜单项的句柄	
CurrentObject	图形内,最近被选择的对象的句柄,即由函数 gco 返回的句柄	
CurrentPoint	一个位置向量[left,bottom]或图形窗口的点的[X,Y],该处是鼠标指针最近一次按下或释放时所在的位置	
FixedColors	$n \times 3$ 的 RGB 向量矩阵,它使用系统查色表中的槽来定义颜色,初始确定的颜色是 black 和 white	
InvertHardcopy	改变图形元素的颜色以打印	{on}:将图形的背景色改为白色,而线条、文本和坐标轴改为黑色来打印 off:打印输出的颜色和显示的颜色完全一致
KeyPressFcn	当鼠标指针处在图形内时单击,传递给函数 eval 的 MATLAB 回调字符串	
MenuBar	将 MATLAB 菜单在图形窗口的顶部显示,或在某些系统中在屏幕的顶部显示	{figure}:显示默认的 MATLAB 菜单 none:不显示默认的 MATLAB 菜单
MinColormap	颜色表输入项使用的最小数目。它影响系统颜色表。如设置太低,会使未选中的图形以伪彩色显示	
Name	图形框架窗口的标题(不是坐标轴的标题)。默认是空串,如设为 string(字符串),窗口标题变为"Figure No. n: string"	
NextPlot	决定新图作图行为	new:画前建立一个新的图形窗口 {add}:在当前的图形中加上新的对象 replace:在画图前,将除位置属性外的所有图形对象属性重新设置为默认值,并删除所有子对象
NumberTitle	在图形标题中加上图形编号	{on}:如果 Name 属性值被设为 string,窗口标题是 Figure No. N: string off:窗口标题仅仅是 Name 属性字符串
PaperUnits	纸张属性的度量单位	{inches}:英寸 centimeters:厘米 normalized:归一化坐标 points:点,每一点为 1/72 英寸

属　性　名	含　　义	取　　值
PaperOrientation	打印时的纸张方向	{portrait}：肖像方向，最长页面尺寸是垂直方向 landscape：景象方向，最长页面尺寸是水平方向
PaperPosition	代表打印页面上图形位置的向量[left,bottom,width,height]，[left,bottom]代表了相对于打印页面图形左下角的位置，[width,height]是打印图形的尺寸，单位由 PaperUnits 属性指定	
PaperSize	向量[width,height]代表了用于打印的纸张尺寸，单位由 PaperUnits 属性指定，默认的纸张大小为[8.5 11]	
PaperType	打印图形纸张的类型。当 PaperUnits 设定为归一化坐标时，MATLAB 使用 PaperType 来按比例调整图形的大小	{usletter}：标准的美国信纸 uslegal1：标准的美国法定纸张 a3：欧洲 A3 纸 a4letter：欧洲 A4 纸 a5：欧洲 A5 纸 b4 欧洲 B4 纸 tabloid：标准的美国报纸
Pointer	鼠标指针形状	crosshair：十字形指针 {arrow}：箭头 watch：钟表指针 top1：指向左上方的箭头 topr：指向右上方的箭头 bot1：指向左下方的箭头 botr：指向右下方的箭头 circle：圆 cross：双线十字形 fleur：4 头箭形或指南针形
Position	位置向量[left,bottom,width,height]，[left,bottom]代表了相对于计算机屏幕的左下角窗口左下角的位置，[width,height]是屏幕尺寸，单位由 Units 属性指定	
Resize	允许不允许交互图形重新定尺寸	{on}：窗口可以用鼠标来重新定尺寸 off：窗口不能用鼠标来重新定尺寸
ResizeFcn	MATLAB 回调字符串，当窗口用鼠标重新定尺寸时传给函数 eval	
SelectionType	一个只读字符串，提供了有关最近一次鼠标按钮选择所使用方式的信息。但实际是哪个键和/或按钮按下与平台有关	

续表

属 性 名	含 义	取 值
Share Colors	共享颜色表的槽	no：不和其他窗口共享颜色表的槽 {yes}：只要可能，重用颜色表中的槽
Units	各种位置属性值的度量单位	inches：英寸 centimeters：厘米 normalized：归一化坐标，屏幕的左下角映射到［0 0］，右上角映射到［1 1］ points：排字机的点，等于 1/72 英寸 {pixels}：屏幕像素，屏幕分辨率的最小单位
WindowButtonDownFcn	当鼠标指针在图形内时，只要按一个鼠标按钮，MATLAB 回调字符串传递给函数 eval	
WindowButtonMotionFcn	当鼠标指针在图形内时，只要移动一个鼠标按钮，MATLAB 回调字符串传递给函数 eval	
ButtonDownFcn	当图形被选中时，MATLAB 回调字符串传递给函数 eval；初始值是一个空矩阵	
Children	图形中所有子对象句柄的只读向量；坐标轴对象，uicontrol 对象和 uimenu 对象	
Clipping	数据限幅模式	{on}：对图形对象起作用 off：对图形对象不起作用
Interruptible	指定图形回调字符串是否可中断	{no}：不能被其他回调中断 yes：可以被其他回调中断
Parent	图形父对象的句柄，常是 0	
＊Selected	对象是否已被选择上	值为［on｜off］
＊Tag	文本串	
Type	只读的对象辨识字符串，常是 figure	
UserDate	用户指定的数据，可以是矩阵、字符串等等	
Visible	图形窗口的可视性	{on}：窗口在屏幕上可视 off：窗口不可视

【例 7-5】　创建图形窗口。

输入命令：

```
hf = figure('Name','图形窗口',…'Position',[100,100,500,400],…
'Color',[0.8,0.8,0.8],…'MenuBar','figure',…
'NumberTitle','off')
```

微视频 7-1

则输出为：

```
hf =
    1
```

运行结果如图 7-7 所示。

图 7-7　创建图形窗口示例

说明：

(1) Name 属性：该属性的取值可以是任意字符串，它的默认值为空。

(2) Position 属性：该属性是一个由 4 个元素构成的向量，即[left,bottom,width,height]，单位由 units 属性决定。

(3) Color 属性：该属性取值是一个颜色值，可以用字符表示，也可以用 RGB 三元组表示。默认值为[0.8,0.8,0.8]。

(4) MenuBar 属性：该属性的取值为 figure 或 none，控制窗口是否有菜单条。

(5) NumberTitle 属性：该属性的取值为 on(默认值)或 off。决定图形窗口标题是否以"Figure No. n"为标题前缀。

【例 7-6】　创建一个图形窗口，该图形窗口背景颜色为蓝色，起始于左下角，标题名为"正弦曲线图形"，窗口有菜单条，当用户按下任意键时，绘制出余弦图像。

输入命令：

```
x = 0:0.4:2 * pi;
y = sin(x);
hf = figure('Color','b','Position',[1,1,600,400],'Name','正弦曲线图形',…'MenuBar','figure',…
'KeyPressFcn','plot(x,y);');
```

则输出结果如图 7-8 所示。

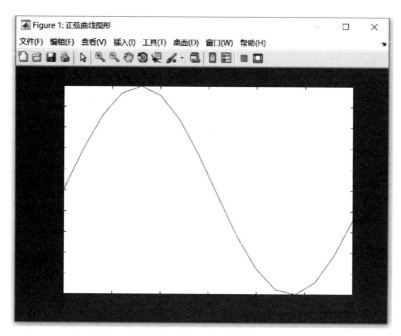

图 7-8 正弦曲线图形示例

3. 坐标轴对象

坐标轴对象是图形窗口对象的子对象,每个图形窗口中可以定义多个坐标轴对象,但只有一个坐标轴是当前坐标轴,在没有指明坐标轴,所有的图形图像都是在当前坐标轴中输出。

在 MATLAB 中,建立坐标轴对象使用 axes 函数,该函数的调用格式为:

> (1)句柄变量 = axes(属性名 1,属性值 1,属性名 2,属性值 2,…)
>   % 调用 axes 函数用指定的属性在当前图形窗口创建坐标轴,并将句柄赋给句柄变量
> (2)句柄变量 = axes 或 axes % 创建默认坐标轴,按 MATLAB 默认属性值在当前窗口创建坐标轴
> (3)axes(坐标轴句柄)   % 调用 axes 函数将之设定为当前坐标轴,且坐标轴所在的图形窗口自
>   % 动成为当前图形窗口

坐标轴对象时图形窗口对象的子对象,因此它具有所有图形窗口具有的一些属性,另外它也有特有的属性,其常用的属性如表 7-5 所示。

表 7-5 坐标轴对象属性

属 性 名	含 义	取 值
Box	坐标轴的边框	on:将坐标轴包在一个框架或立方体内 {off}:不包坐标轴
CLim	颜色界限向量[cmin cmax],它确定将数据映射到颜色映像。cmin 是映射到颜色映像第一个入口项的数据,cmax 是映射到最后一项的数据。参阅函数 cmais	

续表

属　性　名	含　　义	取　　值
CLimMode	颜色限制模式	{auto}：颜色界限映成轴子对象的数据整个范围 manual：颜色界限并不自动改变。设置 CLim 就把 CLimMode 值设为人工
Color	坐标轴背景颜色。一个三元素的 RGB 向量或一个预定义的颜色名。默认值是 none，它使用图形的背景色	
ColorOrder	一个 $m\times3$ RGB 值矩阵。如果线条颜色没有用函数 plot 和 plot3 指定，就用这些颜色。默认的 ColorOrder 为黄、紫红、洋红、红、绿和蓝	
CurrentPoint	包含在坐标轴空间内的一对点的坐标矩阵，它定义了从坐标空间前面延伸到后面的一条三维直线。其形式是 $[x_b\ y_b\ z_b : x_f\ y_f\ z_f]$。单位在 Units 属性中指定。点 $[x_f\ y_f z_f]$ 是鼠标在坐标轴对象中上单一次的坐标	
DrawMode	对象生成次序	{normal}：将对象排序，然后按照当前视图从后向前绘制 fast：按已建立的次序绘制对象，不首先排序
* ExpFontAngle	值为[{normal}|italic|oblique]	
* ExpFontName	默认值为 Helvetica	
* ExpFontSize	默认值为 8 点	
* ExpFontStrikeThrough	值为[on|{off}]	
* ExpFont Underline	值为[on|{off}]	
* ExpFont Weight	值为[light|{normal}|demi|bold]	
FontAngle	坐标轴文本为斜体	{normal}：正常的字体角度 italic：斜体 oblique：某些系统中为斜体
FontName	坐标轴单位标志的字体名。坐标轴上的标志并不改变字体，除非通过设置 XLabel、YLabel 和 ZLabel 属性来重新显示它们。默认的字体为 Helvetica	
FontSize	坐标轴标志和标题的大小，以点为单位，默认值为 12 点	
* FontStrike Through	值为[on|{off}]	
* FontUnderline	值为[on|{off}]	

续表

属 性 名	含 义	取 值
FontWeight	坐标轴文本加黑	light：淡字体 ｛normal｝：正常字体 demi：适中或者黑体 bold：黑体
GridLineStyle	格栅线形	-：实线 --：虚线 ｛：｝：点线 -.：点画线
* Laye	值为［top｜｛bottom｝］	
LineStyleOrder	指定线形次序的字符串，用在坐标轴上画多条线	
LineWidth	X、Y 和 Z 坐标轴的宽度，默认值为 0.5 点	
* MinorGridLine Style	为［ - ｜ - - ｜ ｛：｝ ｜ -. ］	
NextPlot	画新图时要采取的动作	new：在画前建立新的坐标轴 add：把新的对象加到当前坐标轴，参阅 hold ｛replace｝：在画前删除当前坐标轴和它的子对象，并用新的坐标轴对象来代替它
Position	位置向量［left，bottom，width，height］，这里［left，bottom］代表了相对于图形对象左下角的坐标轴左下角位置，［width，height］是坐标轴的尺寸，单位由 Units 属性指定	
TickLength	向量［2Dlength 3Dlength］，代表了在二维和三维视图中坐标轴刻度标记的长度。该长度是相对于坐标轴的长度。默认值为［0.01 0.01］，代表二维视图坐标轴长度的 1/100，三维视图坐标轴长度的 5/1000	
TickDir	值为［｛in｝｜out］	｛in｝：刻度标记从坐标轴线向内，二维视图为默认值 out：刻度标记从坐标轴线向外，三维视图为默认值
Title	坐标轴标题文本对象的句柄	
Units	位置属性值的度量单位	inches：英寸 centimeters：厘米 ｛normalized｝：归一化坐标，对象左下角映射到［0 0］，右上角映射到［1 1］ points：排字机的点，等于 1/72 英寸 pixels：屏幕像素，计算机屏幕分辨率的最小单位

属 性 名	含 义	取 值
View	向量[az el],它代表了观察者的视角,以度为单位。az 为方位角或视角相对于负 Y 轴向右的转角;el 为 X-Y 平面向上的仰角	
XColor、YColor、ZColor	RGB 向量或预定的颜色字符串,它们分别指定 X、Y、Z 轴线、标志、刻度标记和格栅线的颜色	
XDir、YDir、ZDir	分别为 X、Y、Z 值增加的方向	{normal}:X、Y、Z 值从左向右增加 reverse:X、Y、Z 值从右向左增加
XForm	一个 4×4 的视图转换矩阵。设置 view 属性影响 XForm	
XGrid、YGrid、ZGrid	分别为 X、Y、Z 轴上的格栅线	on:X、Y、Z 轴上的栅格线 {off}:不画格栅线
XLabel、ZLabel、YLabel	分别为 X、Y、Z 轴标志文本对象的句柄	
XLim、YLim、ZLim	取值都是具有 2 个元素的数值向量。3 个属性分别定义个坐标轴的上下限	
XLimMode	X 轴的界限模式	{auto}:自动计算 XLim,包括所有轴子对象的 XData manual:从 XLim 取 X 轴界限
* XminorGrid、 * YMinorGrid、 * ZMinorGrid	值为[on|{off}]	
* XMinorTicks、 * YMinorTicks、 * ZMinorTicks	值为[on|{off}]	
Xscale、Yscale、Zscale	分别为 X、Y、Z 轴换算	{linear}:线性换算 log:对数换算
XTick、YTick、ZTick	数据值向量,按此数据值将刻度标记画在 X、Y、Z 轴上,若将 XTick、YTick、ZTick 设为空矩阵,则撤销刻度标记	
XTickLabels、 YTickLabels、 ZTickLabels	文本字符串矩阵,分别用在 X、Y、Z 轴上标出刻度标记。如果是空矩阵,那么 MATLAB 在刻度标记上标出该数字值	
XTickLabelMode、 YTickLabelMode、 ZTickLabelMode	分别为 X、Y、Z 轴刻度标记的标志模式	{auto}:X、Y、Z 轴刻度标记张成 XData、YData、ZData manual:从 XTickLabels、YTickLabels、ZTickLabels 中取 X、Y、Z 轴刻度标记

续表

属　性　名	含　　义	取　　值
XTickMode、 YTickMode、 ZTickMode	X、Y、Z 轴刻度标记的间隔模式	{auto}：X、Y、Z 轴刻度标记间隔以张成 XData、YData、ZData manual：从 XTick、YTick、ZTick 生成 X、Y、Z 轴刻度标记
YLimMode	Y 轴的界限模式	{auto}：自动计算 YLim，包括所有轴子对象的 YData manual：从 YLim 取 Y 轴界限
ZLimMode	Z 轴的界限模式	{auto}：自动计算 ZLim，包括所有轴子对象的 ZData manual：从 ZLim 取 Z 轴界限
ButtonDownFcn	MATLAB 回调字符串，当坐标轴被选中时，将它传递给函数 eval；初始值是一个空矩阵	
Children	除了轴标志和标题对象以外，所有子对象句柄的只读向量；包括线、曲面、图像、块和文本对象	
Clipping	数据限幅模式	{on}：对坐标轴对象起作用 off：对坐标轴对象不起作用
Interruptible	指定 ButtonDownFcn 回调字符串是否可中断	{no}：该回调字符串不能被其他回调所中断 yes：该回调字符串可以被其他回调所中断
Parent	包含坐标轴对象的图形句柄	
* Selected	值为[on|{off}]	
* Tag	文本串	
Type	只读的对象辨识字符串，常为 axes	
UserData	用户指定的数据，可以是矩阵、字符串等	
Visible	轴线、刻度标记和标志的可视性	{on}：坐标轴在屏幕上可视 off：坐标轴不可视

【例 7-7】　利用 axes 函数在同一个图形窗口上建立多个坐标轴(同时显示)。
输入命令：

微视频 7-2

```
x = 0:0.2:4 * pi;
y = sin(x);
axes('Position',[0.1,0.1,0.7,0.25],'GridLineStyle','-.');   % 建立第一个坐标轴
plot(x,y);
grid on;
```

```
axes('Position',[0.1,0.35,0.5,0.5]);                    % 建立第二个坐标轴
sphere
axes('Position',[0.6,0.6,0.25,0.3]);                    % 建立第三个坐标轴
[x,y] = meshgrid( - 8:0.5:8);
z = sin(sqrt(x.^2 + y.^2))./sqrt(x.^2 + y.^2 + eps);
mesh(x,y,z);
```

则输出结果如图 7-9 所示。

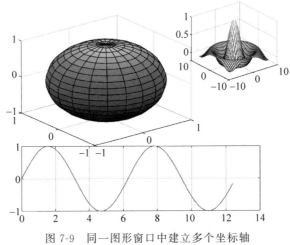

图 7-9　同一图形窗口中建立多个坐标轴

4. 曲线对象

曲线对象是坐标轴的子对象,它既可以定义二维坐标系中,也可以定义在三维坐标系中。建立曲线对象可以使用 line 函数,其调用格式为:

句柄变量 = line(x,y,z,属性名 1,属性值 1,属性名 2,属性值 2,…)

曲线对象继承于坐标轴对象,除了共有属性外,另外它也有一些特有属性,其常用属性及含义如表 7-6 所示。

表 7-6　曲线对象的属性及含义

属 性 名	含　义
Color	线条颜色。一个 3 个元素 RGB 向量或 MATLAB 预定的颜色名之一。默认值是 white(白色)
EraseMode	消除和重画模式 〈normal〉:重画影响显示的作用区域,以保证所有的对象被正确画出。是速度最慢的一种模式 background:通过在图形背景色中重画文本来消除文本。这会破坏被消除的线后的对象 xor:用线下屏幕颜色执行异或 OR(XOR)运算,画出和消除线条。当画在其他对象上时,会造成不正确的颜色 none:当移动或删除线条时该线不会被消除

续表

属 性 名	含 义
LineStyle	线形控制 -：画通过所有数据点的实线 --：画通过所有数据点的虚线 {:}：画通过所有数据点的点线 -.：画通过所有数据点的点画线 ＋：用加号做记号，标出所有的数据点 o：用圆圈做记号，标出所有的数据点 ＊：用星号做记号，标出所有的数据点 .：用实点做记号，标出所有的数据点 X：用 X 符号做记号，标出所有的数据点
LineWidth	以点为单位的线宽，默认值是 0.5 点
MarkerSize	以点为单位的记号大小，默认值是 6 点
Xdata	线的 X 轴坐标的向量
Ydata	线的 Y 轴坐标的向量
Zdata	线的 Z 轴坐标的向量

【例 7-8】 在同一窗口不同坐标轴中，分别创建一个线对象，以及利用曲线对象绘制曲线，并设置曲线线宽。

输入命令：

```
t = 0:pi/20:2 * pi;
y1 = sin(t);
axes('Position',[0.1,0.3,0.4,0.5]);
line(t,y1,'LineWidth',4);
grid on;
axes('Position',[0.55,0.3,0.4,0.5]);
x = [0.7,0.8,0.2,0.6,0.4,0.5];
y = [0.1,0.8,0.9,0.3,0.2,0.7];
line(x,y);
```

则输出结果如图 7-10 所示。

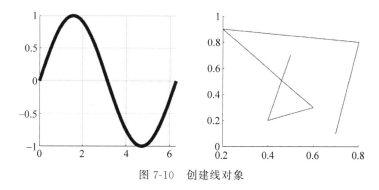

图 7-10　创建线对象

5. 文字对象

文字对象也是坐标轴的子对象,在 MATLAB 中,通过使用 text 函数可以根据指定位置和属性值添加字符注释。text 函数的调用格式为:

句柄变量 = text(x,y,z,'说明文字',属性名 1,属性值 1,属性名 2,属性值 2,…)

其中说明文字可以使用 LaTex 格式的控制字符。

文字对象常用属性及含义如表 7-7 所示。

表 7-7　文字对象的属性及含义

属　性　名	含　　义
Color	线条颜色。一个 3 个元素 RGB 向量或 MATLAB 预定的颜色名之一。默认值是 white(白色)
EraseMode	消除和重画模式 {normal}:重画影响显示的作用区域,以保证所有的对象被正确画出。这是最精确的、也是速度最慢的一种模式 background:通过在图形背景色中重画文本来消除文本。这会破坏被消除的文本后的对象 xor:用文本下屏幕颜色执行异或 OR(XOR)运算,画出和消除该文本。当画在其他对象上时,会造成不正确的颜色 none:当移动或删除文本时该文本不会被消除
Extent	文本位置向量[left,bottom,width,height],[left,bottom]代表了相对于坐标轴对象左下角的文本对象左下角的位置,[width,height]是包围文本串的矩形区域的大小,单位由 Units 属性指定
FontAngle	文本为斜体 {normal}:正常的字体角度 italics:斜体 oblique:某些系统中为斜体
FontName	文本对象的字体名。默认的字体名为 Helvetica
FontWeight	文本对象加黑 light:淡字体 {normal}:正常字体 demi:适中或者黑体 bold:黑体
Rotation	以旋转度数表示的文本方向, {0}:水平方向 ±90:文本旋转±90° ±180:文本旋转±180° ±270:文本旋转±270°
String	要显示的文本串

【**例7-9**】　在任意位置创建文字对象标注。

输入命令：

```
h1 = text(0.6,0.3,'文字对象');
set(h1,'Color','b');
h2 = text(0.5,0.8,'文字对象');
set(h2,'FontSize',14,'Color','r');
h3 = text(0.2,0.6,'文字对象', 'FontSize',16);
set(h3,'rotation',90,'BackgroundColor',[0.7 0.7 0.7]);
```

则输出结果如图7-11所示。

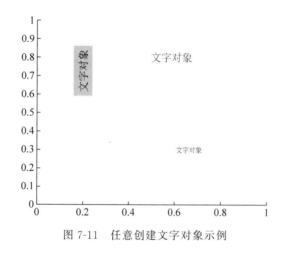

图 7-11　任意创建文字对象示例

6．曲面对象

三维表面对象用于创建三维曲面，mesh、surf 函数实际上都是创建三维曲面的函数。建立曲面对象可以使用 surface 函数，其调用格式为：

句柄变量 = surface(x,y,z,属性名1,属性值1,属性名2,属性值2,…)

曲面对象继承于坐标轴对象，除了共有属性外，另外它也有一些特有属性，其常用属性及含义如表7-8所示。

表 7-8　曲面对象的属性及含义

属　性　名	含　　义
CData	指定 ZData 中每一点颜色的数值矩阵。如果 CData 的大小与 ZData 不同，CData 中包含的图像被映射到 ZData 所定义的曲面
EdgeColor	曲面边缘颜色控制 none：不画边缘线 {flat}：边缘线为单一颜色，由该面 CData 的第一个入口项决定 interp：各边缘的颜色由顶点的值通过线性插值得到 A ColorSpec：3 元素 RGB 向量或 MATLAB 预定的颜色名之一，指定边缘的单一颜色

属　性　名	含　义
EraseMode	消除和重画模式 {normal}：重画影响显示的作用区域，以保证所有的对象被正确画出。这是最精确的，也是速度最慢的一种模式 background：通过在图形背景色中重画曲面来消除曲面。这会破坏被消除的曲面后的对象 xor：用曲面下屏幕颜色执行异或 OR(XOR)运算，画出和消除曲面。当画在其他对象上时会造成不正确的颜色 none：当移动或删除曲面时该曲面不会被消除
FaceColor	曲面表面颜色控制 none：不画表面，但画出边缘 {flat}：第一个 CData 入口项决定曲面颜色 interp：各面颜色由曲面网格点通过线性插值得到 A ColorSpec：3 元素 RGB 向量或 MATLAB 预定的颜色名之一，指定表面为单一颜色
LineStyle	边缘线型控制
LineWidth	边缘线的宽度，默认值是 0.5 点
MarkerSize	边缘线的记号大小，默认值是 6 点
MeshStyle	画行和/或列线 {both}：画所有的边缘线 row：只画行边缘线 column：只画列边缘线
XData	曲面中点的 X 轴坐标
YData	曲面中点的 Y 轴坐标
ZData	曲面中点的 Z 轴坐标

【例 7-10】　利用曲面对象绘制三维曲面。

输入命令：

```
x = 0:0.4:3 * pi;
[x,z] = meshgrid(x);
y = cos(x);
axes('view',[ - 37.5,30]);
hs = surface(x,y,z,'linewidth',2,'linestyle',':');
grid on;
xlabel('X');
ylabel('Y');
zlabel('Z');
title('三维曲面');
```

则输出结果如图 7-12 所示。

说明：

(1) EdgeColor 属性——定义曲面网格线的颜色或着色方式。

(2) FaceColor 属性——定义曲面网格片的颜色或着色方式。

(3) LineStyle 属性——定义曲面网格线的线型。

(4) LineWidth 属性——定义曲面网格线的线宽。

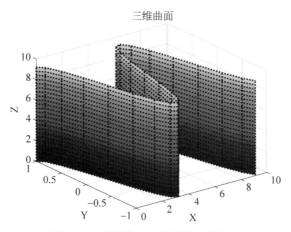

图 7-12　利用曲面对象绘制三维曲面

7. 块对象

patch 是个底层的图形函数，MATLAB 用它来创建块对象。其常用调用格式如下：

```
(1)patch(X,Y,C)                              % X 和 Y 中的元素指定了多边形的顶点，C 决定了块的颜色
(2)patch(X,Y,Z,C)                            % 创建三维坐标下的块
(3)patch(FV)                                 % 使用结构体 FV 来创建块
(4)patch('PropertyName',propertyvalue,...)   % 利用指定的属性/值参数对来指定块对象的所有属性
(5)handle = patch(...)                       % 返回创建的块对象的句柄
```

说明：patch 并不检查图形窗口的设置以及坐标轴的 NextPlot 属性，它仅仅将块对象添加到当前坐标轴。如果坐标数据不能定义封闭的多边形，patch 函数自动使多边形封闭。

块对象也继承于坐标轴对象，除了一些共有属性外，也有特有属性，其常用属性及含义如表 7-9 所示。

表 7-9　块对象的属性及含义

属 性 名	含 　　义
CData	指定沿块边缘每一点颜色的数值矩阵。只有 EdgeColor 或 FaceColor 被设为 interp 或 flat 时才使用
EdgeColor	块边缘颜色控制 none：不画边缘线 {flat}：边缘线为单一颜色，由块颜色数据的均值指定。默认值是 black(黑色) interp：边缘颜色由块顶点的值通过线性插值得到 A ColorSpec：3 元素 RGB 向量或 MATLAB 预定的颜色名之一，指定边缘为单一颜色。默认值是 black(黑色)
EraseMode	消除和重画模式 {normal}：重画影响显示的作用区域，以保证所有的对象被正确画出。也是速度最慢的一种模式 background：通过在图形背景色中重画块来消除该块。这会破坏被消除的块后的对象 xor：用块下屏幕颜色执行异或 OR(XOR)运算，画出和消除块。当画在其他对象上时会造成不正确的颜色 none：当移动或删除块时该块不会被消除

续表

属　性　名	含　义
FaceColor	块表面颜色控制 none：不画表面，但画出边缘 {flat}：颜色参量 c 中的值决定各块的表面颜色 interp：各表面颜色由 CData 属性指定的值通过线性插值决定 A ColorSpec：3 元素 RGB 向量或 MATLAB 预定的颜色名之一，指定表面为单一颜色
LineWidth	轮廓线的宽度，以点为单位。默认值为 0.5 点
XData	沿块边缘点的 X 轴坐标
YData	沿块边缘点的 Y 轴坐标
ZData	沿块边缘点的 Z 轴坐标

【例 7-11】 创建块对象实例。

输入命令：

```
x = [1 2 3;4 6 2;7 8 9];
y = [0.9 0.8 0.7;0.6 0.5 0.4;3 2 1];
z = [0.1 0.5 0.9;0.2 0.6 0.8; 0.7 0.8 0.9];
h = patch(x,y,z,[0.7,0.7,0.7])
```

则输出结果如图 7-13 所示。

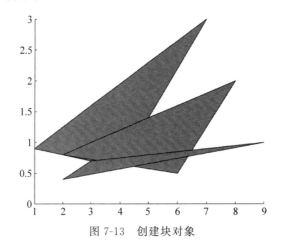

图 7-13　创建块对象

8. 图像对象

图形对象是用来存储坐标系下每一个像素点颜色的数据数组，也包括一个颜色数组。在 MATLAB 中，采用 image 函数来创建图像，其常用的调用方式为：

```
h = image(x)    % 其中 x 为图像矩阵
```

图像对象也继承于坐标轴对象，除了一些共有属性外，也有特有属性，其常用属性及含义如表 7-10 所示。

表 7-10　图像对象的属性及含义

属性名	含　　义
CData	指定图像中各元素颜色的值矩阵。image(c)将 c 赋给 CData。CData 中的元素是当前颜色映像的下标
XData	图像 X 轴数据；指定图像中行的位置。如忽略，则使用 CData 中的行下标
YData	图像 Y 轴数据；指定图像中列的位置。如忽略，则使用 CData 中的列下标

【例 7-12】　在坐标系指定范围内显示图形。

输入命令：

```
A = imread('A.jpg');
A = im2double(A);
h = image('CData',A);          % 采用 CData 属性进行图像显示
set(gca,'xlim',[0 1000],'ylim',[0 1000]);
```

则输出结果如图 7-14 所示。

图 7-14　坐标系显示图形

9. 方对象

rectangle 对象即为矩形对象，在 MATLAB 中，矩形、椭圆以及二者之间的过渡图形（如圆角矩形）都称为矩形对象。rectangle 函数的调用格式为：

```
rectangle(属性名 1,属性值 1,属性名 2,属性值 2,…)
```

方对象也继承于坐标轴对象，除共有属性外，方对象的其他常用属性及含义如表 7-11 所示。

表 7-11　方对象的常用属性及含义

属　性　名	含　　义
Position	与坐标轴的 Position 属性基本相同，相对坐标轴原点定义矩形的位置
Curvature	定义矩形边的曲率
LineStyle	定义线型
LineWidth	定义线宽，默认值为 0.5 点
EdgeColor	定义边框线的颜色

【**例 7-13**】 使用 rectangle 函数分别绘制圆形、椭圆、矩形、圆角矩形。

输入命令：

```
subplot(221)
daspect([1,1,1])
rectangle('Position',[1,2,5,10],'Curvature',[0.8,0.4],'LineWidth',2,'LineStyle','--')
title('平滑矩形')
subplot(222)
daspect([1,1,1])
rectangle('Position',[1,2,5,10],'Curvature',[1,1],'FaceColor','b')
title('椭圆')
subplot(223)
rectangle('Position',[1,2,5,5],'curvature',[1 1],'LineWidth',2,'LineStyle','--','FaceColor','r');
title('圆形')
subplot(224)
rectangle('Position',[1,2,5,5]);
title('矩形')
```

则输出结果如图 7-15 所示。

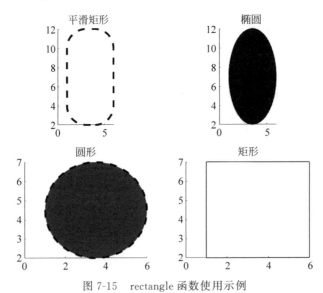

图 7-15　rectangle 函数使用示例

10. 光对象

光对象是不可见的图形对象,它用于修饰其他图形对象的显示效果。在 MATLAB 中,使用 light 函数创建发光对象,其调用格式为:

```
light(属性名1,属性值1,属性名2,属性值2,…)
```

光对象也继承于坐标轴对象,除公共属性外,光对象的其他常用属性及含义如表 7-12 所示。

表 7-12　光对象常用属性及含义

属　性　名	含　义
Color	设置光的颜色
Style	设置发光对象是否在无穷远处,可取值为 infinite(默认值)或 local
Position	该属性的取值是数值向量,用于设置发光对象与坐标轴原点的距离

【例 7-14】　光对象示例。

输入命令:

```
[x,y,z] = peaks;
surf(x,y,z);
shading interp;
```

微视频 7-3

运行后结果如图 7-16(a)所示。然后输入添加光源命令:

```
light('Style','local','Position',[1,1,10]);
```

则输出的结果如图 7-16(b)所示。该光源为点光源,光源位置为[1,1,10],并且还可以设置光源的颜色等。

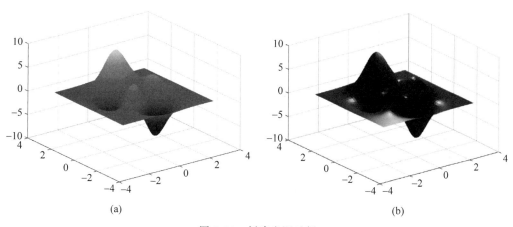

(a)　　　　　　　　　　　　　　　　(b)

图 7-16　创建光源示例

7.1.3　GUI 设计原则及步骤

GUI 是用户于计算机程序之间的交互方式,大大提高了用户使用 MATLAB 程序的易用性。因此 GUI 是 MATLAB 编程用户需要掌握的重点内容。对于 MATLAB 比较熟悉的编程者,在初次编写 GUI 的时候也并不容易掌握,所以,有必要了解 GUI 设计的原则及步骤。

1. 设计原则

1) 简洁性

在设计界面时,应力求、直接、清晰地展示整个界面的功能。无用的窗口和控件应当删除。字不如图,能用图形表示就不用文字和数值表示。尽量减少窗口之间的来回切换。

2) 整体性

界面设计的风格应尽量保持一致性,切忌前后界面风格截然不同。即保持整个界面的整体性。

3) 流畅性

设计新界面时,应充分考虑人们使用的舒适度,多使用人们熟悉的标志和符号,以保证人们可以在短时间内了解新界面的具体功能含义及操作方法。

4) 其他因素

还要注意界面的动态性。比如界面的响应速度,对于长时间的运算,需要给出等待时间提示等等,尽量做到人性化。

2. 设计步骤

(1) 分析设计任务,明确界面要实现的主要功能。

(2) 确定主要功能后,构思草图,并充分考虑使用者的感受,重新审视草图并做出修改。

(3) 按照草图,上机制作静态界面,并仔细检查。

(4) 编写界面实现动态功能的程序,并调试程序。

7.2　菜单设计

在 MATLAB 中,用户菜单对象是图形窗口的子对象。菜单是用户图形界面的一个重要组成部分。菜单一般位于图形窗口的最上面,并且常常在顶层菜单下创建下拉菜单,用户可以使用鼠标选择下拉菜单并单击,来完成菜单功能的选择。

7.2.1　建立用户菜单

MATLAB 的图形窗口有自己的菜单栏。当用户需要自己建立菜单栏时,可以先将图形窗口的 MenuBar 属性设置为 none,以取消图形窗口默认的菜单,然后再建立用户自己的菜单栏。可用 uimenu 函数建立用户菜单。

(1) 建立一级菜单项的函数调用格式为:

一级菜单项句柄 = uimenu(图形窗口句柄,属性名1,属性值1,属性名2,属性值2,…)

(2) 建立子菜单项的函数调用格式为:

子菜单句柄 = uimenu(一级菜单项句柄,属性名1,属性值1,属性名2,属性值2,…)

菜单对象除了一些公共属性外,还有一些常用的特殊属性及含义,如表 7-13 所示。

表 7-13　菜单对象常用属性及含义

属　性　名	含义及取值
Accelerator	指定菜单项等价的按键或快捷键。对于 X-Window,按键顺序是 Ctrl＋字符
BackkgroundColor	uimenu 背景色,是一个 3 元素的 RGB 向量或 MATLAB 预先定义的颜色名称
Callback	MATLAB 回调字符串,选择菜单项时,回调传给函数 eval
Checked	被选项的校验标记。on: 校验标记出现在所选选项的旁边; {off}: 校验标记不显示
Enable	菜单使能状态。{on}: 菜单项使能,选择菜单能将 callback 字符串传给 enval。off: 菜单项不使能,菜单标记变为灰色,选择菜单项不起任何作用

属　性　名	含义及取值
ForegroundColor	uimenu 前景色，是一个 3 元素的 RGB 向量或 MATLAB 预先定义的颜色名称，默认颜色为黑色
Label	含有菜单标志的文本串，在 PC 系统中，标记中前面有"&"，定义了快捷键，它由 Alt＋字符激活
Position	uimenu 对象的相对位置。顶层菜单从左到右编号，子菜单从上至下编号
Separator	分隔符一线模式。on：分隔符在菜单项之上。off：不画分隔线

【例 7-15】　利用 uimenu 函数创建菜单示例。

（1）建立一个图形窗口，输入命令：

```
h = figure('Color',[0.8,0.8,0.8],'Position',[100,100,500,400],'MenuBar','none');
```

微视频 7-4

（2）建立两个一级菜单项，分别为 File 和 Example，输入命令：

```
hfile = uimenu(h,'label','File');
hexample = uimenu(h,'label','Example');
```

（3）在 File 菜单下建立 New、Open、Close、Save、Exit 二级菜单；在 Example 下面建立 sin(x) 和 cos(x) 二级菜单，并且单击后绘制相应的图形。

```
hnew = uimenu(hfile,'label','New');
hopen = uimenu(hfile,'label','Open');
hclose = uimenu(hfile,'label','Close');
hsave = uimenu(hfile,'label','Save');
hexit = uimenu(hfile,'label','Exit');
hsin = uimenu(hexample,'label','sin(x)','callback','plot(sin([0:0.1:2 * pi]),''b'')');
hcos = uimenu(hexample,'label','cos(x)','callback','plot(cos([0:0.1:2 * pi]),''r'')');
```

输出结果如图 7-17 所示，图 7-17（a）为创建菜单项，图 7-17（b）为显示 Example 菜单下 cos(x) 函数图形。

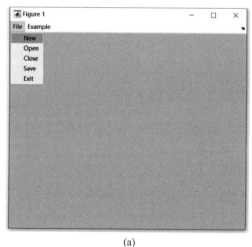
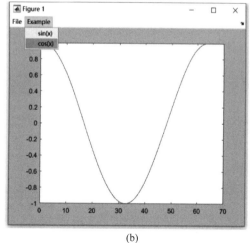

(a)　　　　　　　　　　　　(b)

图 7-17　创建菜单项示例

说明：通过上面的例子可以知道，用户单击菜单项调用 callback 属性值来执行相应的回调函数，这样才能完成要求的功能。

通常用户在使用其他软件时，右击鼠标一般都会弹出菜单，这种菜单出现的位置不是固定的，但是这种菜单的设置大大方便了人们的使用，这种菜单称为上下文菜单。

【例 7-16】 绘制曲线，并建立与之有关联的上下文菜单，用来控制曲线的颜色及线型。

输入命令：

```
h = figure(1);
x = - pi:0.01:pi;
y = sin(x);
hp = plot(x,y);
hc = uicontextmenu;      % 建立上下文菜单
hs = uimenu(hc,'Label','线型');
uimenu(hs,'Label','实线','CallBack','set(hp,''LineStyle'',''-'')');
uimenu(hs,'Label','虚线','CallBack','set(hp,''LineStyle'','':'')');
hco = uimenu(hc,'Label','颜色');
uimenu(hco,'Label','红色','callback','set(hp,''color'',''r'')');
uimenu(hco,'Label','黄色','callback','set(hp,''color'',''y'')');
uimenu(hco,'Label','蓝色','callback','set(hp,''color'',''b'')');
set(hp,'UIContextMenu',hc);
```

输出结果如图 7-18 所示。

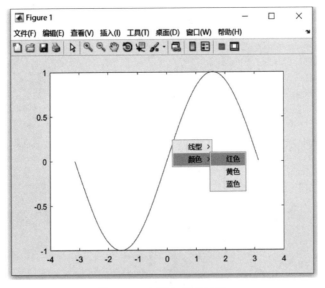

图 7-18 上下文菜单示例

7.2.2 快捷菜单

Label 属性定义了出现在菜单或菜单项中的标志。用户可以在此基础上添加快捷键功能，一般有两种方法：Accelerator 可以用来定义程序的快捷键，或者在所需字符前加上"&"。

【例 7-17】　续例 7-15,建立菜单快捷键。要求分别为 $\sin(x)$、$\cos(x)$ 设置快捷键。
修改例 7-15 最后两行程序,输入命令:

```
hsin = uimenu(hexample,'label','sin(x)','callback','plot(sin([0:0.1:2 * pi]),''b'')',
Accelerator','s');
hcos = uimenu(hexample,'label','cos(x)','callback','plot(cos([0:0.1:2 * pi]),''r'')',
Accelerator','c');
```

输出结果如图 7-19 所示。

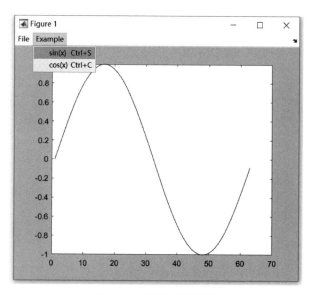

图 7-19　设置快捷键示例

7.3　对话框设计

在 MATLAB 中,GUI 编程和 M 文件编程相比,GUI 编程除了要编写程序代码以外,
还要编写前台的界面。图形用户界面编程的前台界面主要包括按钮、单选按钮、框架、复选
框、文本标签、编辑文本框、滑动条、下拉菜单、列表框和双位按钮等。

7.3.1　对话框的控件

1. 按钮

按钮键是界面中小长方形屏幕对象,常常按钮本身有文本标记。将鼠标指针移动至对
象来选择按钮键 uicontrol,单击鼠标按钮,执行回调字符串所定义的动作。按钮键主要用
来响应鼠标单击事件的交互组件。通常不触发情况下,按钮处于上凸的弹起状态,当鼠标单
击触发后,按钮处于下凹的状态。

【例 7-18】　按钮控件示例。要求建立 3 个按钮,分别为“绘制 $\sin(x)$”、“绘制 $\cos(x)$”
和 Exit,当单击按钮时分别实现绘制 $\sin(x)$ 图像、绘制 $\cos(x)$ 图像、关闭当前窗口的操作。

输入命令:

```
Clc;clear
hf = figure('Position',[200 200 600 400] ,'Name','Uicontrol1', 'NumberTitle','off');
ha1 = axes('Position',[0.1 0.35 0.35 0.5],'Box','on');
ha2 = axes('Position',[0.6 0.35 0.35 0.5],'Box','on');
hbSin = uicontrol(hf,'Style', 'pushbutton',...
            'Position',[100,60,100,30],...                % sin(x)按钮位置
         'String','绘制 sin(x)','CallBack',...            % sin(x)按钮回调函数
            ['subplot(ha1);''x = 0:0.1:4 * pi;'...
            'plot(x,sin(x));''axis([0 4 * pi − 1 1]);'...
            'xlabel(''x'');''ylabel(''y = sin(x)'');']);
hbCos = uicontrol(hf,'Style','pushbutton',...
            'Position',[400,60,100,30],...                % cos(x)按钮位置
         'String','绘制 cos(x)','CallBack',...            % cos(x)按钮回调函数
            ['subplot(ha2);''x = 0:0.1:4 * pi;'...
            'plot(x,cos(x));''axis([0 4 * pi − 1 1]);'...
            'xlabel(''x'');''ylabel(''y = cos(x)'');']);
hbClose = uicontrol(hf,'Style', 'pushbutton',...
            'Position',[250,60,100,30],...                % Exit 按钮位置
            'String','Exit',...'CallBack','close(hf)');
```

输出结果如图 7-20 所示。

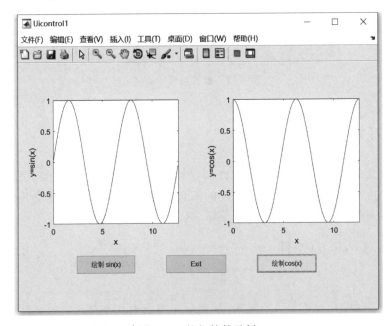

图 7-20　按钮控件示例

2. 双位按钮

双位按钮类似于按钮,有上凸和下凹两种状态。激活时,uicontrol 在检查和清除状态之间切换。双位按钮的 style 属性值是 toggle。

【**例 7-19**】 双位按钮示例。

输入命令：

```
clc;clear;
hf = figure('Position',[200 200 600 400]);
htg = uicontrol(gcf,'style','toggle',…       % 创建双位按钮
        'string','关闭菜单栏','position',[50,200,100,40],…
        'callback',['if length(get(gcf,''menubar'')) = = 6 & get(gcf,''menubar'') = = ''figure'';'…
        'set(gcf,''menubar'',''none'');''else;''…
        'set(gcf,''menubar'',''figure'');end;']);
```

输出结果如图 7-21 所示，其中图 7-21(a)为显示菜单，图 7-21 (b)为关闭菜单栏。

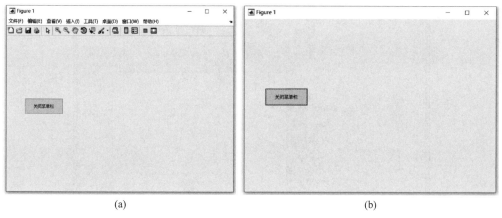

(a)   (b)

图 7-21 双位按钮示例

3. 单选按钮

单选按钮由一个文本标志的字符串及其左侧圆圈组成。当该单选按钮被选中时，该圆圈被填充，且属性 Value 的值为 1；反之，圆圈为空，属性 Value 值为 0。

【**例 7-20**】 单选按钮示例。要求分别设置 Set box on/Set box off 单选按钮和 Grid on/Grid off 单选按钮。

输入命令：

```
Clear;clc;
hf = figure('Position',[200 200 600 400]);
ha = axes('Position',[0.4 0.1 0.5 0.7]);
hrboxon = uicontrol(gcf,'Style','radio',…              % Set box on 按钮
                'Position',[50 180 100 20],…
                'String','Set box on','Value',0,…
                'CallBack',['set(hrboxon,''Value'',1);'…
        'set(hrboxoff,''Value'',0);''set(gca,''box'',''on'');']);
hrboxoff = uicontrol(gcf,'Style','radio',…             % Set box off 按钮
        'Position',[50 210 100 20],'String','Set box off',…
        'Value',1,'CallBack',['set(hrboxon,''Value'',0);'…
        'set(hrboxoff,''Value'',1);''set(gca,''box'',''off'');']);
```

```
hgon = uicontrol(gcf, 'Style', 'radio',···              % Grid on 按钮
        'Position',[50 270 100 20], 'String', 'Grid on',···
        'Value',0, 'CallBack',['set(hgon,''Value'',1);'···
        'set(hgoff,''Value'',0);''Grid on']);
hgoff = uicontrol(gcf, 'Style', 'radio',···             % Grid off 按钮
        'Position',[50 300 100 20], 'String', 'Grid off',···
        'Value',1, 'CallBack',['set(hgon,''Value'',0);'···
        'set(hgoff,''Value'',1);''Grid off']);
```

输出结果如图 7-22 所示。

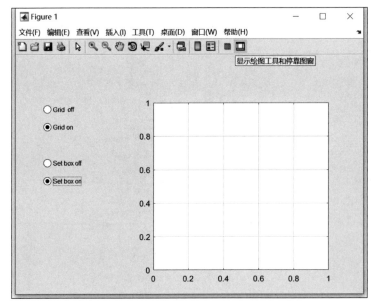

图 7-22 单选按钮示例

4. 复选框

复选框由标志文字和在其左边的小方框构成。当复选框被触发时,小方框内有对勾,且其 Value 属性值为 1; 反之,小方框为空,Value 属性值为 0。复选框一般用于表明选项的状态或属性。

【例 7-21】 复选框创建实例。要求绘制 $\sin(x)$ 图形,并分别设置 Set box on 复选框和 Grid on 复选框。

输入命令:

```
Clear;clc;
hf = figure('Position',[200 200 600 400]);
ha = axes('Position',[0.3 0.3 0.5 0.6]);
hcGrid = uicontrol(hf, 'Style', 'check',···              % Grid on 复选框
        'Position',[200 30 100 20],···
        'String', 'Grid on', 'Value',0,···
    'CallBack',['if get(hcGrid,''Value'') == 1;'···       % 判断是否被选中
```

```
                'grid on;''else;''grid off;''end;']);
hbox = uicontrol(hf,'Style','check',…          % Set box on 复选框
             'Position',[200 60 100 20],…
             'String','Set box on','Value',0,…
             'CallBack',['if get(hbox,''Value'') == 1;'…
                'set(gca,''Box'',''on'');''else;'…
                'set(gca,''Box'',''off'');''end;']);
hbSin = uicontrol(hf,'Style','pushbutton',…
             'Position',[400,40,100,30],'String','绘制 sin(x)',…
             'CallBack',['subplot(ha);''x = 0:0.1:4 * pi;'…
             'plot(x,sin(x));''axis([0 4 * pi - 1 1]);'…
             'xlabel(''x'');''ylabel(''y = sin(x)'');']);
```

则输出结果如图 7-23 所示。

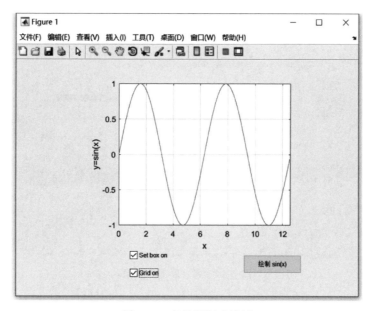

图 7-23　复选框创建示例

5. 列表框

列表框列出一些选项的清单,用户可以选择其中的多个项目来设置程序运行需要的输入参数。其中 Value 属性的值为被选中选项的序号,同时指示了选中选项的个数。

【例 7-22】　列表框示例。绘制曲线并通过列表框修改曲线的线型。

输入命令:

```
Clear;clc;
PlotSin = ['lineSymbols = {'' + '',''o'','' * '',''. '',''x''};'…
      'k = get(hlist,''Value'');'…                % 获取列表框 value 属性值
      'subplot(ha);''x = 0:0.1:4 * pi;'…
      'plot(x,sin(x),lineSymbols{k});'…          % 绘制函数图像
```

```
        'axis([0 4 * pi - 1 1]);''xlabel(''x'');'…
        'ylabel(''y = sin(x)'');'];
hf = figure('Position',[200 200 600 400]);
ha = axes('Position',[0.1 0.1 0.5 0.7]);
hbSin = uicontrol(hf,'Style','pushbutton',…
            'Position',[400,120,100,30],…
            'String','绘制 sin(x)','CallBack',PlotSin);
hlist = uicontrol(gcf,'Style','list',…                    % 创建列表框
            'position',[400,200,150,100],…
        'string','加号|圆圈|星号|实点|X符号','CallBack',PlotSin);
```

输出结果如图 7-24 所示。

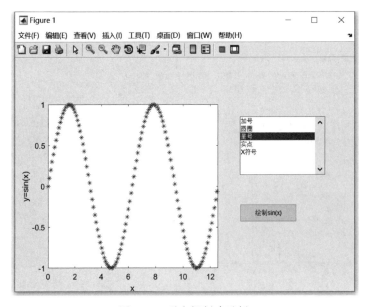

图 7-24   列表框创建示例

6. 弹出框

弹出式菜单,向用户提供了一组互斥的选项,用户只能从中选择一个选项。弹出式菜单以矩形的形式出现,在矩形框的右侧有一个向下的箭头。弹出式菜单的 Style 属性的默认值是 popupmenu,在 String 属性中设置弹出式菜单的选项字符串,在不同的选项之间用"|"分割,类似于换行。

【例 7-23】 弹出框示例。

输入命令:

```
Clear;clc;
PlotSin = ['lineSymbols = {''r'',''b'',''k'',''y'',''g''};'…
        'k = get(hpop, ''Value'');'…                    % 获取弹出菜单的 Value 属性值
        'subplot(ha);''x = 0:0.1:4 * pi;'…
        'plot(x,sin(x),lineSymbols{k});'];              % 绘制曲线
```

```
hf = figure('Position',[200 200 600 400]);
ha = axes('Position',[0.1 0.1 0.5 0.7]);
hbSin = uicontrol(hf,'Style','pushbutton',…
                'Position',[400,120,100,30],…
                'String','绘制 sin(x)','CallBack',PlotSin);
hpop = uicontrol(gcf,'Style','popupmenu',…        % 创建弹出菜单
                'position',[400,200,150,100],…
        'string','红色|蓝色|黑色|黄色|绿色','CallBack',PlotSin);
```

输出结果如图 7-25 所示。

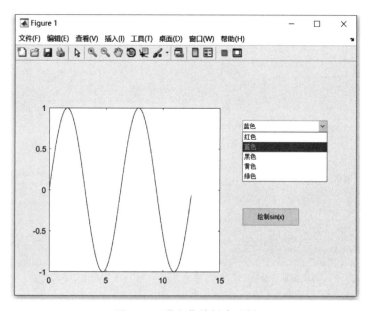

图 7-25　弹出菜单创建示例

7. 静态文本

静态文本是显示固定字符串的标签区域,用户不能动态修改所显示的文本。静态文本的 Style 属性值是 text。

【例 7-24】 静态文本示例。

输入命令:

```
hf = figure('Position',[200 200 600 400]);
htDemo = uicontrol(hf,'Style','text','Position',[300    300    100 30],'String','静态文本','
fontsize',16);
```

输出结果如图 7-26 所示。

8. 编辑框

编辑框可用于在屏幕上显示字符。与静态文本相比,编辑框允许用户动态的编辑或重新安排文本串,通常用于让用户输入文本串或特定值,为程序运行提供输入参数。编辑框 uicontrol 的 Style 属性值为 edit。

图 7-26 静态文本示例

【例 7-25】 编辑框示例。

输入命令:

```
Clear;clc;
varX = ['NumStr = get(heA,''String'');',…          % 获取编辑框 heA 数值
        'A = str2num(NumStr);',…
        'NumStr1 = get(heW,''String'');',…         % 获取编辑框 heW 数值
        'w = str2num(NumStr1);',…
        'NumStr2 = get(heO,''String'');',…         % 获取编辑框 heO 数值
        'o = str2num(NumStr2);','x = 0:0.1:4 * pi;'];
hf = figure('Position',[200 200 600 400]);
ha = axes('Position',[0.4 0.1 0.5 0.7]);
hbSin = uicontrol(hf,'Style','pushbutton',…
        'Position',[50,140,100,30],'String','绘制正弦函数',…
    'CallBack',[varX,'subplot(ha);''plot(x,A * sin(x * w + o));''…
        'axis([0 4 * pi − A A]);']);
htA = uicontrol(hf,'Style','text',…
                'Position',[50 300 20 20],'String','A');
heA = uicontrol(hf,'Style','edit',…                % 创建编辑框
                'Position',[80 300 100 20],'String','4');
htW = uicontrol(hf,'Style','text','Position',[50 270 20 20],…
                'String','ω');
heW = uicontrol(hf,'Style','edit',…                % 创建编辑框
                'Position',[80 270 100 20],'String','4');
htO = uicontrol(hf,'Style','text',…
                'Position',[50 240 20 20],'String','Φ');
heO = uicontrol(hf,'Style','edit',…                % 创建编辑框
                'Position',[80 240 100 20],'String','4');
```

输出结果如图 7-27 所示。

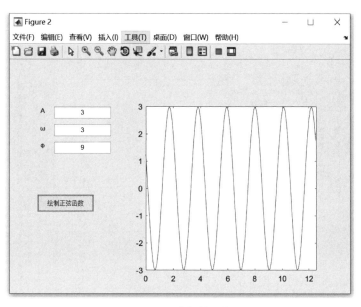

图 7-27　编辑框示例

9. 滑动条

滑动条可以用来滑动取值,包括 3 部分:滚动槽、指示器、两头箭头,主要应用于为程序提供参数,且这个参数在一定数值范围内,通过拖动指示器或者单击空白滚动槽或者单击两头箭头 3 种方式可以实现数值的改变。滑动条 uicontrol 的 Style 属性值为 slider。

【例 7-26】 滑动条示例。

输入命令:

```
Clear;clc;
PlotSin = ['k = get(hs,''Value'');'…              % 获取滑动条数值
        'subplot(ha);''x = - 100:1:100;'…
        'plot(x,(x.^k));'];                        % 绘制曲线
hf = figure('Position',[200 200 600 400]);
ha = axes('Position',[0.4 0.1 0.5 0.7]);
hb = uicontrol(hf,'Style','pushbutton',…
                'Position',[50,140,100,30],'String','x^k',…
                'CallBack',PlotSin);
htminmax = uicontrol(hf,'Style','text',…
                'Position',[50 330 100 20],…
                'String','k = - 10 10');
hs = uicontrol(hf,'Style','slider',…                % 创建滑动条
                'Position',[50 310 100 20],'value',2,…
                'Min', - 10,'Max',10,'CallBack',PlotSin);
```

输出结果如图 7-28 所示。

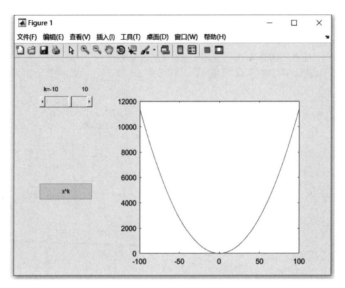

图 7-28　滑动条示例

10. 边框

Frame 对象是一个矩形区域,主要利用矩形区域划分出单选按钮或其他 uicontrol 对象。其 style 属性值为 frame。在将其他控件放到边框内之前,应先定义好边框;否则,边框容易覆盖掉其他控件。

【**例 7-27**】　边框示例。

续例 7-25,在创建编辑框之前输入命令:

```
hfr = uicontrol(gcf,'Style','frame','Position',[48 230 160 100]);
```

输出结果如图 7-29 所示。

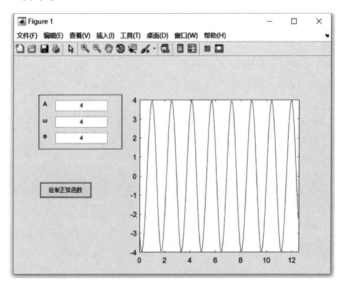

图 7-29　边框示例

7.3.2 对话框的设计

对话框是用户与计算机进行信息交流的临时窗口,在软件设计过程中借助于对话框可以更好地满足用户的操作需求。

MATLAB 提供了几种标准的对话框直接调用函数,其含义如表 7-14 所示。

表 7-14 对话框直接调用函数及含义

函 数	含 义	函 数	含 义
dialog	创建对话框	uisetcolor	设置颜色对话框
errordlg	出错对话框	uisetfont	设置字体对话框
helpdlg	帮助对话框	questdlg	提问对话框
inputdlg	输入对话框	uigetfile	打开文件对话框
msgbox	消息对话框	warndlg	警告对话框
uiputfile	保存文件对话框		

1. 普通对话框

对话框是一种窗口,用 dialog 命令生成,调用格式为:

```
h = dialog('propertyname',propertyvalue,...)
```

例如,创建一个普通对话框。
输入命令:

```
f = dialog('name','普通对话框','position',[300 200 300 200]);
```

输出结果如图 7-30 所示。

2. 颜色、字体设置对话框

颜色设置对话框可以实现交互式地设置颜色,对应函数调用格式为:

```
h = uisetcolor(h_or_c,'DialogTitle');
```

其中,h_or_c 可以是一个图形的句柄或是 RGB 三元组,DialogTitle 为颜色设置对话框标题。

例如,创建一个颜色设置对话框。
输入命令:

图 7-30 普通对话框示例

```
fc = uisetcolor('选择颜色')
```

运算结果如图 7-31(a)所示,选择红色,则输出计算结果为:

```
fc =
     0    1    0
```

字体设置的创建函数是 uisetfont,常用调用格式为:

uisetfont(h,'DialogTitle')	% 显示字体设置对话框,给对象 h 设置字体相关属性,
	% DialogTitle 是对话框的标题
uisetfont(S,'DialogTitle')	% 显示字体设置对话框,S 是定义好的有效的相关字体的全
	% 部或部分属性

例如,创建设置字体对话框。

输入命令:

```
ft = uisetfont
ft = fontsize:10
```

输出结果如图 7-31(b)所示。

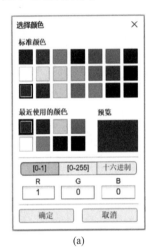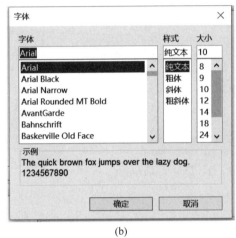

(a)　　　　　　　　　　　　　　　(b)

图 7-31　颜色和字体设置对话框

3. 消息对话框

消息对话框的创建函数为 msgbox,其常用调用格式为:

```
msgbox = ('Message','Title','Icon')
```

其中,Message 表示对话框显示的信息;Title 表示对话框名称;Icon 表示对话框中要加入的图标。

例如,设置一个消息对话框。

输入命令:

```
fbox = msgbox('数值超出范围,请仔细检查','温馨提示','warn');
```

输出结果如图 7-32 所示。

4. 提问对话框

提问对话框用来向用户提出问题,可以显示 2个或 3个按钮,其创建函数为 questdlg()。

图 7-32　消息对话框

7.4 可视化图形用户界面设计

为了便捷地进行用户界面设计,MATLAB 提供了图形用户界面开发环境,使得用户界面的设计更加方便,整个设计过程也更加清晰、简单、直接。用户只需要和前台界面的控件发生交互,不需要编写复杂的程序即可完成设计,实现了"所见即所得"。

7.4.1 图形用户界面设计窗口

1. GUI 设计模板

打开 MATLAB,在命令窗口输入 guide,这样就可以进入创建 GUI 的界面,如图 7-33 所示。

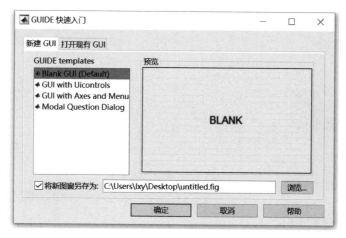

图 7-33　GUI 设计模板

MATLAB 为 GUI 设计提供了 4 种模板,分别是 Blank GUI(默认模板,即空白模板)、GUI with Uicontrols(带控件对象的 GUI 模板)、GUI with Axes and Menu(带坐标轴与菜单的 GUI 模板)、Model Question Dialog(带模板问题对话框的 GUI 模板)。用户选择其中一种模板,单击"确定"按钮,即可创建相应的模板界面。

2. GUI 设计窗口

选择 Blank GUI 模板,显示如图 7-34 所示的 GUI 设计窗口。

GUI 设计窗口由菜单栏、工具栏、控件工具栏、图形对象设计区等部分组成。

在 GUI 设计窗口的工具栏上,由 Align Objects(位置调整器)、Menu Editor(菜单编辑器)、Tab Order Editor(Tab 顺序编辑器)、M-file Editor(M 文件编辑器)、Property Inspector(属性查看器)、Object Browser(对象浏览器)和 Run(运行)等命令按钮,通过这些工具可以方便快捷地设计 GUI。

GUI 设计窗口的左侧是控件工具栏,包括 Push Button、Slider、Radio Button、Check Box、Edit Text、Static Text、Popup Menu、Listbox、Toggle Button、Axes 等控件对象,这些控件是构成 GUI 的基本元素。

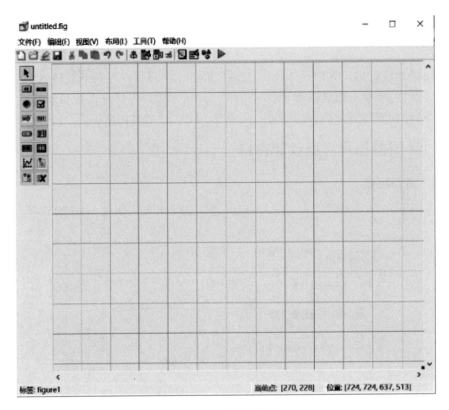

图 7-34　GUI 设计模板窗口

7.4.2　可视化设计工具

为了更便捷地设计 GUI，MATLAB 的用户界面提供了多种设计工具，主要的用户设计界面工具及用途如表 7-15 所示。

表 7-15　用户界面设计工具及用途

工 具 名 称	用　途
对象属性检查器	查看、修改、设置每个对象的属性值
菜单编辑器	创建、设计、修改弹出式菜单和快捷菜单
位置调整工具	进行上下左右的位置调整，以及调整各个对象之间的相对位置
对象浏览器	查看设计阶段各个句柄的图形图像
Tab 顺序编辑器	设置当用户按下 Tab 键时，对象被选中的先后顺序
M 文件编辑器	通过该工具编写 M 文件

1. 对象属性检查器

利用对象属性检查器即可查看、修改、设置对象的属性值。打开对象属性查看器的方法主要有：

（1）双击界面中的对象；

（2）在左侧工具栏中选择"属性检查器"；

（3）在菜单栏选择"属性检查器"；

（4）右击控件对象，在弹出的快捷菜单中选择"属性检查器"。

对象属性检查器如图 7-35 所示。

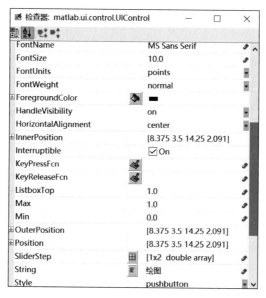

图 7-35　对象属性检查器

2. 菜单编辑器

利用菜单编辑器，可以创建、修改、设置弹出式菜单和快捷菜单。在"工具"菜单栏里单击"菜单编辑器"，即可打开"菜单编辑器"，如图 7-36（a）所示。

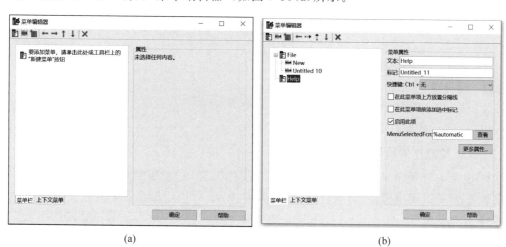

(a)　　　　　　　　　　　　　　(b)

图 7-36　"菜单编辑器"界面

"菜单编辑器"菜单栏的第一个按钮用于创建一级菜单项，通过单击即可创建一级菜单。第二个按钮用于创建子菜单，再选中其中一级菜单，再单击该按钮即可创建选中菜单的子菜单。选中创建好的菜单后，可在右侧设置、修改菜单的属性。

在"菜单编辑器"的左下角有两个按钮,选中第二个按钮"上下文菜单",可以发现菜单栏的第三个按钮可用,即可创建上下文菜单。

菜单栏的第四个和第五个按钮用于对选中菜单进行左右移动,第六个和第七个按钮用于对选中的菜单进行上下移动,最后一个按钮用于删除选中的菜单。创建的菜单如图 7-36(b)所示。

3. 位置调整工具

同时选中需要调整的多个控件,打开"对齐对象"工具,利用该工具,可以实现对 GUI 对象设计区内多个对象的位置进行调整,如图 7-37 所示。

打开的对象调整器共分两栏:第一栏是垂直方向的位置调整;第二栏是水平方向的位置调整。也可以自定义指定各控件之间水平、垂直方向的绝对距离。

4. 对象浏览器

利用"对象浏览器"可以查看当前设计阶段的各个句柄的图形对象,如图 7-38 所示。

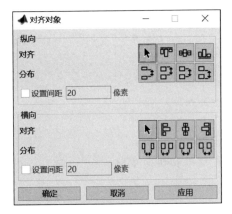

图 7-37　位置调整器

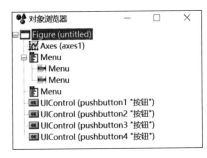

图 7-38　对象浏览器

"对象浏览器"可以通过 3 种方式打开:

(1) 通过菜单栏选择"对象浏览器"打开;

(2) 通过 GUI 设计窗口的工具栏选择"对象浏览器";

(3) 在设计区域右击打开"对象浏览器"。

5. Tab 键顺序编辑器

利用"Tab 键顺序编辑器",可以设置用户按 Tab 键时,对象被选中的先后顺序。在菜单栏下选择"Tab 键编辑器"即可打开,如图 7-39 所示。在"Tab 键顺序编辑器"的左上角有两个按钮,分别用于设置对象按 Tab 键时选中的先后顺序。

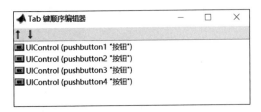

图 7-39　Tab 键顺序编辑器

6. M 文件编辑器

MATLAB 中的 M 文件编辑器如图 7-40 所示。可通过单击"视图"菜单中的"编辑器"命令打开 M 文件编辑器。

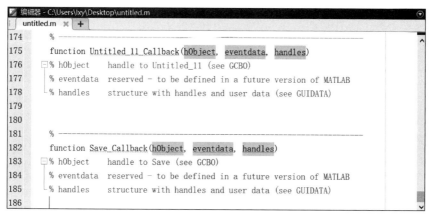

图 7-40　M 文件编辑器

7.5　基于 MATLAB GUI 的日历设计

7.5.1　控件绘制与属性设置

1. 控件绘制并调整位置

在 MATLAB 的命令窗口中运行 guide 命令,来打开 GUIDE 界面,选择空模板,单击"确定"按钮,即可打开 GUIDE 设计界面。

在 GUIDE 界面通过鼠标拖动左侧图标添加相应控件,共添加 51 个静态文本、2 个编辑框、1 个按钮。添加完成后,利用"对齐对象"工具调整控件位置。最终效果如图 7-41 所示。

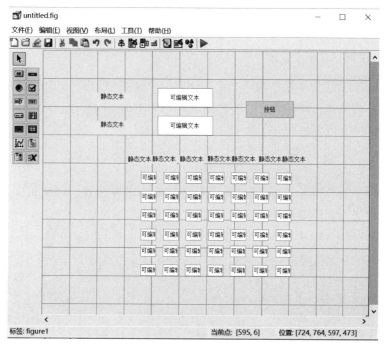

图 7-41　控件位置调整

2. 属性设置

双击所要设置属性的控件,即可弹出属性检查器进行设置。

按钮设置 Tag 属性为: rili_pushbutton,且设置 String 属性为: 显示日历;对于输入年份月份的编辑框分别设置 Tag 属性为: nian_edit、yue_edit,且设置 String 属性均为空;对于 42 个文本编辑框的 String 属性均为空,且 Tag 属性从左到右依次为 edit3、edit4、……、edit44。

设置完成后得到的界面如图 7-42 所示。

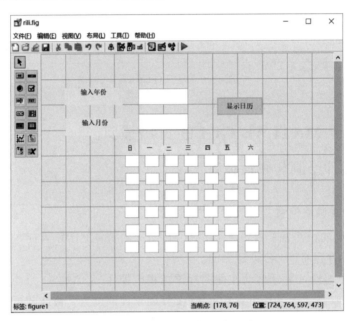

图 7-42　属性设置完成效果图

7.5.2　存储 GUI 程序

MATLAB将 GUI 文件保存在两个文件中: 一个是扩展名为.gif 的文件,它包含了对界面中所有控件的描述;另一个是扩展名为.m 文件,它包含了控制 GUI 的所有代码及回调事件。

7.5.3　编写 M 文件

单击编辑器中的"转至"图标,可以看到各个对象的回调函数。通过相应选项就可以跳转到相应的位置进行程序编辑。

在 function nian_edit_Callback(hObject, eventdata, handles)后输入如下代码:

```
input = str2num(get(hObject,'String'));
if(isempty(input))
    set(hObject,'String','0')
end
guidata(hObject,handles);
```

在 function yue_edit_Callback(hObject，eventdata，handles)后输入如下代码：

```
input = str2num(get(hObject,'String'));
if(isempty(input))
    set(hObject,'String','0')
end
if input > = 13
    errordlg('月份不能超过 12','警告')
end
guidata(hObject,handles);
```

在 function rili_pushbutton_Callback(hObject，eventdata，handles)后输入如下代码：

```
nian = get(handles.nian_edit,'String');        % 获取用户填入的年份信息
yue = get(handles.yue_edit,'String');          % 获取用户填入的月份信息
year = str2num(nian);
month = str2num(yue);
for m = 1:12                                    % 找到该年每个月各有多少天
    if mod(year,4) == 0&mod(year,100) ~ = 0|mod(year,400) == 0
        D = [31 29 31 30 31 30 31 31 30 31 30 31];
    else
        D = [31 28 31 30 31 30 31 31 30 31 30 31];
    end
        Y = D(1:m);
end
run = 0;
ping = 0;
for q = 1:year - 1
    if(mod(q,4) == 0&mod(q,100) ~ = 0)|mod(q,400) == 0
        run = run + 1;
    else
        ping = ping + 1;
    end
end
S = 366 * run + 365 * ping;
for p = 1:month - 1
    S = S + Y(p);
end
n = Y(month);
A = zeros(n,1);
S = S + 1;
w = mod(S,7);                                   % 计算该月第一天是星期几
for k = 1:n
    A(w + k) = k;
end
T = [A(1:end);zeros(42 - length(A),1)];        % 没有的日期用 0 表示
set(handles.edit3,'String',num2str(T(1)));
set(handles.edit4,'String',num2str(T(2)));
set(handles.edit5,'String',num2str(T(3)));
                                               % 以此类推,在 M 文件中需全部写出
```

```
set(handles.edit43,'String',num2str(T(41)));
set(handles.edit44,'String',num2str(T(42)));
guidata(hObject,handles);
```

7.5.4 运行与调试

整个 GUI 程序设计完成以后,单击"运行"按钮的效果如图 7-43 所示。

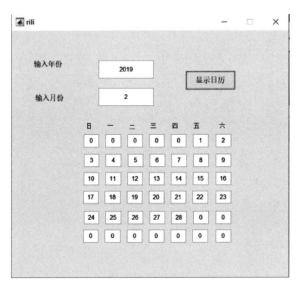

图 7-43 日历运行效果图

实训项目七

本实训项目的目的如下:

- 掌握菜单设计的方法。
- 掌握建立控件对象的方法。
- 掌握对话框的设计方法。
- 利用 MATLAB GUI 对简单系统进行设计并调试运行。

7-1 在图形窗口默认菜单条上增加一个 Plot 菜单项,利用该菜单项在本窗口绘制三维曲面图形。

7-2 为图形窗口建立快捷菜单,用以控制窗口的背景颜色和大小。

7-3 设计一个图形用户界面,其中有一个坐标平面和两个按钮:当单击第一个按钮时,在坐标系绘制一幅图像;当单击第二个按钮时,退出。

7-4 设计一个图形用户界面,其中有一个坐标系,当单击绘图按钮时,在坐标系绘制余弦函数图像,设置两个弹出菜单,分别用来改变该曲线的颜色和线型。

7-5 设计一个滑条(滚动条)界面。功能:通过移动中间的滑块选择不同的取值并显示在数字框中,如果在数字框中输入指定范围内的数字,滑块将移动到相应的位置,如图 7-44 所示。

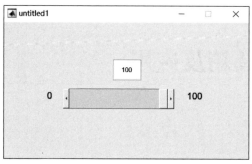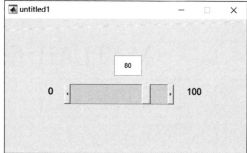

图 7-44　滑条(滚动条)界面

提示：滑条块对象的 callback 函数中的内容为：

```
val = get(handles.slider1,'value');
set(handles.edit1,'string',num2str(val));
```

文本框 callback 函数中的内容为：

```
str = get(handles.edit1,'string'); set(handles.slider1,'value',str2num(str));
```

7-6　利用图形用户界面，实现记事本"文件"菜单下的"新建""打开""保存""另存为""退出"菜单项功能。

7-7　设计基于 MATLAB GUI 的光的双缝干涉实验。

第8章

MATLAB 工具箱及应用

MATLAB 有 50 多个工具箱,大致可分为两类:功能型工具箱和领域型工具箱。功能型工具箱主要用来扩充 MATLAB 的符号计算功能、图形建模仿真功能、文字处理功能以及与硬件实时交互功能,能用于多种学科;而领域型工具箱是专业性很强的。

MATLAB 对许多专门的领域都开发了功能强大的模块集和工具箱。一般来说,它们都是由特定领域的专家开发的,用户可以直接使用工具箱学习、应用和评估不同的方法而不需要自己编写代码。涉及领域包括数据采集、数据库接口、概率统计、样条拟合、优化算法、偏微分方程求解、神经网络、小波分析、信号处理、图像处理、系统辨识、控制系统设计、LMI 控制、鲁棒控制、模型预测、模糊逻辑、金融分析、地图工具、非线性控制设计、实时快速原型及半物理仿真、嵌入式系统开发、定点仿真、DSP 与通信、电力系统仿真等,都在工具箱(Toolbox)家族中占据了一席之地。

本章简要介绍 5G 工具箱、计算机视觉工具箱、音频工具箱的功能和构成,对 3 种 MATLAB 工具箱:信号处理工具箱、通信系统工具箱、控制系统工具箱的功能及应用给出了相应的示例。通过本章的学习,可掌握有关工具箱的基本知识和操作,初步学会使用有关工具箱去解决科研和工程中的实际问题。

本章要点:

(1) MATLAB 工具箱。

(2) MATLAB 信号处理工具箱。

(3) MATLAB 通信系统工具箱。

(4) MATLAB 控制系统工具箱。

学习目标:

(1) 了解 MATLAB 工具箱的功能。

(2) 掌握 MATLAB 信号处理工具箱及应用。

(3) 掌握 MATLAB 通信系统工具箱及应用。

(4) 掌握 MATLAB 控制系统工具箱及应用。

(5) 掌握运用有关工具箱解决科研和工程中的实际问题。

8.1 MATLAB 工具箱

MATLAB 工具箱就是一些 M 文件的集合。用户可以修改工具箱中的函数,更为重要的是,用户可以通过编制 M 文件来任意添加工具箱中原来没有的工具函数。此功能充分体现了 MATLAB 语言的开放性。

8.1.1 MATLAB 工具箱概述

1. 工具箱简介

MATLAB R2020a 有 50 多个工具箱,大致可分为两类:功能型工具箱(通用型)和领域型工具箱(专用型)。功能型工具箱主要用来扩充 MATLAB 的数值计算和符号计算功能、图形建模仿真功能、文字处理功能以及与硬件实时交互功能,能用于多种学科。领域型工具箱是专业性很强的,如控制系统工具箱(Control System Toolbox)、信号处理工具箱(Signal Processing Toolbox)、财政金融工具箱(Financial Toolbox)等,只适用于本专业。

2. MATLAB 主工具箱

前面介绍的数值计算、符号运算、绘图以及句柄都属于 MATLAB 主工具箱的内容,是 MATLAB 的基本部分,位于 matlab\toolbox\matlab。MATLAB 主工具箱是任何版本都不可缺少的,MATLAB 主工具箱中有许多函数库。

(1) 各函数库或工具箱中的函数可用"help+工具箱(函数库)名"查询,如

```
help optim
```

(2) 具体函数的内容可以用"type+函数名"查看,如

```
type laplace
```

(3) 函数文件定位使用 which,如

```
which laplace
```

3. 工具箱的添加

很多时候要将一个工具箱添加到系统中来运行。如果是 MATLAB 安装光盘上的工具箱,则可以重新执行安装程序,选中即可;如果是单独下载的工具箱,那么一般情况下仅需要把新的工具箱解压到某个目录下,用 addpath 命令或者 pathtool 添加工具箱的路径,用 which newtoolbox_command.m 来检验其是否可以访问,如果能够显示新设置的路径,则表明该工具箱可以使用。如果是自己编写的工具箱,则添加方法同上。

8.1.2 MATLAB R2020a 新增主要功能

1. 深度学习

在 MATLAB R2020a 中,发布了对深度学习功能支持的重要更新,包括进一步优化了交互式应用程序的功能,扩展了深度学习框架以支持高级网络架构的实现,推出了强化学习工具箱(Deep Learning Toolbox),可帮助用户:

(1) 使用全新的 Experiment Manager 应用程序来管理多个深度学习实验、跟踪训练参数,分析并比较结果和代码;

(2) 使用 Deep Network Designer 应用程序交互式训练网络以进行图像分类、生成用于

训练的 MATLAB 代码并访问预训练的模型。

2. 人工智能

在 MATLAB R2020a 中,GPU Coder 提供了一组更广泛的网络,以便在云和边缘设备上实现 AI 系统,这些网络包括 Darknet-19、Darknet-53、Inception-ResNet-v2、NASNet-Large 和 NASNet-Mobile。

3. 信号处理和通信

在 MATLAB R2020a 中,推出了信号处理和通信相关领域的很多重大更新,包括:支持混合信号领域的仿真的和信号完整性分析的工具;5G 通信链路仿真及 HDL 代码生成工具;用于 SoC 仿真的和代码生成的工具;更多的函数、模块支持代码生成,包括 C/C++ 代码生成、HDL 代码生成、GPU 代码生成等;在信号处理采用深度学习和机器学习方面,加入了很多新示例和新 App 工具。

4. 图像处理和计算机视觉

在 MATLAB R2020a 中,推出了 Simulink Support Package for OpenCV 的支持包;加大了对各种嵌入式处理器的代码生成的支持,包括英伟达 GPU 和 ARM Mali GPU,以及 ARM 多核处理器的代码自动生成;还推出了对于巨幅图像的导入、多尺寸目标标注、非平衡目标训练和检测;提供了对视觉 SLAM 和 Lidar SLAM 的全面支持。

5. 自主系统和自动驾驶

MATLAB 在 R2018b 和 R2019b 版本中分别推出了 Sensor Fusion and Tracking Toolbox(传感器融合与跟踪工具箱)和 Navigation Toolbox(导航工具箱),用于处理传感器融合与目标跟踪问题,以及定位、导航和运动规划问题。在 R2020a 版本中,提供了新的跟踪场景设计器、激光雷达和毫米波雷达跟踪列表融合的示例以及多种运动规划算法的应用教程。

汽车工程师可以更轻松地使用从高清地理地图导入的道路数据创建驾驶场景,并优化换挡规律,以便进行性能、燃油经济性以及排放分析。诸如:在 Automated Driving Toolbox(自动驾驶工具箱)中,使用 HERE HD Live Maps 驾驶场景实现从高清地理地图导入道路数据,创建驾驶场景;在 Powertrain Blockset(动力总成块)中,通过传动控制模块实现算法设计和性能、燃油经济性及排放分析优化换挡策略;在 Vehicle Dynamics Blockset(车辆动力学块集)中,车辆和拖车模块可以使用三轴实现 3DOF 拖车和车辆;在 AUTOSAR Blockset(AUTOSAR 块集)中,功能禁止管理器(FiM)模块使用 FiM 的预配置模块,将 BSW 服务与应用程序软件模型一起进行仿真;在 AUTOSAR 自适应 19-03 架构中,支持 000047(R19-03)架构,用于导入和导出 arxml 文件以及生成与 AUTOSAR 兼容的 C++代码。

另外,MATLAB R2020a 发布了 3 款新产品:

(1) Motor Control Blockset(电机控制组件)包含针对生成紧凑型代码专门做了优化的电机控制算法库,并且为多个电机控制硬件套件提供现成支持;

(2) Simulink Compiler(Simulink 编译器)让工程师们能从 Simulink 模型生成独立应用程序、Web 应用程序和软件组件,无须安装 Simulink 就能运行仿真;

(3) MATLAB Web App Server (MATLAB Web 应用服务器)让用户能够通过浏览器

实现对整个组织范围内部署的 MATLAB Web 应用程序的受控访问。

8.1.3　MATLAB 工具箱简介

MATLAB 中与信息工程联系紧密的工具箱有 7 个,包括信号处理工具箱(Signal Processing Toolbox)、图像处理工具箱(Image Processing Toolbox)、通信工具箱(Communication Toolbox)、DSP 系统工具箱(DSP System Toolbox)、定点运算工具箱(Fixed-Point Blockset)、小波分析工具箱(Wavelet Toolbox)及高阶谱分析工具(High Order Spectral Analysis Tool)。

MATLAB 中与数据联系紧密的工具箱有 4 个,包括统计工具箱(Statistics Toolbox)、偏微分方程工具箱(Partial Differential Equation Toolbox)、样条工具箱(Spline Toolbox)及优化工具箱(Optimization Toolbox)。

MATLAB 中与控制工程相关的工具箱有 6 个:系统辨识工具箱(System Identification Toolbox)、控制系统工具箱(Control System Toolbox)、鲁棒控制工具箱(Robust Control Toolbox)、模型预测控制工具箱(Model Predictive Control Toolbox)、模糊逻辑工具箱(Fuzzy Logic Toolbox)和非线性控制设计模块(Nonlinear Control Design Module)。

下面简要介绍 3 个工具箱。

1. 5G 工具箱(5G Toolbox)

5G Toolbox 为 5G 通信系统的建模、仿真和验证提供了符合标准的功能和参考示例。工具箱支持链路级模拟、黄金参考验证和一致性测试以及测试波形生成。使用工具箱,可以配置、模拟、测量和分析端到端通信链接,也可以修改或自定义工具箱函数,并将它们用作实现 5G 系统和设备的参考模型。工具箱提供了参考示例,帮助探索基带规范、模拟射频设计和干扰源对系统性能的影响。可以生成波形并定制测试台,以验证设计、原型和实现是否符合 3GPP 5G 新无线电(NR)标准。

Wireless Waveform Generator 应用中的 5G 支持:使用 Wireless Waveform Generator 应用生成 NR-TM 以及上行链路和下行链路 FRC 波形;WLAN Toolbox 支持 IEEE 802.11ax 草案 4.1(Wi-Fi6):按照 IEEE P802.11ax 草案 4.1 中的定义,使用报头穿孔法生成高效的单用户(HE SU)空数据包(NDP);IEEE 802.11ax 触发器帧格式的链路级仿真:配置、生成、解调和解码高效率触发(HE TB)波形;Wireless HDL Toolbox(无线 HDL 工具箱)中 5G NR 信号同步参考应用:使用主同步信号和次同步信号(PSS/SSS)检测与有效小区单元的连接。

2. 计算机视觉工具箱(Computer Vision Toolbox)

计算机视觉工具箱提供的算法、功能和应用程序,用于设计和测试计算机视觉、3D 视觉和视频处理系统。可以执行对象检测和跟踪,以及特征检测、提取和匹配。对于三维视觉,工具箱支持单、立体和鱼眼相机校准;立体视觉;三维重建;激光雷达和三维点云处理。

表 8-1

可以使用深度学习和机器学习算法(如 yolov2、更快的 r-cnn 和 acf)来训练自定义对象检测器。对于语义分割,可以使用 Segnet、U-net 和 Deeplab 等深度学习算法。预训练模型允许检测人脸、行人和其他常见对象。可以通过在多核处理器和 GPU 上运行它们来加速算法。大多数工具箱算法支持 C/C++代码生成,用于与现有代码、桌面原型和嵌入式视觉系统部署相结合。

3. 音频工具箱(Audio Toolbox)

表 8-2

音频工具箱是提供音频处理、语音分析和声学测量工具。它包括音频信号处理(如均衡和动态范围控制)和声学测量(如脉冲响应估计、八度滤波和感知加权)的算法。它还提供了音频和语音特征提取(如 mfcc 和 pitch)以及音频信号转换(如 gammatone 滤波器组和 mel 间隔谱图)的算法。

音频工具箱应用程序支持实时算法测试、脉冲响应测量和音频信号标记。工具箱提供到 ASIO、WASAPI、ALSA 和 CoreAudio 声卡和 MIDI 设备的流式接口,以及用于生成和托管标准音频插件(如 VST 和音频单元)的工具。

表 8-3

使用音频工具箱,可以导入、标记和增强音频数据集,以及提取功能和转换信号,以进行机器学习和深度学习;可以用音频处理算法实现低延迟,同时调整参数和可视化信号;还可以通过将其转换为音频插件来验证算法,以便在数字音频工作站等外部主机应用程序中运行。插件托管允许使用外部音频插件(如常规对象)来处理 MATLAB 阵列。声卡连接能够在真实世界的音频信号和声学系统上运行自定义测量。

8.2 MATLAB 信号处理工具箱及应用

8.2.1 MATLAB 信号处理工具箱简介

信号处理工具箱(Signal Processing Toolbox)提供分析、预处理、提取均匀和非均匀采样信号特征的功能及应用程序。工具箱包括用于滤波器设计和分析、重采样、平滑、去噪声和功率谱估计的工具。工具箱还提供提取变化点和包络等特征、查找峰值和信号模式、量化信号相似性以及执行诸如信噪比和失真等测量的功能,还可以执行振动信号的模态和阶次分析。

表 8-4

使用信号分析仪应用程序,可以在时间、频率和时频域同时预处理和分析多个信号,而无须编写代码;探索长信号;提取感兴趣的区域。使用过滤器设计器应用程序,可以通过从各种算法和响应中进行选择来设计和分析数字过滤器。两个应用程序都生成 MATLAB 代码。

8.2.2 MATLAB 信号处理工具箱应用实例

1. MATLAB 中的采样函数

数字信号处理的对象是在采样时钟的控制之下,通过 A/D 转换器以一定的采样频率对模拟信号进行采样得到的。由采样定理可知,采样频率必须大于模拟信号的最高频率的 2 倍。然而在很多情况下,需要对信号进行不同频率的采样,这就需要对采样信号进行处理。

1) upfirdn 函数

upfirdn 函数用于改变信号的采样频率,适用于 FIR 滤波器。其调用格式为:

```
upfirdn(X,H,P,Q)      %返回信号 X 是通过上采样、滤波和下采样 3 个级联系统后的输出结果;上采样
                      %系统:通过插入零值,使得采样频率上升为原来的 P 倍;滤波系统:用 H 给定的
                      %单位冲激响应的滤波器滤波;下小雨系统:通过抽取采样点,使得采样频率下
                      %降 Q 倍
```

2）decimate 函数

decimate 函数主要用于低通滤波的下采样。其调用格式为：

```
Y = decimate(X,R)     %函数返回的是向量 X 的重采样序列,其采样频率为原来的 1/R 倍。使用的滤
                      %波器为一个 8 阶的 Chebshev I 型低通滤波器,其截止频率为 0.8×(Fs/2)/R,
                      %其中 Fs 为采样频率
```

3）interp 函数

interp 函数主要用于上采样。其调用格式为：

```
Y = interp(X,R)           %返回的是原来采样频率的 R 倍的重采样序列
Y = interp(X,R,L,ALPHA)   %参数 L(默认值为 4)和 ALPHA(默认值为 0.5)可以指定,2×L 是进行
                          %插值是用到的原始数据的长度,理想情况下,L 必须小于或等于 10
[Y,B] = interp(X,R,L,ALPHA) %返回插入所用滤波器的系数向量 B
```

4）resaple 函数

resaple 函数主要用于改变信号的采样频率。其调用格式为：

```
Y = resaple(X,P,Q)        %返回的是向量 X 经重采样后的结果,重采样频率为原来的 P/Q 倍。
                          %在重采样时,采用的是一个抗混叠低通 FIR 滤波器对 X 进行滤波,滤
                          %波器采用的是 Kaiser 窗
Y = resaple(X,P,Q,N)      %在重采样时,x(n)的两边都取 N 点,使用的滤波器长度与 N(默认值为
                          %10)成正比,通过增大 N 值可获得较大的精度,但会增加计算的时间
Y = resaple(X,P,Q,N,BETA) %BETA 为设计用到滤波器使用 Kaiser 窗的参数,默认值为 5
Y = resaple(X,P,Q,B)      %如果 B 是滤波器系数向量,则用 B 对 X 进行滤波
```

2. MATLAB 中的信号发生函数

信号工具箱提供了许多信号生成函数,在实际应用中,可以通过这些基本函数生成其他一些需要的信号,用来模拟现实中的信号源。这些函数大多是需要事先输入时间向量的。

1）线性调频信号发生器

线性调频信号发生器用 chirp()函数来实现,其调用格式为：

```
Y = chirp(T,F0,T1,F1)     %产生一个频率随时间线性变化的信号的采样,其时间轴的设置有数
                          %组 T 定义。时刻 0 的瞬时频率为 F0;时刻 T1 的瞬时频率为 F1。默认
                          %情况下,F0 = 0Hz,T1 = 1,F1 = 100Hz
Y = chirp(T,F0,T1,F1,'method') %method 指定改变扫频的方法。可用的方法有:linear(线性扫频),
                          %quadratic(二次调频),logarithmic(对数调频)。默认时为 linear
Y = chirp(T,F0,T1,F1,'method',PHI)        %PHI 指定信号的初始相位,默认 PHI 为 0
```

【例 8-1】 chirp 函数的实现。

程序如下：

```
clc;clear;
t = 0:0.001:0.5;
y = chirp(t,0,1,100);
plot(t,y);
```

程序执行后，运行结果如图 8-1 所示。

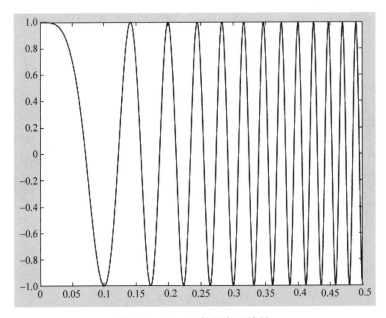

图 8-1 chirp 函数的实现效果

【例 8-2】 计算频谱与现行调频信号瞬时频率偏差。

程序如下：

```
clear all;
t = 0:0.002:2;
y = chirp(t,0,1,150);
subplot(311);spectrogram(y,256,250,256,1E3,'yaxis');
xlabel('t = 0:0.002:2');
title('不同采样时间的条件下');
t = -2:0.002:2;
y = chirp(t,100,1,200,'quadratic');
subplot(323);spectrogram(y,128,120,128,1E3,'yaxis');
xlabel('t = -2:0.002:2');
t = -1:0.002:1;
fo = 100;f1 = 400;
y = chirp(t,fo,1,f1,'q',[],'convex');
subplot(324);spectrogram(y,256,200,256,1000,'yaxis')
xlabel('t = -1:0.002:1');
t = 0:0.002:1;
```

```
fo = 100;f1 = 25;
y = chirp(t,fo,1,f1,'q',[],'concave');
subplot(325);spectrogram(y,hanning(256),128,256,1000,'yaxis');
xlabel('t = 0:0.002:1');
t = 0:0.002:10;
fo = 10;f1 = 400;
y = chirp(t,fo,10,f1,'logarithmic');
subplot(326);spectrogram(y,256,200,256,1000,'yaxis')
xlabel('t = 0:0.002:10');
```

程序执行后,运行结果如图 8-2 所示。

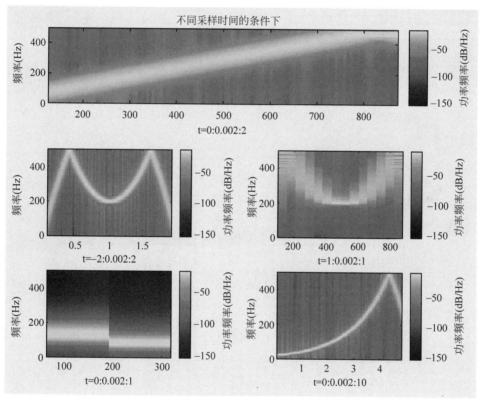

图 8-2　线性调频信号

2）周期函数发生器

周期函数发生器用 diric 函数来实现,用于产生 dirichlet 函数或 sinc 函数,其调用格式为:

```
Y = diric(X,N)      % 返回的是一个大小与 X 相同的矩阵,其元素为 Dirichet 函数,N 必须
                    % 是正整数,该函数将 0～2π 等间隔地分成 N 等份
```

【例 8-3】 产生 sinc 函数曲线与 diric 函数曲线。

程序如下:

```
clf;
t = - 3 * pi:pi/40:4 * pi;
```

```
subplot(2,1,1);
plot(t,sinc(t));
title('Sinc');
grid on;
xlabel('t');
ylabel('sinc(t)');
subplot(2,1,2);
plot(t,diric(t,5));
title('Diric');
grid on;
xlabel('t');
ylabel('diric(t)');
```

程序执行后,运行结果如图 8-3 所示。

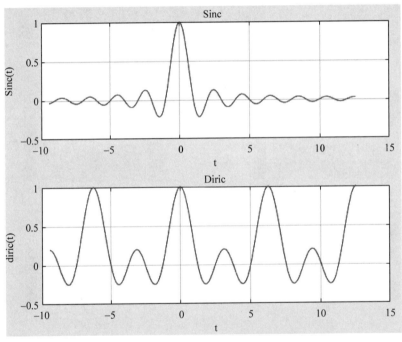

图 8-3　sinc 函数与 diric 函数的实现效果

3) 锯齿波、三角波和矩形波发生器

在 MATLAB 中,函数 sawtooth 用于产生锯齿波或三角波信号,该函数的调用格式为:

```
Y = sawtooth(T)      % 产生周期为 2π,幅值为 1 的锯齿波,采样时刻由向量 T 指定
Y = sawtooth(T,WIDTH)    % 产生三角波,WIDTH 指定出现最大值的地方,其取值为 0～1.当 T 由 0
% 增大到 WIDTH×2π 时,函数值由 -1 增大到 1;当 T 由 WIDTH×2π 增大到 2π 时,函数值由 1 减小到 -1
```

在 MATLAB 中,函数 tripuls 用于产生非周期三角脉冲信号,该函数的调用格式为:

```
Y = tripuls(T)       % 产生一个连续的、非周期的、单位高度的三角脉冲的采样,采样时刻
% 由向量 T 指定。默认情况下,产生的宽度为 1 的非对称三角脉冲
```

```
Y = tripuls(T,W)        % 产生一个宽度为 W 的三角脉冲
Y = tripuls(T,W,S)      % S 为三角波的斜度,满足 - 1 < S < 1。当 S = 0 时,产生一个对称的
                        % 三角脉冲
```

在 MATLAB 中,函数 rectpuls 用于产生非周期方波信号,该函数的调用格式为:

```
Y = rectpuls(T,W)       % 产生一个宽度为 W 的非周期方波
```

【例 8-4】 产生周期为 0.025 的三角波和非周期方波信号。

程序如下:

微视频 8-1

```
clear
Fs = 10000;t1 = 0:1/Fs:1;
x1 = sawtooth(2 * pi * 40 * t1,0);
x2 = sawtooth(2 * pi * 40 * t1,1);
subplot(2,2,1);
plot(t1,x1);axis([0,0.25, - 1,1]);
subplot(2,2,2);
plot(t1,x2);axis([0,0.25, - 1,1]);
t2 = - 3:0.001:3;
y = rectpuls(t2);
subplot(2,2,3)
plot(t2,y);
axis([ - 2 2 - 1 2]);
grid on;
xlabel('t2');
ylabel('w(t2)');
y = 2.5 * rectpuls(t2,2);
subplot(2,2,4)
plot(t2,y);
axis([ - 2 2 - 1 3]);
grid on;
xlabel('t2');
ylabel('w(t2)');
```

程序执行后,运行结果如图 8-4 所示。

4) 高斯正弦脉冲发生器和脉冲序列发生器

在 MATLAB 中,函数 gauspuls 用于产生高斯正弦脉冲信号,该函数的调用格式为:

```
yi = gauspuls(T,FC,BW,BWR)              % 返回持续时间为 T,中心频率为 FC(Hz),宽度为 BW,幅
                                        % 值为 1 的高斯正弦脉冲信号的采样
TC = gauspuls('cutoff',FC,BW,BWR,TPE)   % 返回包络相对包络峰值下降 TPE(dB)时的时间 TC。默
                                        % 认情况下,TPE 的值是 - 60dB
```

函数 pulstran 用于产生脉冲序列发生器,该函数的调用格式为:

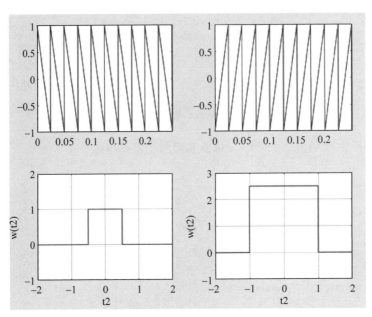

图 8-4　三角波和非周期方波

```
y = pulstran(t,d,'func')        % 返回基于一个名为 func 的连续函数并以之为一个周
                                % 期,从而产生一串周期性的连续函数(func 函数可自
                                % 定义)。函数的横坐标范围由向量 t 指定,向量 d 用于
                                % 指定周期性的偏移量(即各个周期的中心点),这样
                                % func 函数会被计算 length(d)次,从而实现一个周期
                                % 性脉冲信号的产生
```

函数 pulstran 的更一般调用格式为:

```
y = pulstran(t,d,'func',p1,p2,…)        % p1,p2,…为需要传送给 func 函数的额外输入参数值
                                        % (除了变量 t 之外)
```

【例 8-5】 产生高斯正弦脉冲信号和脉冲序列信号。

程序如下:

```
clear
tc = gauspuls('cutoff',60e3,0.6,[], − 40);
t = − tc:1e − 6:tc;
yi = gauspuls(t,60e3,0.6);
subplot(2,1,1);
plot(t,yi)
xlabel('t');
ylabel('h(t)');
grid on;
t1 = 0:1/1E3:1;
D = 0:1/4:1;
```

```
Y = pulstran(t1,D,'rectpuls',0.1);
subplot(2,2,3)
plot(t1,Y);
xlabel('t1');
ylabel('w(t1)');
grid on;
axis([0,1, - 0.1,1.1]);
t2 = 0:1/1E3:1;
D = 0:1/3:1;
Y = pulstran(t2,D,'tripuls',0.2,1);
subplot(2,2,4)
plot(t2,Y);
xlabel('t2');
ylabel('w(t2)');
grid on;
axis([0,1, - 0.1,1.1]);
```

程序执行后,运行结果如图 8-5 所示。

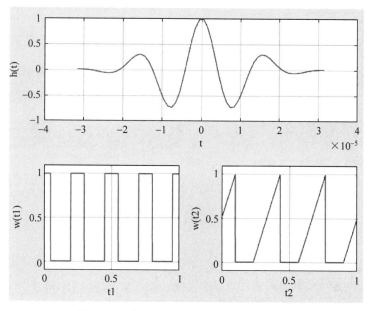

图 8-5　高斯正弦脉冲信号和脉冲序列信号

3. 模拟滤波器设计

滤波器是具有频率选择作用的电路或运算处理系统,具有滤除噪声和分离各种不同信号的功能。

模拟滤波器的设计以几种典型的低通滤波器的原函数为基础。各种模拟滤波器的设计过程都是先设计出低通滤波器,然后再通过频率变换将低通滤波器转换为其他类型的模拟滤波器。下面介绍几种模拟滤波器。

1) 巴特沃斯滤波器设计

巴特沃斯滤波器振幅平方函数为

$$A(\omega)^2 = |H(\mathrm{j}\omega)|^2 = \frac{1}{1 + \left(\dfrac{\omega}{\omega_c}\right)^{2N}}$$

式中,N 为整数,称为滤波器的阶数,N 越大,通带和阻带的近似性越好,过渡带也越陡。

在 MATLAB 中,函数 buttap 用于计算 N 阶巴特沃斯归一化(3dB 截止频率 $\omega_c = 1$)模拟低通原型滤波器系统的零、极点和增益因子。其调用格式为:

```
[z,p,k] = buttap(N)    % N是欲设计的低通原型滤波器的阶次,z,p 和 k 分别是设计出的 G(p)极点、
                       % 零点和增益
```

在已知设计参数 ω_p、ω_s、R_p、R_s 之后,可利用 buttord 命令求出所需要的滤波器的阶数和 3dB 截止频率。其格式为:

```
[n,Wn] = buttord[Wp,Ws,Rp,Rs]    % Wp,Ws,Rp,Rs 分别为通带截止频率、阻带起始频率、通带内波
                                 % 动、阻带内最小衰减;返回值 n 为滤波器的最低阶数,Wn 为 3dB
                                 % 截止频率
```

由巴特沃斯滤波器的阶数 n 和 3dB 截止频率 Wn 可以计算出对应传递函数 H(z)的分子分母系数。MATLAB 提供的命令如下:

(1) 巴特沃斯低通滤波器系数计算。

```
[b,a] = butter(n,Wn)              % b 为 H(z)的分子多项式系数,a 为 H(z)的分母多项式系数
```

(2) 巴特沃斯高通滤波器系数计算。

```
[b,a] = butter(n,Wn,'High')       % b 为 H(z)的分子多项式系数,a 为 H(z)的分母多项式系数
```

(3) 巴特沃斯带通滤波器系数计算。

```
[b,a] = butter(n,[W1,W2])         % [W1,W2]为截止频率,是二元向量. 需要注意的是,该函数
                                  % 返回的是 2×n 阶滤波器系数
```

(4) 巴特沃斯带阻滤波器系数计算。

```
[b,a] = butter(ceil(n/2),[W1,W2],'stop')
              % [W1,W2]为截止频率,是二元向量。需要注意的是,该函数返回的也是 2×n 阶滤波器系数
```

【例 8-6】 采样频率为 8000Hz,要求设计一个低通滤波器,$f_p = 2100$Hz,$f_s = 2500$Hz,$R_p = 3$dB,$R_s = 25$dB。

程序如下:

```
clear all
fn = 8000;   fp = 2100;   fs = 2500;   Rp = 3;   Rs = 25;
Wp = fp/(fn/2);                    % 计算归一化角频率
Ws = fs/(fn/2);
[n,Wn] = buttord(Wp,Ws,Rp,Rs);
 % 计算阶数和截止频率
```

```
[b,a] = butter(n,Wn);
% 计算 H(z)分子、分母多项式系数
[H,F] = freqz(b,a,1000,8000);
% 计算 H(z)的幅频响应,freqz(b,a,计算点数,采样速率)
subplot(2,1,1)
plot(F,20 * log10(abs(H)))
xlabel('频率 (Hz)'); ylabel('幅值(dB)')
title('低通滤波器')
axis([0 4000 − 30 3]);
grid on
subplot(2,1,2)
pha = angle(H) * 180/pi;
plot(F,pha);
xlabel('频率 (Hz)'); ylabel('相位')
grid on
```

程序执行后,运行结果如图 8-6 所示。

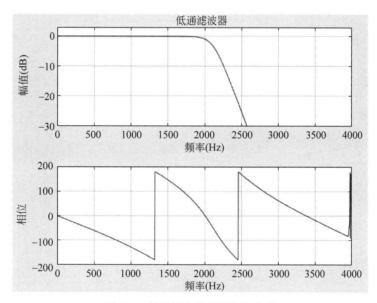

图 8-6　低通滤波器幅频特性曲线

2) 切比雪夫Ⅰ型滤波器设计

切比雪夫Ⅰ型滤波器振幅平方函数为

$$A(\omega)^2 = |H(\mathrm{j}\omega)|^2 = \frac{1}{1 + \varepsilon^2 V_N^2\left(\dfrac{\omega}{\omega_{\mathrm{c}}}\right)}$$

式中,ω_{c} 为有效通带截止频率;ε 是与通带波纹有关的参量,ε 越大,波纹越大,$0 < \varepsilon < 1$;V_N 为 N 阶切比雪夫多项式,即

$$V_N(x) = \begin{cases} \cos(N \cdot \arccos x), & |x| \leqslant 1 \\ \mathrm{ch}(N \cdot \mathrm{arcch}\, x), & |x| > 1 \end{cases}$$

在 MATLAB 中,函数 cheblap 用于设计切比雪夫Ⅰ型低通滤波器。其调用格式为:

```
[z,p,k] = cheb1ap(n,rp)        % n是欲设计滤波器的阶数,rp 为通带的幅度误差。返回值
% z、p 和 k 分别为滤波器的极点、零点和增益
```

【例 8-7】　设计一个低通切比雪夫Ⅰ型模拟滤波器,满足：通带截止频率 $\omega_c = 0.2\pi\mathrm{rad/s}$,通带波动 $\delta = 1\mathrm{dB}$；阻带截止频率 $\omega_r = 0.3\pi\mathrm{rad/s}$,阻带衰减 $A_r = 16\mathrm{dB}$。

程序如下：

```
% 计算系统函数的幅度响应和相位响应子程序
function [db,mag,pha,w] = freqs_m(b,a,wmax);
w = [0:1:500] * wmax/500;
H = freqs(b,a,w);
mag = abs(H);
db = 20 * log10((mag + eps)/max(mag));
pha = angle(H);
% 直接形式转换成级联形式子程序
function [C,B,A] = sdir2cas(b,a);
Na = length(a) - 1;Nb = length(b) - 1;
b0 = b(1);b = b/b0;
a0 = a(1);a = a/a0;
C = b0/a0;
p = cplxpair(roots(a));K = floor(Na/2);
if K * 2 == Na
    A = zeros(K,3);
    for n = 1:2:Na
        Arow = p(n:1:n + 1, :);Arow = poly(Arow);
        A(fix((n + 1)/2), :) = real(Arow);
    end
elseif Na == 1
    A = [0 real(poly(p))];
else
    A = zeros(K + 1,3);
    for n = 1:2:2 * K
        Arow = p(n:1:n + 1, :);Arow = poly(Arow);
        A(fix((n + 1)/2), :) = real(Arow);
    end
    A(K + 1, :) = [0 real(poly(p(Na)))];
end
z = cplxpair(roots(b));K = floor(Nb/2);
if Nb == 0
    B = [0 0 poly(z)];
elseif K * 2 == Nb
    B = zeros(K,3);
    for n = 1:2:Nb
        Brow = z(n:1:n + 1, :);Brow = poly(Brow);
        B(fix((n + 1)/2), :) = real(Brow);
    end
elseif Nb == 1
    B = [0 real(poly(z))];
else
```

```
    B = zeros(K + 1, 3);
    for n = 1:2:2 * K
        Brow = z(n:1:n + 1, :); Brow = poly(Brow);
        B(fix((n + 1)/2), :) = real(Brow);
    end
    B(K + 1, :) = [0 real(poly(z(Nb)))];
end
% 切比雪夫 I 型模拟滤波器的设计子程序
function [b, a] = afd_chb1(omegap, omegar, Dt, Ar);
if omegap < = 0
    error('通带边缘必须大于 0')
end
if omegar < = omegap
    error('阻带边缘必须大于通带边缘')
end
if (Dt < = 0) | (Ar < 0)
    error('通带波动或阻带衰减必须大于 0')
end
ep = sqrt(10^(Dt/10) - 1);
A = 10^(Ar/20);
omegaC = omegap;
omegaR = omegar/omegap;
g = sqrt(A * A - 1)/ep;
N = ceil(log10(g + sqrt(g * g - 1))/log10(omegaR + sqrt(omegaR * omegaR - 1)));
fprintf('\n *** 切比雪夫 I 型模拟低通滤波器阶次 = % 2.0f\n', N);
[b, a] = u_chblap(N, Dt, OmegaC);
% 设计非归一化切比雪夫 I 型模拟低通滤波器原型子程序
function [b, a] = u_chblap(N, Dt, omegaC);
[z, p, k] = cheb1ap(N, Dt);
a = real(poly(p));
aNn = a(N + 1);
p = p * omegaC;
a = real(poly(p));
aNu = a(N + 1);
k = k * aNu/aNn;
b0 = k;
B = real(poly(z));
b = k * B;
omegap = 0.2 * pi; omegar = 0.3 * pi; Dt = 1; Ar = 16;    % 技术指标
[b, a] = afd_chb1(omegap, omegar, Dt, Ar);               % 切比雪夫 I 型模拟低通滤波器
[C, B, A] = sdir2cas(b, a)                               % 级联形式
[db, mag, pha, w] = freqs_m(b, a, pi);                   % 计算幅频响应
[ha, x, t] = impulse(b, a);                              % 计算模拟滤波器的单位脉冲响应
subplot(221); plot(w/pi, mag); title('幅度响应 | Ha(j\omega) |');
subplot(222); plot(w/pi, db); title('幅度响应(dB)');
subplot(223); plot(w/pi, pha/pi); title('相位响应');
axis([0, 1, - 1, 1]);
subplot(224); plot(t, ha); title('单位脉冲响应 ha(t)');
axis([0, max(t), min(ha), max(ha)]);
```

程序执行后,运行结果如图 8-7 所示。

```
切比雪夫Ⅰ型模拟低通滤波器阶次 = 4
C =
    0.0383
B =
    0    0    1
A =
    1.0000    0.4233    0.1103
    1.0000    0.1753    0.3895
```

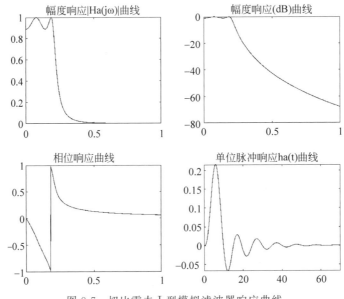

图 8-7 切比雪夫Ⅰ型模拟滤波器响应曲线

3) 切比雪夫Ⅱ型滤波器设计

切比雪夫Ⅱ型滤波器振幅平方函数为

$$A(\omega)^2 = |H(j\omega)|^2 = \frac{1}{1 + \left[\varepsilon^2 V_N^2 \left(\dfrac{\omega}{\omega_c}\right)\right]^{-1}}$$

在 MATLAB 中,函数 cheb2ap 用于设计切比雪夫Ⅱ型低通滤波器。其调用格式为:

```
[z,p,k] = cheb2ap(n,rp)        %n是欲设计滤波器的阶数,rp为通带的波动.返回值z、p和k分别为
                               % 滤波器的极点、零点和增益
```

【例 8-8】 设计一个切比雪夫Ⅱ型带通滤波器,满足:通带范围为 9000～16 000Hz,通带左边的阻带截止频率 7000Hz,通带右边的阻带起始频率 17 000Hz,通带最大衰减 α_p = 1dB,阻带最小衰减 α_s = 30dB。

程序如下:

```
Wp = [3 * pi * 9000,3 * pi * 16000];
Ws = [3 * pi * 7000,3 * pi * 17000];
```

```
rp = 1;rs = 30;                            % 模拟滤波器的设计指标
[N,wso] = cheb2ord(Wp,Ws,rp,rs,'s');       % 计算滤波器的阶数
[b,a] = cheby2(N,rs,wso,'s');              % 计算滤波器的系统函数的分子、分母向量
w = 0:3 * pi * 100:3 * pi * 25000;
[h,w] = freqs(b,a,w);                      % 计算频率响应
plot(w/(2 * pi),20 * log10(abs(h)),'k');
xlabel('f(Hz)');ylabel('幅度(dB)');grid;
```

程序执行后,运行结果如图 8-8 所示。

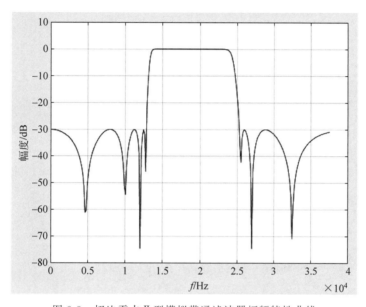

图 8-8　切比雪夫Ⅱ型模拟带通滤波器幅频特性曲线

4. 数字滤波器设计

1) 冲激响应不变法与双线性变换法

在 MATLAB 中,函数 impinvar、bilinear 用于实现冲激响应不变法、双线性变换法设计数字滤波器。其调用格式为:

```
[Bz,Az] = impinvar(B,A,Fs)      % B 和 A 分别为模拟滤波器系统函数的分子向量和分母向量,Bz 和
                                % Az 分别为数字滤波器系统函数的分子向量和分母向量,Fs 为采样
                                % 频率,单位为 Hz
[Bz,Az] = bilinear(B,A,Fs)      % B 和 A 分别为模拟滤波器系统函数的分子向量和分母向量,Bz 和
                                % Az 分别为数字滤波器系统函数的分子向量和分母向量,Fs 为采样
                                % 频率,单位为 Hz
```

【例 8-9】　利用巴特沃斯模拟滤波器,通过冲激响应不变法设计巴特沃斯数字滤波器。技术指标为

$$0.8 \leqslant |H(e^{j\omega})| \leqslant 1, \quad 0 \leqslant |\omega| \leqslant 0.3$$
$$|H(e^{j\omega})| \leqslant 0.18, \quad 0.35\pi \leqslant |\omega| \leqslant \pi$$

程序如下:

微视频 8-3

```
T = 2;                                    % 设置采样周期为 2
fs = 1/T;                                 % 采样频率为周期倒数
Wp = 0.30 * pi/T;
Ws = 0.35 * pi/T;                         % 设置归一化通带和阻带截止频率
Ap = 20 * log10(1/0.8);
As = 20 * log10(1/0.18);                  % 设置通带最大和最小衰减
[N,Wc] = buttord(Wp,Ws,Ap,As,'s');
% 调用 butter 函数确定巴特沃斯滤波器阶数
[B,A] = butter(N,Wc,'s');
% 调用 butter 函数设计巴特沃斯滤波器
W = linspace(0,pi,400 * pi);              % 指定一段频率值
hf = freqs(B,A,W);
% 计算模拟滤波器的幅频响应
subplot(121);
plot(W/pi,abs(hf)/abs(hf(1)));
% 绘出巴特沃斯模拟滤波器的幅频特性曲线
grid on;
title('巴特沃斯模拟滤波器');
xlabel('Frequency/Hz');
ylabel('Magnitude');
[D,C] = impinvar(B,A,fs);
% 调用脉冲响应不变法
Hz = freqz(D,C,W);
% 返回频率响应
subplot(122);
plot(W/pi,abs(Hz)/abs(Hz(1)));
% 绘出巴特沃斯数字低通滤波器的幅频特性曲线
grid on;
title('巴特沃斯数字滤波器');
xlabel('Frequency/Hz');
ylabel('Magnitude');
```

程序执行后,运行结果如图 8-9 所示。

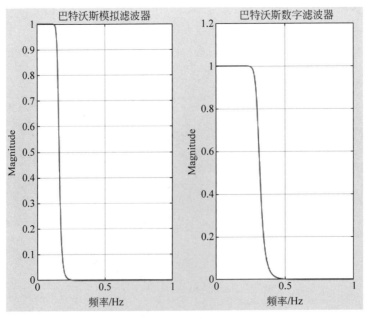

图 8-9　冲激响应不变法设计巴特沃斯数字滤波器幅频特性曲线

2）基于频率采样法 FIR 滤波器设计

MATLAB 提供了函数 dir2fs，可将 FIR 系统直接型结构转换为频率采样型结构，具体程序如下：

```
function [C,B,A] = dir2fs(h)
%直接型到频率采样型的转换
%[C,B,A] = dir2fs(h)
%C=包含各并行部分增益的行向量
%B=包含按行排列的分子系数矩阵
%A=包含按行排列的分母系数矩阵
%h=FIR 滤波器的脉冲响应向量
M = length(h);
H = fft(h,M);
magH = abs(H);phaH = angle(H)';
% check even or odd M
if (M == 2 * floor(M/2))
        L = M/2 - 1;    %M 为偶数
        A1 = [1, - 1,0;1,1,0];
        C1 = [real(H(1)),real(H(L + 2))];
    else
        L = (M - 1)/2;       %M is odd
        A1 = [1, - 1,0];
        C1 = [real(H(1))];
    end
k = [1:L]';
%初始化 B 和 A 数组
B = zeros(L,2); A = ones(L,3);
%计算分母系数
A(1:L,2) = - 2 * cos(2 * pi * k/M); A = [A;A1];
%计算分子系数
B(1:L,1) = cos(phaH(2:L + 1));
B(1:L,2) = - cos(phaH(2:L + 1) - (2 * pi * k/M));
%计算增益系数
C = [2 * magH(2:L + 1),C1]';
```

【例 8-10】　利用频率采样法设计一个低通 FIR 数字滤波器。技术指标为：理想频率特性是矩形的，给定采样频率为 $\omega_s = 2\pi \times 1.5 \times 10^4 \text{rad/s}$，通带截止频率为 $\omega_p = 2\pi \times 1.6 \times 10^3 \text{rad/s}$，阻带起始频率为 $\omega_{st} = 2\pi \times 3.1 \times 10^3 \text{rad/s}$，通带波动 $\sigma_1 \leqslant 1\text{dB}$，阻带衰减 $\sigma_2 \geqslant 50\text{dB}$。

微视频 8-4

程序如下：

```
close all;clear;
N = 30;
H = [ones(1,4),zeros(1,22),ones(1,4)];
H(1,5) = 0.5886;H(1,26) = 0.5886;H(1,6) = 0.1065;H(1,25) = 0.1065;
k = 0:(N/2 - 1);k1 = (N/2 + 1):(N - 1);k2 = 0;
A = [exp( - j * pi * k * (N - 1)/N),exp( - j * pi * k2 * (N - 1)/N),exp(j * pi * (N - k1) * (N - 1)/N)];
HK = H. * A;
h = ifft(HK);
fs = 15000;
[c,f3] = freqz(h,1);
f3 = f3/pi * fs/2;
```

```
subplot(221);
plot(f3,20 * log10(abs(c)));
title('频谱特性');
xlabel('频率/Hz');ylabel('衰减/dB');
grid on;
subplot(222);
title('输入采样波形');
stem(real(h),'.');
line([0,35],[0,0]);
xlabel('n');ylabel('Real(h(n))');
grid on;
t = (0:100)/fs;
W = sin(2 * pi * t * 750) + sin(2 * pi * t * 3000) + sin(2 * pi * t * 6500);
q = filter(h,1,W);
[a,f1] = freqz(W);
f1 = f1/pi * fs/2;
[b,f2] = freqz(q);
f2 = f2/pi * fs/2;
subplot(223);
plot(f1,abs(a));
title('输入波形频谱图');
xlabel('频率');ylabel('幅度')
grid on;
subplot(224);
plot(f2,abs(b));
title('输出波形频谱图');
xlabel('频率');ylabel('幅度')
grid on;
```

程序执行后,运行结果如图 8-10 所示。

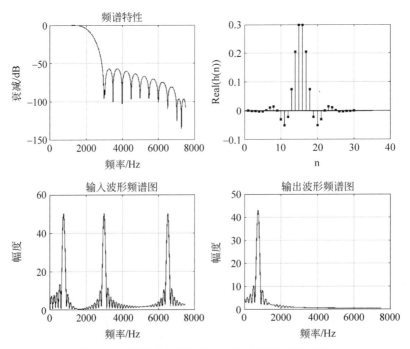

图 8-10　频率采样变法设计 FIR 数字低通滤波器

8.2.3 语音信号处理

1. 语音信号的数字化

为了将原始的模拟语音信号转变为数字信号,必须进行采样和量化,进而得到时间和幅度上均离散的数字语音信号。

【例8-11】 自行录制一段语音,并存储为.wav文件。要求:分别以采样频率、2倍采样频率和1/2采样频率存为3个.wav文件,并将plot函数结合subplot函数在一幅图上显示3个波形。横轴和纵轴带有标注。横轴的单位为秒(s),纵轴显示的为归一化后的数值。

微视频 8-5

程序如下:

```
clc;clear;
Fs = 8000;                                    % 采样频率
duration = 2;                                 % 时间长度
n = duration * Fs;                            % 采样点数
t = (1:n)/Fs;                                 % 采样时间
load handel.mat                               % 载入 MATLAB 自带的示例音频数据文件
hfile = 'Data_waveread.wav';                  % 准备写的音频数据
samples = [1,n];                              % 读取样本数
[y,Fs] = audioread('yinyue.wav',samples);
ymax = max(abs(y));                           % 归一化
y = y/ymax;
audiowrite('original.wav',y,Fs);             % 将原采样频率得到的音频存为 original.wav
audiowrite('halfsam.wav',y,Fs/2);           % 将 1/2 倍采样频率得到的音频存为 halfsam.wav
audiowrite('doublesam.wav',y,Fs * 2);       % 将 2 倍采样频率得到的音频存为 doublesam.wav
[y1,Fsl] = audioread('halfsam.wav');        % 读取 halfsam.wav 文件
t1 = (1:length(y1))/Fsl;                      % 计算时间 t1
[y2,Fs2] = audioread('doublesam.wav');      % 读取 doublesam.wav 文件
t2 = (1:length(y2))/Fs2;                      % 计算时间 t2
subplot(311)                                  % 作以原采样率采样的音频时间幅值波形图
axis([0 3 -1 1]);                             % 设定 x 轴与 y 轴的显示范围
plot(t,y);
xlabel('时间/s');
ylabel('幅度');
title('(a)初始采样率');
subplot(312)                                  % 作以 1/2 倍采样率采样的音频时间幅值波形图
axis([0 3 -1 1]);                             % 设定 x 轴与 y 轴的显示范围
plot(t1,y1);
xlabel('时间/s');
ylabel('幅度');
title('(b)1/2 采样率');
subplot(313)                                  % 作以 2 倍采样率采样的音频时间幅值波形图
axis([0 3 -1 1]);                             % 设定 x 轴与 y 轴的显示范围
plot(t2,y2);
xlabel('时间/s');
ylabel('幅度');
title('(c)2 倍采样率');
```

程序执行后,运行结果如图8-11所示。

由图8-11可以看出,分别以采样频率、2倍采样频率和1/2采样频率存为3个.wav文件,发现它的波形一致。

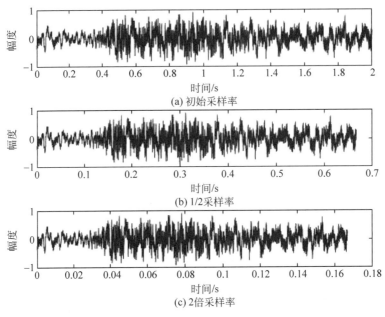

图 8-11　语音信号的采样

原本 0.34s 就能播放完的音频,以 1/2 采样频率采样后,需要 0.68s 播才能放完。以 2 倍采样频率采样后,只需要 0.17s 就播放完。

为了能更好地感受以不同采样频率采样所得到语音信号的不同效果,编写代码测试听 3 个音频文件:

```
% 请听以上 3 个不同采样率得到的音频文件
Fs = 8000;                                      % 采样频率
duration = 2;                                   % 时间长度
n = duration * Fs;                              % 采样点数
t = (1:n)/Fs;                                   % 采样时间
load handel.mat                                 % 载入 MATLAB 自带的示例音频数据文件
hfile = 'Data_waveread.wav';                    % 准备写的音频数据
samples = [1,n];                                % 读取样本数
[y,Fs] = audioread('yinyue.wav',samples);
ymax = max(abs(y));                             % 归一化
y = y/ymax;
audiowrite('original.wav',y,Fs);               % 将原采样频率得到的音频存为 original
audiowrite('halfsam.wav',y,Fs/2);             % 将 1/2 采样频率得到的音频存为 halfsam
audiowrite('doublesam.wav',y,Fs * 2);         % 将 2 倍采样频率得到的音频存为 doublesam
[y1,Fs1] = audioread('halfsam.wav');          % 读取 halfsam.wav 文件
[y2,Fs2] = audioread('doublesam.wav');        % 读取 doublesam.wav 文件
sound(y,Fs);                                   % 播放以初始采样率采样后的声音
pause(4)                                        % 暂停 4s,与后面的声音分开
sound(y1,Fs1);                                 % 播放以 1/2 倍采样率采样后的声音
pause(4)                                        % 暂停 4s,与后面的声音分开
sound(y2,Fs2);                                 % 播放以 2 倍采样率采样后的声音
```

以 1/2 原始采样频率得到的音频比以初始采样频率得到的音频播放效果慢;以 2 倍原始采样频率得到的音频相比以初始采样频率得到的音频播放效果快。

2. 语音信号的滤波

这里只是简单地用低通滤波器来进行处理。

【例 8-12】 对语音信号加入噪声,然后通过低通滤波,并进行对比。

程序如下:

```
[y,fs] = audioread('D:\matlab2020a\bin\yinyue.wav');
sound(y,fs)                              % 回放语音信号
n = length(y)                            %选取变换的点数
y_p = fft(y,n);                          % 对 n点进行傅里叶变换到频域
f = fs * (0:n/2 - 1)/n;                  % 对应点的频率
figure(1)
subplot(2,1,1);
plot(y);                                 %语音信号的时域波形图
title('原始语音信号采样后时域波形');
xlabel('时间轴')
ylabel('幅值 A')
subplot(2,1,2);
plot(f,abs(y_p(1:n/2)));                 %语音信号的频谱图
title('原始语音信号采样后频谱图');
xlabel('频率 Hz')
ylabel('频率幅值');
% 对音频信号产生噪声
L = length(y)                            %计算音频信号的长度
noise = 0.1 * randn(L,2);
                  %产生等长度的随机噪声信号(这里的噪声的大小取决于随机函数的幅度倍数)
  y_z = y + noise;                       %将两个信号叠加成一个新的信号——加噪声处理
  pause(5)
  sound(y_z,fs)
% 对加噪后的语音信号进行分析
n = length(y);                           %选取变换的点数
y_zp = fft(y_z,n);                       %对 n点进行傅里叶变换到频域
f = fs * (0:n/2 - 1)/n;                  % 对应点的频率
figure(2)
subplot(2,1,1);
plot(y_z);                               %加噪语音信号的时域波形图
title('加噪语音信号时域波形');
xlabel('时间轴')
ylabel('幅值 A')
subplot(2,1,2);
plot(f,abs(y_zp(1:n/2)));                %加噪语音信号的频谱图
title('加噪语音信号频谱图');
xlabel('频率 Hz')
ylabel('频率幅值');
% 对加噪的语音信号进行去除噪声程序如下:
fp = 1500;fc = 1700;As = 100;Ap = 1;
%(以上为低通滤波器的性能指标)
wc = 2 * pi * fc/fs; wp = 2 * pi * fp/fs;
wdel = wc - wp;
beta = 0.112 * (As - 8.7);
N = ceil((As - 8)/2.285/wdel);
```

```
wn = kaiser(N + 1,beta);
ws = (wp + wc)/2/pi;
b = fir1(N,ws,wn);
figure(3);
freqz(b,1);
title('低通滤波器的幅频图');
xlabel('频率/Hz');
ylabel('幅度/dB');
% (此前为低通滤波器设计阶段)——接下来为去除噪声信号的程序——
x = fftfilt(b,y_z);
X = fft(x,n);
figure(4);
subplot(2,2,1);plot(f,abs(y_zp(1:n/2)));
title('滤波前信号的频谱');
subplot(2,2,2);
plot(abs(X));
title('滤波后信号频谱');
subplot(2,2,3);
plot(y_z);
title('滤波前信号的波形')
subplot(2,2,4);plot(x);
title('滤波后信号的波形')
pause(5);
sound(x,fs)                          % 回放滤波后的音频
```

程序执行后,运行结果如图 8-12～图 8-15 所示。

```
n =

    201600
L =

    201600
```

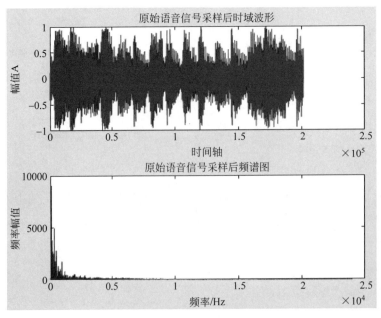

图 8-12   语音信号的时域波形和频谱

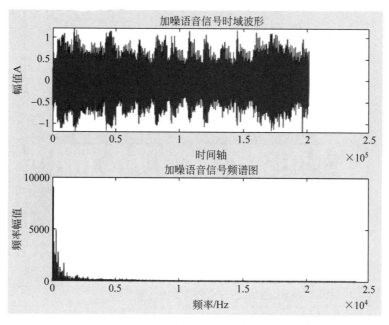

图 8-13　语音信号加噪声后的时域波形和频谱

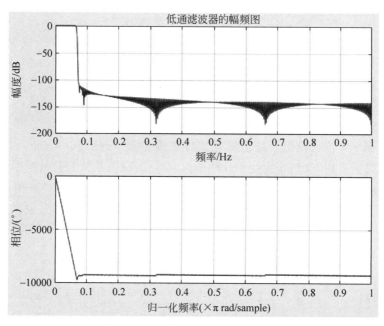

图 8-14　语音信号低通滤波后的频谱

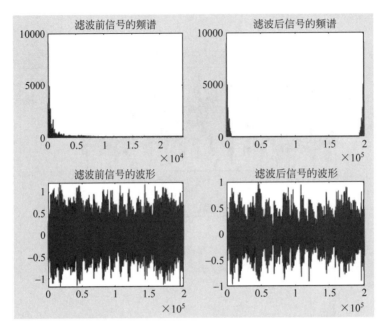

图 8-15　语音信号低通滤波前后对比

8.3　MATLAB 通信工具箱及应用

8.3.1　MATLAB 通信工具箱简介

通信工具箱(Communication Toolbox)为通信系统的分析、设计、端到端模拟和验证提供算法和应用程序。MATLAB 通信工具箱由两部分组成：通信工程专业函数库和Simulink 仿真模型库。工具箱算法包括信道编码、调制、MIMO 和 OFDM,能够组成和模拟基于标准或自定义设计的无线通信系统的物理层模型。工具箱提供波形发生器应用程序、星座图和眼睛图、误码率以及其他分析工具和范围,用于验证设计。这些工具能够生成和分析信号,可视化通道特性,并获得性能指标,如误差向量幅度(EVM)。工具箱包括 Siso和 Mimo 统计和空间信道模型。频道配置文件选项包括 Rayleigh、Rician 和 Winner Ⅱ 型号。它还包括射频损伤、射频非线性和载波偏移和补偿算法、载波和符号定时同步器。这些算法能够对链路级规范进行实际建模,并补偿信道退化的影响。使用带有射频仪器或硬件支持包的通信工具箱,可以将发射器和接收器型号连接到无线电设备,并通过空中测试验证设计。

8.3.2　MATLAB 通信系统工具箱应用实例

1. 幅度调制

幅度调制是使正弦载波的幅度随着调制信号做线性变换的过程,主要包括 DSB-AM 调制、普通 AM 调制、SSB-AM 调制和残留边带幅度调制等方式。

设正弦载波为

表 8-5

$$s(t) = A\cos(\omega_c t + \varphi_0)$$

式中，A 为载波的振幅，ω_c 为载波的角频率，φ_0 为载波的初始相位。

如果基带信号为 $m(t)$，则 DSB-AM 调制表示为

$$s_m(t) = Am(t)\cos(\omega_c t + \varphi_0)$$

普通 AM 调制表示为

$$s_m(t) = [A + m(t)]\cos(\omega_c t + \varphi_0)$$

SSB-AM 调制表示为

$$s_m(t) = A + m(t)\cos(\omega_c t + \varphi_0) \mp \hat{m}(t)\cos(\omega_c t + \varphi_0)$$

其中，$\hat{m}(t)$ 为基带信号 $m(t)$ 的希尔伯特变换，当取"－"时表示上边带，当取"＋"时表示下边带。

$$S_{\mp}(f) = \frac{A}{2}[M(f - f_c) + M(f + f_c)] \mp \frac{A}{j2}[\hat{M}(f - f_c) - \hat{M}(f + f_c)]$$

残留边带幅度调制表示为

$$S(f) = \frac{1}{2}[M(f - f_c) + M(f + f_c)]H(f)$$

其中，$H(f)$ 为 VSB 边带滤波器的傅里叶变换。

【例 8-13】 设基带信号为

微视频 8-6

$$m(t) = \begin{cases} 2, & 0 \leqslant t < \dfrac{T}{4} \\ -1, & \dfrac{T}{4} \leqslant t \leqslant \dfrac{3T}{4} \\ 0 & \text{其他} \end{cases}$$

其中，$T = 0.48$，普通 AM 调制的载波频率为 400Hz，$A = 4$。画出基带信号、DSB-AM 和 AM 已调信号的归一化时域波形和频谱。

程序如下：

```
clc;close all;clear all;
T = 0.48;ts = 0.001;fc = 400;
A = 4;fs = 1/ts;
t = [0:ts:T];
m = [2 * ones(1,T/(4 * ts)), -1 * ones(1,T/(2 * ts)),zeros(1,T/(4 * ts) + 1)];
c = cos(2 * pi * fc. * t);
am = (A * (1 + m)). * c;
dsb = m. * c;
f = (1:1024). * fs/1024;
m_spec = abs(fft(m,1024));
dsb_spec = abs(fft(dsb,1024));
am_spec = abs(fft(am,1024));
subplot(321);
plot(m);
title('基带信号时域波形');
xlabel('t');ylabel('幅度');
subplot(323);
plot(dsb);
```

```
title('DSB-AM 调制信号时域波形');
xlabel('t');ylabel('幅度');
subplot(325);
plot(am);
title('AM 调制信号时域波形');
xlabel('t');ylabel('幅度');
subplot(322);
plot(f,m_spec);
title('基带信号频谱');
xlabel('f/Hz');ylabel('M(f)');
subplot(324);
plot(f,dsb_spec);
title('DSB-AM 调制信号频谱');
xlabel('f/Hz');ylabel('DSB AM(f)');
subplot(326);
plot(f,am_spec);
title('AM 调制信号频谱');
xlabel('f/Hz');ylabel('AM(f)');
```

程序执行后,运行结果如图 8-16 所示。

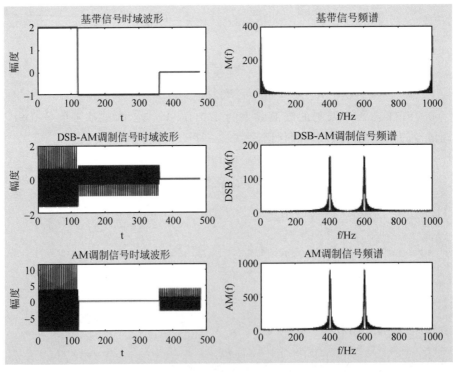

图 8-16　基带信号、DSB-AM 和 AM 已调信号的归一化时域波形和频谱

2. 角度调制

角度调制是一种非线性调制方法,通常是载波的频率或相位随着基带信号变化。角度调制主要包括频率调制和相位调制。角度调制信号的一般表达式为

$$S_m(t) = A\cos(\omega_c t + \varphi(t))$$

在角度调制中有两个重要的参数：调频指数和调相指数。调频指数是最大的频偏与输入信号带宽的比值，即

$$\beta_f = \frac{\Delta f_{max}}{W}$$

调相指数定义为

$$\beta_p = 2\pi k_p \max[\,|\,m(t)\,|\,]$$

调频信号的带宽可以根据经验公式近似计算

$$B = 2\Delta f_{max} + 2W = 2(\beta_f + 1)W$$

相应的调相信号的带宽为

$$B = 2\Delta f_{max} + 2W = 2(\beta_p + 1)W$$

【例 8-14】　设基带信号是频率为 0.5 Hz 的余弦信号，产生一个载波频率为 2 Hz 的 FM 调制信号，并采用包络检波法实现解调。

程序如下：

```
clc;close all;clear all;
kf = 10;
fc = 2;
fm = 0.5;
t = 0:0.002:4;
m = cos(2 * pi * fm * t);
ms = 1/2/pi/fm * sin(2 * pi * fm * t);
s = cos(2 * pi * fc * t + 2 * pi * kf * ms);
subplot(121);plot(t,s);xlabel('t'),title('调频信号');
for i = 1:length(s) − 1
    r(i) = (s(i + 1) − s(i))/0.001;
end
r(length(s)) = 0;
subplot(122);
plot(t,r);xlabel('t'),title('调频信号微分后的信号');
```

程序执行后，运行结果如图 8-17 所示。

3. 数字调制

数字调制是将基带数字信号变换成适合带通型信道传输的处理方式。在数字带通传输中，数字基带波形可以用来调制正弦波的幅度、频率和相位，分别称为数字调幅、数字调频、数字调相。根据已调信号的频谱结构特点的不同，数字调制信号可以分为线性调制和非线性调制。

PSK 调制是用数字基带信息调制载波的相位。对二进制 PSK 信号而言，两个载波相位可以分别表示为

$$\theta_0 = 0 \quad 和 \quad \theta_1 = \pi$$

对 M 进制 PSK 信号而言，载波相位可以表示为

$$\theta_m = 2\pi m / M, \quad m = 0, 1, \cdots, M - 1$$

M 进制 PSK 调制信号在符号区间 $0 \leqslant t \leqslant T$ 的传输波形可表示为

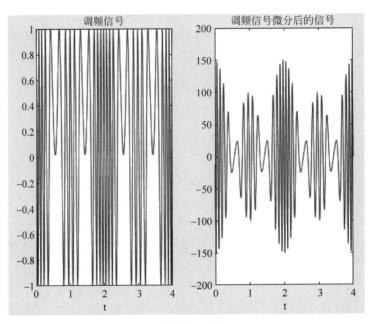

图 8-17   包络检波法实现解调

$$s_m(t) = A g_T(t) \cos\left(2\pi f_c t + \frac{2\pi m}{M}\right), \quad m = 0,1,\cdots,M-1$$

其中，$g_T(t)$ 是发送滤波器的脉冲成型，A 是信号的幅度。

将上式展开成正交两路信号，得到

$$s_m(t) = x(t)\varphi_1(t) + y(t)\varphi_2(t)$$

其中，$x(t) = \sqrt{E}\cos\left(\dfrac{2\pi m}{M}\right)$，$y(t) = \sqrt{E}\sin\left(\dfrac{2\pi m}{M}\right)$

$\varphi_1(t)$ 和 $\varphi_2(t)$ 是两个正交基函数，分别定义为

$$\varphi_1(t) = g_T(t)\cos(2\pi f_c t)$$

$$\varphi_2(t) = -g_T(t)\sin(2\pi f_c t)$$

因此，MPSK 在信号空间中的坐标点为

$$s_m = \left[\sqrt{E}\cos\left(\frac{2\pi m}{M}\right), \sqrt{E}\sin\left(\frac{2\pi m}{M}\right)\right]$$

【例 8-15】   产生每码元 9 个样点的 PSK 调制信号序列，画出其功率谱图。

程序如下：

```
clc;close all;clear all;
M = 9;
L = 512;
P = 4;
ini_phase = 0;
roll_off = 0.7;
bit = randi(9,L,M);
x = exp(j * (2 * pi * bit/M) + ini_phase);
N = L * P;y = zeros(1,N);
```

```
for n = 1:N
    y(n) = 0;
    for k - 1:L
        t = (n - 1)/P - (k - 1);
y(n) = y(n) + x(k) * (sin(pi * t + eps)/(pi * t + eps)) * (cos(roll_off * pi * t + eps)/((1 - (2 *
roll_off * t)^2) + eps));
    end
end
sfft = abs(fft(y));
sfft = sfft.^2/length(sfft);
subplot(311);
plot(real(x),imag(x),'.');
axis equal;
title('PSK 信号星座图');
subplot(312);
plot(1:length(sfft),sfft);
title('PSK 基带信号功率谱图');
for n = 1:N
    z(n) = y(n) * exp(j * 2 * pi * 1 * n/P);
end
sfft = abs(fft(z));
sfft = sfft.^2/length(sfft);
subplot(313);
plot(1:length(sfft),sfft);
title('PSK 调制信号功率谱图');
```

程序执行后,运行结果如图 8-18 所示。

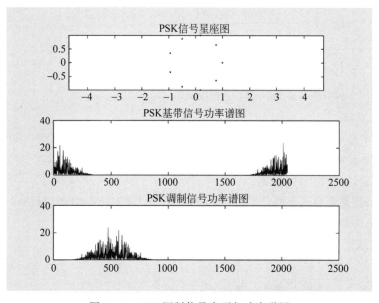

图 8-18 PSK 调制信号序列与功率谱图

4. 自适应均衡

在移动通信领域中,码间干扰始终是影响通信质量的主要因素之一。为了提高通信质量,减少码间干扰,在接收端通常采用均衡技术抵消信道的影响。由于信道响应时随着时间变化的,通常采用自适应均衡器。自适应均衡器能够自动地调节系数从而跟踪信道,成为通信系统中一项关键的技术。最基本的算法有递归最小二乘算法(RLS)和盲均衡算法。

1) 递归最小二乘算法

梯度 LMS 算法的收敛速度是很慢的,为了实现快速收敛,可以使用含有附加参数的复杂算法。RLS 算法是一种递推的最小二乘算法,它用已知的初始条件进行计算,并且利用现行输入新数据中所包含的信息对老的滤波器参数进行更新,因此所观察的数据长度是可变的,为此将误差测度写成 $J(n)$,另外,引入一个加权因子(又称遗忘因子)到误差测度函数 $J(n)$ 中去,它可以很好地改进自适应均衡器的收敛性。

RLS 的设计准则是使指数加权平方误差累积最小化,即

$$J(n) = \sum_{i=0}^{n} \lambda^{n-i} \mid e(i) \mid^2$$

式中,加权因子 $0 < \lambda < 1$ 称为遗忘因子,引入加权因子 λ^{n-i} 的目的是赋予原来数据与新数据不同的权值,以使自适应滤波器具有对输入过程特性变化的快速反应能力。

RLS 算法的操作步骤如下:

步骤1,初始化

$$\boldsymbol{\omega} = \begin{bmatrix} 0 & 0 & \cdots & 0 \end{bmatrix}^T, \quad n=0, \quad P_{xx}(0) = \sigma^{-1} \boldsymbol{I}$$

步骤2,当 $n = n+1$ 时更新

$$e(n) = d(n) - \boldsymbol{\omega}^T \boldsymbol{x}(n)$$

$$\boldsymbol{K}(n) = \frac{P_{xx}(n-1)\boldsymbol{x}(n)}{\lambda + \boldsymbol{x}^T P_{xx}(n-1)\boldsymbol{x}(n)}$$

$$P_{xx}(n) = \frac{1}{\lambda}\big[P_{xx}(n-1) - \boldsymbol{K}(n)\boldsymbol{x}^T(n)P_{xx}(n-1)\big]$$

$$\boldsymbol{\omega}(n) = \boldsymbol{\omega}(n-1) + \boldsymbol{K}(n)e(n)$$

2) 盲均衡算法

盲均衡技术是一种不需要发射端发送训练序列,仅利用信道输入输出的基本统计特性就能对信道的弥散特性进行均衡的特殊技术。由于这种均衡技术可以在信号眼图不张开的条件下也能收敛,所以称为盲均衡。

在 Bussgang 类盲均衡算法中,常模盲均衡(CMA)算法结构简单,得到了广泛应用。

CMA 算法的基本步骤如下:

步骤1,初始化

$$\boldsymbol{\omega} = \begin{bmatrix} 0 & \cdots & 0 & 0 & 0 & \cdots & 0 \end{bmatrix}^T, \quad R_p = E\{\mid s(n) \mid^4\} / E\{\mid s(n) \mid^2\}$$

步骤2,当 $n = n+1$ 时更新

$$y(n) = \boldsymbol{x}^T(n)\boldsymbol{\omega}(n)$$

$$\boldsymbol{\omega}(n+1) = \boldsymbol{\omega}(n) + \mu y(n)\big[R_2 - \mid y(n) \mid^2\big]\boldsymbol{x}(n)$$

可以看出,CMA 算法中抽头系数的整个更新过程仅仅只与接收到的信号和发送信号的统

计特性有关,而与估计误差信号 $e(n) = d(n) - y(n)$ 无关。

【例8-16】　以 QPSK 调制信号为发送信号,通过冲激响应的信道,并受到信噪比为 30dB 的加性高斯白噪声的污染,试通过 CMA 盲均衡恢复原始信号。

PSKSignal 函数的用户自定义程序如下:

```
function [s,a] = Signal(M,L,iniphase)
xx = [0:1:M - 1]';
a = pskmod(xx,M,iniphase);
aa = randi([0,M - 1],1,L);
s = pskmod(aa,M,iniphase);
s = s.';
```

运行程序如下:

```
clc;close all;clear all;
ii = sqrt( - 1);
L = 1000;              % 总符号数
dB = 40;               % 信噪比
h = [ - 0.004 - ii * 0.003,0.008 + ii * 0.02, - 0.014 - ii * 0.105,0.864 + ii * 0.521, - 0.328 + ii
    * 0.274,0.059 - ii * 0.064, - 0.017 + ii * 0.02,0];
M = 4;
iniphase = pi/4;
[s,a] = Signal(M,L,iniphase);
R = mean(abs(a).^4)/mean(abs(a).^2);
r = filter(h,1,s);
c = awgn(r,dB,'measured');
subplot(311);
plot(a,'.');
title('发送信号');
subplot(312);
plot(c,'.');
title('接收信号');
Nf = 7;
f = zeros(Nf,1);
f((Nf + 1)/2) = 1;
mu = 0.01;
ycma = [];
for k = 1:L - Nf
c1 = c(k:k + Nf - 1);
xcma(:,k) = fliplr(c1).';
y(k) = f' * xcma(:,k);
e(k) = y(k) * (abs(y(k))^2 - R);
f = f - mu * conj(e(k)) * xcma(:,k);
ycma = [ycma,y(k)];
q(k,:) = conv(f',h);
isi(k) = sum(abs(q(k,:)).^2)/max(abs(q(k,:)))^2 - 1;
isilg(k) = 10 * log10(isi(k));
end
subplot(313);
plot(ycma(1:end),'.');
title('均衡器输出信号');
```

程序执行后,运行结果如图 8-19 所示。

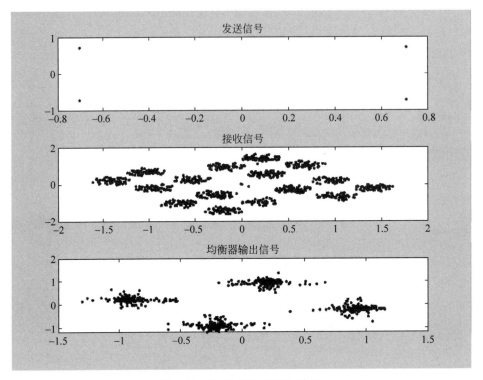

图 8-19 CMA 算法的均衡效果

8.4 MATLAB 控制系统工具箱及应用

8.4.1 MATLAB 控制系统工具箱简介

控制系统工具箱(Control System Toolbox)为系统分析、设计和调整线性控制系统提供算法和应用程序。可以将系统指定为传递函数、状态空间、零极点增益或频率响应模型。应用程序和函数(如阶跃响应图和波特图)允许在时间和频率域中分析和可视化系统行为。可以使用诸如 Bode 循环成形和根轨迹法等交互式技术来调整补偿参数。工具箱自动调整 SISO 和 MIMO 补偿,包括 PID 控制器。补偿可以包括跨越多个反馈回路的多个可调块。可以调整增益调度控制器并指定多个调整目标,例如参考跟踪、干扰抑制和稳定裕度。可以通过验证上升时间、超调、稳定时间、增益和相位裕度以及其他需求来验证设计。

8.4.2 MATLAB 控制系统工具箱应用实例

1. 控制系统的模型描述

控制系统的时域和频域描述可用传递函数、零极点增益、状态空间和状态图 4 种模型表示。每一种模型都有连续和离散系统。为了便于分析系统,有时需要在模型之间进行转换。

表 8-6

【例 8-17】 给定系统传递函数如下,求其零极点增益模型。

$$G(s) = \frac{7s^2 + 21.2s + 25}{s^4 + 5s^3 + 10s^2 + 15s + 32.5}$$

程序如下:

```
z = [7,21.2,25];
p = [1,5,10,15,32.5];
G = tf(z,p);
G1 = zpk(G)
```

程序执行后,运行结果:

```
Zero/pole/gain:
        7 (s^2 + 3.029s + 3.571)
    ----------------------------------------------
    (s^2 + 5.492s + 9.152) (s^2 - 0.4921s + 3.551)
```

可见,在系统的零极点模型中,若出现复数值,则在显示时将以二阶因子的形式表示相应的共轭复数对。

2. 控制系统的时域分析

系统对不同的输入信号具有不同的响应,而控制系统在运行中受到的外作用信号具有随机性。因此,在研究系统的性能和响应时,需要采用某些标准的检测信号。常用的检测信号有阶跃信号、速度信号、冲激信号和加速度信号等。具体采用哪种信号,则要看系统主要工作于哪种信号作用的场合,若系统的输入信号是突变信号,则采用阶跃信号分析为宜;若系统输入信号是以时间为基准成比例变化的,则采用速度信号分析为宜。

【例 8-18】 已知传递函数如下,求其单位阶跃响应。

$$G(s) = \frac{10}{s^2 + 3s + 2}$$

程序如下:

```
num = [0,0,10];
den = [1,3,2];
step(num,den);
grid
```

程序执行后,运行结果如图 8-20 所示。

用 dcgain 命令求系统输出的稳态值。可用下面的语句来得出阶跃响应曲线及其稳态输出值。

```
G = tf([0,0,10],[1,3,2]);
t = 0:0.1:5;
c = step(G,t);
plot(t,c);
Css = dcgain(G)
```

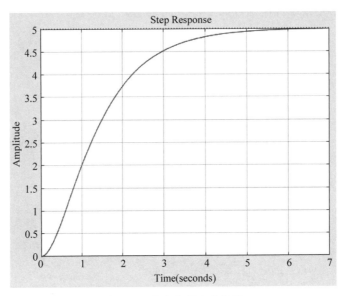

图 8-20 单位阶跃响应曲线

系统显示的图形与上例类似,在命令窗口中显示了如下结果:

```
Css =
      5
```

3. 控制系统的频域分析

当控制系统输入为正弦信号时,其系统的稳态输出常常需要研究其频域分析,即幅频特性和相频特性,例如绘制 Bode 图、Nyquist 曲线和 Nichols 曲线。

【例 8-19】 已知传递函数如下,试绘制其 Bode 图和对数幅频特性。

$$G(s) = \frac{3}{3s + 2}$$

微视频 8-8

程序如下:

```
G = tf(3,[3,2]);
subplot(121);
bode(G);
subplot(122);
bodemag(G);
```

程序执行后,运行结果如图 8-21 所示。

4. 控制系统的根轨迹分析

设闭环系统中的开环传递函数为

$$G_k(s) = K \frac{s^m + b_1 s^{m-1} + \cdots + b_{m-1} s + b_m}{s^n + a_1 s^{n-1} + \cdots + a_{n-1} s + a_n} = K \frac{\text{num}}{\text{den}}$$

$$= K \frac{(s + z_1)(s + z_2) \cdots (s + z_m)}{(s + p_1)(s + p_2) \cdots (s + p_n)} = K G_0(s)$$

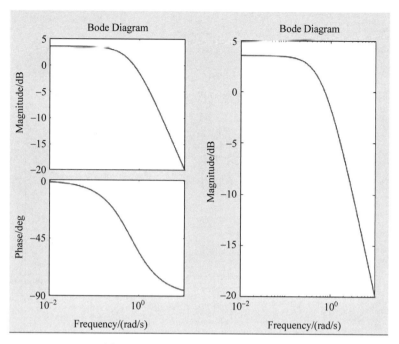

图 8-21　Bode 图和对数幅频特性曲线

则闭环特征方程为

$$1 + K\,\frac{\mathrm{num}}{\mathrm{den}} = 0$$

特征方程的根随参数 K 的变化而变化,即为闭环根轨迹。根轨迹用于分析系统的暂态和稳态性能。

【例 8-20】　已知开环传递函数如下,试画出其根轨迹性。

$$G_k(s) = \frac{K}{s(s+2)(s+1)} = KG_0(s)$$

程序如下:

```
G = tf(1,[conv([1,1],[1,2]),0]);
rlocus(G);
grid
title('Root Locus Plot of G(s) = K/[s(s + 1)(s + 2)]');
xlabel('Real Axis');
ylabel('Imag Axis');
[K,P] = rlocfind(G)
```

程序执行后,运行结果如图 8-22 所示;单击根轨迹上与虚轴相交的点,运行结果如图 8-23 所示,且在命令窗口中得到:

```
selected_point =
  - 0.0154 + 0.9783i
K =
    3.0046
```

```
P =
  - 2.6723
  - 0.1638 + 1.0476i
  - 0.1638 - 1.0476i
```

所以,要想使此闭环系统稳定,其增益范围为 $0 < K < 3$。

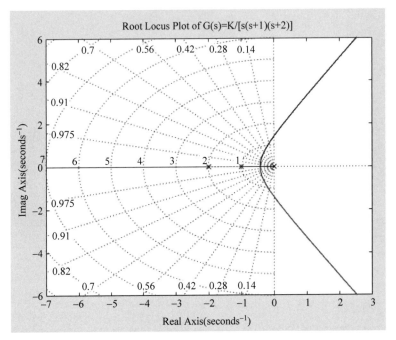

图 8-22　系统的根轨迹

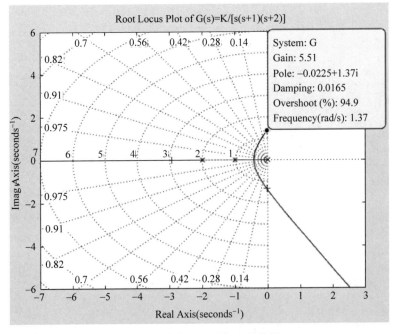

图 8-23　单击后显示相应的数据

5. 控制系统的状态空间分析

状态空间模型既可描述线性系统,也可描述时变系统。作为线性系统的重要性质,状态空间模型的能控性和能观性往往是确定最优先系统是否有解的前提条件。

系统能控的充要条件是:

$$\text{rand}[Q_c] = \text{rank}\begin{bmatrix} B & AB & \cdots & A^{N-1}B \end{bmatrix} = n$$

系统能观的充要条件是:

$$\text{rand}[Q_c] = \text{rank}\begin{bmatrix} C \\ CA \\ \vdots \\ CA^{N-1} \end{bmatrix} = n$$

【例 8-21】 已知控制系统的状态空间模型为

$$\dot{x} = Ax + Bu, \text{其中} A = \begin{bmatrix} 1 & 3 & 2 \\ 0 & 2 & 0 \\ 0 & -3 & 3 \end{bmatrix}, \quad B = \begin{bmatrix} 2 & 1 & -1 \\ 1 & 1 & -1 \end{bmatrix}^T$$

试判断系统的能控性。

程序如下:

```
A = [1 3 2;0 2 0;0 - 3 3];
B = [2 1;1 1; - 1 - 1];
Qc = ctrb(A,B)
n = size(A)
r = rank(Qc)
if r == n(1)
    disp('The system is controlled')
else
    disp('The system is not controlled')
end
```

程序执行后,运行结果为

```
Qc =
    2    1    3    2   - 3   - 4
    1    1    2    2    4    4
   - 1   - 1   - 6   - 6   - 24   - 24
n =
    3    3
r =
    3
The system is controlled
```

实训项目八

本实训项目的目的如下:
- 熟悉 MATLAB 信号处理工具箱,掌握其基本应用。
- 熟悉 MATLAB 通信系统工具箱,掌握其基本应用。
- 熟悉 MATLAB 控制系统工具箱,掌握其基本应用。

8-1 产生 sinc 信号和非周期三角波信号。

8-2 设计一个低通滤波器:$f_p = [1000\text{Hz}, 1500\text{Hz}]$,$f_s = [600\text{Hz}, 1900\text{Hz}]$,$R_p = 3\text{dB}$,$R_s = 20\text{dB}$。

8-3 设计一个低通切比雪夫 II 型模拟滤波器,满足:通带截止频率,$\Omega_p = 0.2\pi\text{rad/s}$,通带波动 $\delta = 1\text{dB}$;阻带截止频率 $\Omega_r = 0.3\text{rad/s}$,阻带衰减 $A_r = 16\text{dB}$。

8-4 利用巴特沃斯模拟滤波器,通过双线性变换法设计数字带阻滤波器。技术指标为:

$$0.8 \leqslant |H(e^{j\omega})| \leqslant 1, \quad 0 \leqslant |\omega| \leqslant 0.3\pi$$

$$|H(e^{j\omega})| \leqslant 0.18, \quad 0.35\pi \leqslant |\omega| \leqslant 0.75\pi$$

$$0.9 \leqslant |H(e^{j\omega})| \leqslant 1, \quad 0.75\pi \leqslant |\omega| \leqslant \pi$$

8-5 利用凯泽窗函数设计一个带通滤波器,上截止频率为 2500Hz,下截止频率为 1000Hz,过渡带宽为 200Hz,通带波纹允许差为 0.1,阻带波纹不大于允差 0.02dB,通带幅值为 1。

8-6 产生一个每码元 3 个样点的 9QAM 信号,采用升余弦脉冲成型,滚降系数为 0.35。画出其功率谱图。

8-7 通过 RLS 自适应均衡器恢复原始正弦信号。

8-8 给定系统零极点模型如下,将其转换为传递函数模型。

$$G(s) = \frac{8(s+3)(s+5)}{s(s+2\pm j2)(s+2.3)}$$

8-9 已知某单位反馈控制系统的开环传递函数如下,求此系统的单位阶跃响应。

$$G(s) = \frac{5}{s^2 + 3s}$$

8-10 已知传递函数如下,试绘制 Nyquist 曲线。

$$G(s) = \frac{3}{3s + 2}$$

8-11 已知开环传递函数如下,试画出其根轨迹,并求取其增益和闭环极点。

$$G(s) = \frac{K}{s(s+4)(s+2-4j)(s+2+4j)}$$

第9章

Simulink 仿真及应用

Simulink 是 MATLAB 的重要组成部分,它提供了各种动态系统的交互环境,包括集连续系统、离散系统和混合系统的建模、仿真和综合分析于一体的图形用户环境。通过 Simulink 构造复杂仿真模型时,不需要编写大量的程序,只需要采用鼠标拖放的方法建立系统框图模型的图形交互平台,对已有模块进行简单的操作,以及使用键盘设置模块的属性。它可以非常容易地实现可视化建模,并把理论研究和工程实践有机地结合在一起,可以迅速创建动态系统模型。同时 Simulink 还集成了 Stateflow,用来建模、仿真复杂事件驱动系统的逻辑行为。另外,Simulink 也是实时代码生成工具 Real-Time Workshop 的支持平台。

本章将系统介绍有关 Simulink 的基本知识、子系统及其封装以及模型仿真的基本方法。通过本章的学习,可掌握 Simulink 的部分基本知识和操作,包括建模方法、子系统和子系统的封装;初步学会使用 Simulink 仿真技术去解决工程和科研中的实际问题。

本章要点:

(1) Simulink 操作基础。

(2) Simulink 的建模与仿真。

(3) Simulink 公共模块库。

(4) 子系统及其封装技术。

(5) 用 MATLAB 命令创建和运行 Simulink 模型。

学习目标:

(1) 掌握 Simulink 的操作。

(2) 掌握 Simulink 的建模与仿真的方法。

(3) 掌握子系统及其封装技术。

(4) 熟悉 Simulink 公共模块库。

(5) 掌握运用 Simulink 解决科研和工程中的实际问题。

9.1 Simulink 操作基础

9.1.1 Simulink 简介

Simulink 是 MathWorks 公司为 MATLAB 提供的系统模型化的图形输入与仿真工具,它使仿真进入到了模型化的图形阶段。Simulink 主要有两个功能,即 Simu(仿真)和

Link(链接),它可以针对自动控制、信号处理以及通信等系统进行建模、仿真和分析。

Simulink没有单独的语言,但是它提供了S函数规则。S函数可以是一个M函数文件、Fortran程序、C或C++语言程序等,通过特殊的语法规则使之能够被Simulink模型或模块调用。S函数使Simulink更加充实、完备,具有更强的处理能力。

同MATLAB一样,Simulink也不是封闭的,它允许用户方便地定制自己的模块和模块库。同时Simulink也有比较完整的帮助系统,使用户可以随时找到对应模块的说明,便于应用。

Simulink具有如下特点:

(1) 丰富的可扩充的预定义模块库;

(2) 交互式的图形编辑器来组合和管理直观的模块图;

(3) 以设计功能的层次性来分割模型,实现对复杂设计的管理;

(4) 通过Model Explorer导航、创建、配置、搜索模型中的任意信号、参数、属性,生成模型代码;

(5) 提供API用于与其他仿真程序的连接或与手写代码集成;

(6) 使用Embedded MATLAB模块在Simulink和嵌入式系统执行中调用MATLAB算法;

(7) 使用定步长或变步长运行仿真,根据仿真模式(Normal、Accelerator、Rapid Accelerator)来决定以解释性的方式运行或以编译C代码的形式来运行模型;

(8) 图形化的调试器和剖析器来检查仿真结果,诊断设计的性能和异常行为;

(9) 可访问MATLAB从而对结果进行分析与可视化,定制建模环境,定义信号参数和测试数据;

(10) 模型分析和诊断工具来保证模型的一致性,确定模型中的错误。

综上所述,Simulink就是一种开放性的,用来模拟线性或非线性的以及连续或离散的或者两者混合的动态系统的强有力的系统级仿真工具。

9.1.2 Simulink的基本概念

1. 模块与模块框图

Simulink模块有标准模块和定制模块两种类型。Simulink模块是系统的基本功能单元部件,并且产生输出宏。模块中的状态是一组能够决定模块输出的变量,一般当前状态的值取决于过去时刻的状态值或输入,这样的模块称为记忆功能模块,例如积分(Integrator)模块。Simulink模块的基本特点是参数化。多数模块都有独立的属性对话框用于定义或设置模块的各种参数。

此外,Simulink也可以允许用户创建自己的模块,它不同于Simulink中的标准模块,可以由子系统封装得到,也可以采用M文件或C语言实现自定义的功能算法,称为S函数。用户可以定制模块设计属性对话框,并将其合并到Simulink库中,使得定制模块的使用与标准模块的使用完全一样。

Simulink模块框图是动态系统的图形显示,它由一组模块的图标组成,模块之间的连接是连续的。

2．信号

Simulink 使用"信号"一词来表示模块的输出值。Simulink 允许用户定义信号的数据类型、数值类型（实数或复数）、维数（一维或二维等）等。此外，Simulink 还允许用户创建数据对象（数据类型的实例）作为模块的参数和信号变量。

3．求解器

Simulink 提供了一套高效、稳定、精确的微分方程数值求解算法（ODE），用户可根据需要和模型特点选择合适的求解算法。

4．子系统

Simulink 子系统是由几个基本模块组合而成的、相对完整且具备一定功能的模块封装后所得。通过封装用户还可以实现带触发使用功能的特殊子系统。子系统的概念是 Simulink 的重要特征之一，体现了系统分层建模的思想。

5．零点穿越

在 Simulink 对动态系统进行仿真时，一般在每一个仿真过程中都会检测系统状态变化的连续性。当 Simulink 检测到某个变量的不连续性时，为了保持状态突变处系统仿真的准确性，仿真程序会自动调整仿真步长，以适应这种变化。

动态系统中状态的突变对系统的动态特性具有重要影响。Simulink 采用一种称为零点穿越检测的方法来解决这个问题。首先模块记录下零点穿越的变量，每一个变量都是有可能发生突变的状态变量的函数。突变发生时，零点穿越函数从正数或负数穿过零点，通过观察零点穿越变量的符号变化，就可以判断出仿真过程中系统状态是否发生了突变现象。

如果检测到穿越事件发生，那么 Simulink 将依据变量以前时刻和当前时刻的插值来确定突变发生的具体时刻，然后，Simulink 会调整仿真步长，逐步逼近并跳过状态的不连续点，这样就避免了直接在不连续点处进行的仿真。

采用零点穿越检测技术，Simulink 可以准确地对不连续系统进行仿真，从而极大地提高了系统仿真的速度和精度。

9.1.3　Simulink 模块的组成

1．应用工具

Simulink 软件包的一个重要特点是它完全建立在 MATLAB 的基础上。因此，MATLAB 的各种应用工具箱也完全可应用到 Simulink 环境中。

2．实时工作室

Simulink 软件包中的 Real-Time Workshop（实时工作室）可将 Simulink 的仿真框图直接转换为 C 语言代码，从而直接从仿真系统过渡到系统实现。该工具支持连续、离散及连续-离散混合系统。用户完成 C 语言代码的编程后可直接进行汇编及生成可执行文件。

3．状态流模块

MATLAB 中使用的 stateflow（状态流模块），Simulink 中包含了 stateflow 的模块，用户可以在该模块中设计基于状态变化的离散事件系统。将该模块放入 Simulink 模型中，就可以创建包含离散事件子系统的更为复杂的模型。

4. 扩展的模块集

如同众多的应用工具箱扩展了 MATLAB 应用范围一样，MathWorks 公司为 Simulink 提供了各种专门的模块集(BlockSet)来扩展 Simulink 的建模和仿真能力。这些模块涉及通信、电力、非线性控制、DSP 系统等不同领域，可满足 Simulink 对不同领域系统仿真的需求。

9.1.4　Simulink 的启动与退出

1. Simulink 的启动

启动 Simulink 有 3 种方式。

(1) 在 MATLAB R2020a 菜单栏中选择 New→Simulink Model 选项。

(2) 单击 MATLAB R2020a 工具栏上的 Simulink 按钮。

(3) 在 MATLAB R2020a 的命令窗口中直接输入 Simulink 命令。

Simulink 启动界面如图 9-1 所示。运行后会弹出如图 9-2 所示的 Simulink 模块库浏览器窗口，之后会弹出一个名为 Untitled 的空白窗口即模型编辑窗口如图 9-3 所示，所有控制模块都创建在这个窗口中。在此窗口下 View 菜单下选择 Library Browser 命令，则出现 Simulink 模块库浏览器(Simulink Library Browser)窗口，如图 9-4 所示。

图 9-1　Simulink 启动界面

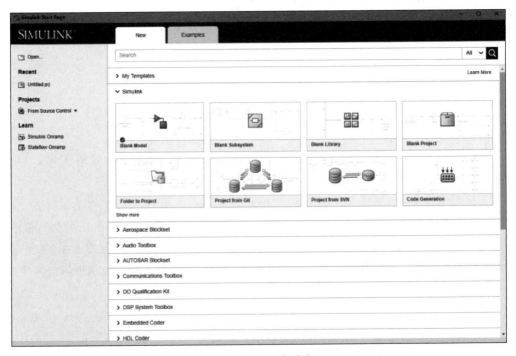

图 9-2　Simulink 启动窗口

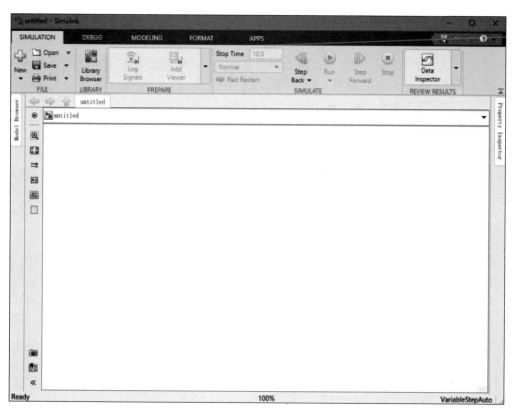

图 9-3　新建模型编辑窗口

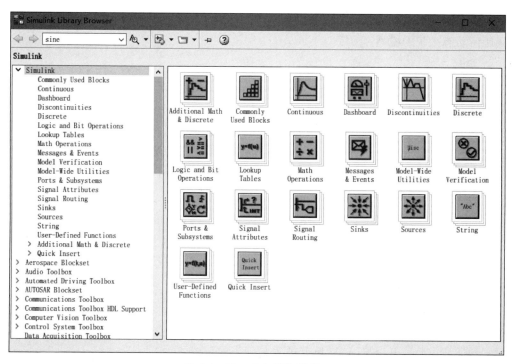

图 9-4　Simulink 模块库窗口

2. 打开已经存在的 Simulink 模型文件

打开已经存在的 Simulink 模型文件也有 3 种方式。

(1) 在 MATLAB 命令窗口直接输入模型文件名(不要加扩展名.mdl),这要求该文件在当前 d 路径范围内。

(2) 在 MATLAB 菜单中选择 File→Open 命令。

(3) 单击工具栏上的打开图标。

3. Simulink 的退出

为了退出 Simulink,只要关闭所有模型编辑窗口和 Simulink 模块库浏览器窗口即可。

9.1.5 创建一个新模型

在 Simulink 的窗口创建一个新模型的步骤为:

(1) 打开 MATLAB,在工具栏中单击 Simulink 按钮,会出现如图 9-2 所示窗口。

(2) 单击 Blank Model 模板,Simulink 编辑器将打开一个新建模型窗口,如图 9-3 所示。

(3) 选择 File→Save as 命令,写入该文件的文件名,例如 simple,选择保存类型 Simulink model.slx,单击"保存"按钮。

9.2 Simulink 的建模与仿真

9.2.1 Simulink 模块的操作

模块是建立 Simulink 模型的基本单元。用适当的方式把各种模块连接在一起就能够建立任何动态系统的模型。

1. 模块选取

从 Simulink 模块库选取建立模型所需的模块,也可以建立一个新的 Simulink 模块、项目或者状态流图。

在 Simulink 工具栏中单击 Library Browser 按钮 ▦。打开模块库浏览器如图 9-4 所示。设置模块库浏览器处于窗口的最上层,可以单击模块库浏览器上的工具栏中的按钮。

在模块库浏览器中找到该模块,选中并将之拖放到模型编辑窗口即可。

2. 模块查找

在图 9-4 的左边列出的是所有的模块库,选择一个模块库。例如,要查找正弦波模块,可以在浏览器工具栏的搜索框中输入 sine,按回车键,Simulink 就可以在正弦波的库中找到并显示此模块,如图 9-5 所示。

3. 复制和删除模块

在建立系统仿真模型时,可能需要多个相同的模块,这时可采用模块复制的方法。在同一模型编辑窗口中复制模块的方法是:单击要复制的模块,按住左键并同时按下 Ctrl 键,移动鼠标到适当位置放开鼠标,该模块就被复制到当前位置。

在不同的模型编辑窗口之间复制模块的方法是:首先打开源模块和目标模块所在的窗

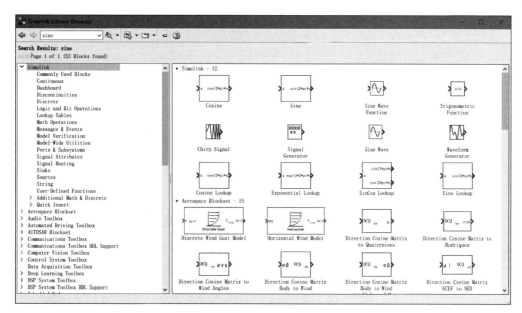

图 9-5　在模块库浏览器中查找模块

口,然后单击要复制的模块,按住左键移动鼠标到相应窗口(不用按住 Ctrl 键),再释放,该模块就被复制过来,而源模块不会被删除。

当然还可以用模型编辑窗口 Edit 菜单中的 Copy 和 Paste 命令或工具栏上的 Copy 和 Paste 命令按钮来完成复制。

删除模块的方法是:选定模块,按 Delete 键或选择 Edit 菜单中的 Cut 命令;或者在模块上右击,在弹出的菜单中选择 Cut 命令。

4. 模块外形的调整

模块外形的调整包括 3 种形式,即改变模块的大小、调整模块的方向和给模块添加阴影。

1) 改变模块的大小

要改变单个模块的大小,首先选中该模块,将鼠标移动到模块边框的一角,当鼠标变成两端有箭头的线段时,按下鼠标左键进行拖动模块图标来改变模块大小。

2) 调整模块的方向

选中模块后,通过菜单命令 Rotate& Flip→Clockwise 使模块水平方向顺时针旋转 90°,Rotate& Flip→Counterclockwise 使模块水平方向逆时针旋转 90°,通过菜单命令 Rotate& Flip→Flip Block 使模块相对于水平方向翻转 180°。

3) 给模块添加阴影

选中模块后,通过 Format→Background Color 给模块添加阴影。

5. 模块名的操作

模块名的操作包括修改模块名、显示模块名和改变模块名的位置。

1) 修改模块名

通过双击模块名,修改模块名。

2）显示模块名

选中模块后,通过菜单命令 Format→Show Block Name 来显示或隐藏模块名。

3）改变模块名的位置

选中模块后,通过菜单命令 Rotate&. Flip→Flip Block Name 来改变模块名的上下显示位置。

6. 定义模块中的参数

定义模块中的参数有以下两种方法。

(1)用户通过双击需要设置参数的模块,得到如图 9-6 所示的模块参数设置对话框,定义模块中的参数。

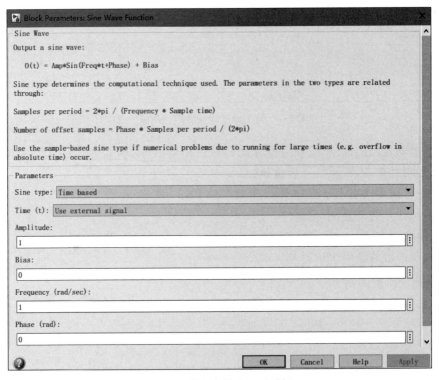

图 9-6　模块参数设置对话框

(2)右击模块并在弹出的菜单中选择 Block Parameters 命令,定义模块中的参数。

该对话框分为两部分:上面部分是模块功能说明,下面部分用来进行模块参数设置。

7. 定义模块的属性

Simulink 中的每个模块都有一个内容相同如图 9-7 所示的属性设置对话框,可以通过用右击模块并在弹出的菜单中选择 Properties 命令的方式打开此属性设置对话框。

该对话框包括 General、Block Annotation 和 Callbacks 3 个可以相互切换的选项卡。在选项卡中可以设置 3 个基本属性:Description(说明)、Priority(优先级)、Tag(标记)。

8. 模块的连接

设置好了各个模块,还需要把它们按照一定的顺序连接起来才能组成一个完整的系统

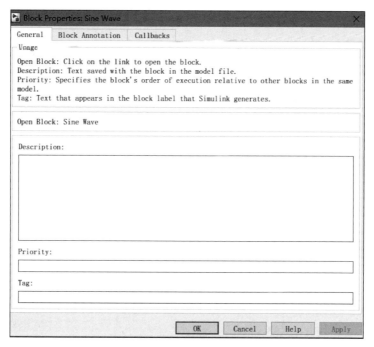

图 9-7　模块属性设置对话框

模型。

1）连接两个模块

从一个模块的输出端连到另一个模块的输入端，这是 Simulink 仿真模型最基本的连接情况。方法是先移动光标到输出端，箭头光标会变成十字形光标，这时按住鼠标左键，移动鼠标到另一个模块的输入端，当十字形光标出现重影时，释放鼠标左键就完成了连接。拖动模块还可以调整连线的弯折状态。

2）模块间连线的调整

调整模块间连线位置可采用鼠标拖放操作来实现。先把鼠标移动到需要移动的线段的位置，按住左键，移动鼠标到目标位置，释放左键。

还有一种情况，要把一条直线分成斜线端。调整方法是按住左键之前要先按下 Shift 键，出现黑色小方块之后，拖曳小方块到目标位置释放鼠标和 Shift 键。

3）连线的分支

在仿真过程中，经常需要把一个信号输送到不同的模块，这时就需要从一个连线中分出一根连线。操作方法是在先连好一条线之后，把鼠标指针移到分支点的位置，先按下 Ctrl 键，然后按住鼠标拖动目标模块的输入端，释放鼠标和 Ctrl 键。

4）标注连线

为了使模型更加直观、可读性更强，可以为传输的信号做标记。方法是双击要加标记的连线，将出现一个文本编辑框，在里面输入标注文本，这样就建立了一个信号标记。也可在 Format 菜单中选择 Font Style Selection 命令，给连线添加不同的标志。

5）删除连线

要删除某连线，可单击该连线，然后单击 Cut 命令按钮或按 Delete 键即可。

9.2.2 Simulink 建模原理

Simulink 虽然提供了实现各种功能的模块,为用户屏蔽了许多烦琐的编辑工作,但用户要想更加灵活高效地使用这个工具,就必须对其工作原理有一定的了解。Simulink 建模大致可分为两步:创建模型图标和控制 Simulink 对其进行仿真。问题是这些图形化模型和现实系统之间到底存在着什么样的映射关系? Simulink 是如何对这些模型进行仿真的?

1. 图形化模型和现实系统间的映射关系

现实系统中都包含输入、状态和输出 3 种基本元素,以及 3 种元素间随时间变化的数学函数关系,在 Simulink 模型中每个图形化模块都可以用图 9-8 来代表现实系统中某个部分的输入、状态以及输出随时间变化的函数关系,即系统的数学模型。系统的数学模型是由一系列的数学方程描述的,每一组数学方程都由一个模块来代表,Simulink 称这些方程为模块或模型的方法(一组 MATLAB 函数)。模块与模块间的连线代表系统中各元件输入/输出信号的连接关系,也代表了随时间变化的信号值。

通常,Simulink 模型的典型结构分为信源、系统和信宿 3 部分,其关系模型如图 9-9 所示。

图 9-8 模块的图形化形式　　　　图 9-9 Simulink 模型的典型结构

2. 利用映射关系进行仿真

在用户定义的时间段内根据模型提供的信息计算系统的状态和输出,并将计算结果予以显示和保存的过程就是 Simulink 对模型进行仿真的过程。Simulink 的仿真过程包括模型编译阶段、连接阶段和仿真阶段。

1)模型编译阶段

Simulink 引擎调用模型编译器,将模型编译成可执行文件。编译器完成以下任务:计算模块参数的表达式以确定它们的值;确定信号属性(名字、数据类型等);传递信号属性以确定未定义信号的属性;优化模块;展开模型的继承关系(如子系统);确定模块运行的优先级;确定模块的采样时间。

2)连接阶段

Simulink 引擎创建按执行次序排列的运行列表,同时定位和初始化存储每个模块的运行信息。

3)仿真阶段

Simulink 引擎从仿真的开始到结束,在每个采样点按运行列表计算各个模块的状态和输出。仿真阶段又可分为两个阶段:第一个是初始化阶段,此阶段只运行一次,用于初始化系统的状态和输出;第二个是迭代阶段,该阶段在定义的时间段内按照采样点间的步长重复执行,用于在每个时间步计算模型的新的输入、状态和输出,并更新模型使之能反映系统最新的计算值。在仿真结束时,模型能反映系统最终的输入、状态和输出值。

9.2.3 Simulink 的建模和仿真过程

Simulink 建模的过程可以简单地理解为从模块库中选择合适的模块,然后将它们按照实际系统的控制逻辑连接起来,最后进行仿真调试的过程。

Simulink 建模和仿真的一般过程如下:

(1) 画出系统草图。将所研究的仿真系统根据功能划分为一个个子系统,然后用各模块子库的基本模块搭建好每个子系统。

(2) 启动 Simulink 模块库浏览器,新建一个空白的模型编辑窗口。

(3) 将模块库中的模块复制到编辑窗口中,并依据给定的框图修改编辑窗口中模块的参数。

(4) 将各个模块按所画的系统草图布局摆放好并连接各模块。若系统较复杂或模块太多,可以将实现同一功能的模块封装为一个子系统。

(5) 设置与仿真有关的各种参数。

(6) 将模型保存为扩展名为 .mdl 的模型文件。

(7) 用菜单选择或在命令窗口输入命令的方法进行仿真分析,在仿真的同时,可以观察仿真结果。如果仿真出错,则从弹出的错误提示框查看错误原因,进行修改;如果仿真结果与预想的结果不符,首先检查模块的连接是否有误,选择的模块是否合适,然后检查模块参数和仿真参数的设置是否合理。

(8) 修改后再仿真,直到对结果满意为止,并将模型保存。

【例 9-1】 用 Simulink 来实现两个正弦信号的相乘,即计算 $y(t) = \sin t \sin(10t)$。

微视频 9-1

(1) 打开 MATLAB 界面,单击 Simulink 按钮,运行 Simulink,得到一个新建模型窗口,如图 9-3 所示。

(2) 在此窗口的 View 菜单下选择 Library Browser 命令,则出现 Simulink 模块库浏览器(Simulink Library Browser)窗口,如图 9-4 所示。

(3) 将所需模块添加到模型中。

从 Sources(输入源)子模块库中拖出两个 Sine Wave(正弦源),从 Math Operations(数学)子模块库中拖出 1 个 Product(相乘器),从 Sinks(接收)中拖出 1 个 Scope(示波器)。

(4) 编辑模块组成模型。

将模块添加到模型中以后,还要编辑模块的性质以满足我们的要求。在本例中,需要两个正弦源的频率,分别是 1Hz 和 10Hz,幅度均为 1;还要求显示两个正弦波以及相乘后的波形,因此要求示波器有 3 个输入端。

只要双击一个模块就可以修改该模块的参数。首先来修改两个正弦源的参数。先双击某一个正弦源,可以看到如图 9-10 所示的对话框。该对话框分为两部分:上面部分描述了该框图的作用——输出一个正弦波;下面部分是可以调整的参数,包括幅度、频率和相位等。注意,这里的频率是角频率,所以将其改为 2 * pi,其他参数则不用修改。在模型中,将正弦源的名字是默认值 Sine Wave 修改为 sin(t)。这样就完成了对一个正弦源的编辑。

对第二个正弦源,将其参数中的角频率改为"20 * pi",名称改为 sin(10t)。

对于相乘器,通过双击该模块可以发现,它只有一个参数——输入信号的个数,采用默认值 2。

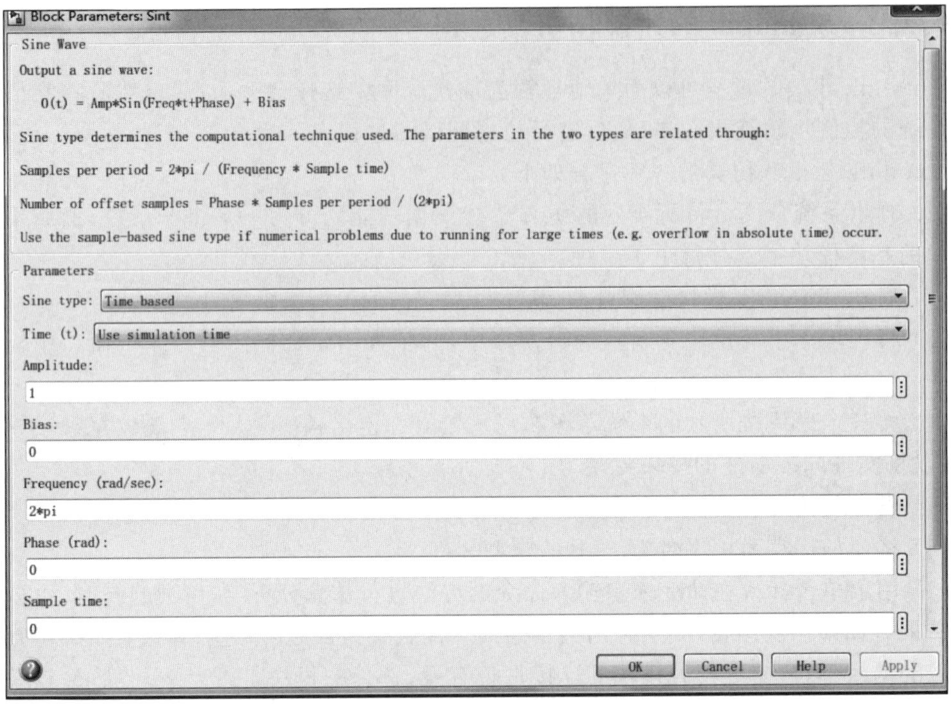

Block Parameters: Sint
Sine Wave
Output a sine wave:
O(t) = Amp*Sin(Freq*t+Phase) + Bias
Sine type determines the computational technique used. The parameters in the two types are related through:
Samples per period = 2*pi / (Frequency * Sample time)
Number of offset samples = Phase * Samples per period / (2*pi)
Use the sample-based sine type if numerical problems due to running for large times (e.g. overflow in absolute time) occur.
Parameters
Sine type: Time based
Time (t): Use simulation time
Amplitude:
1
Bias:
0
Frequency (rad/sec):
2*pi
Phase (rad):
0
Sample time:
0
OK
Cancel
Help
Apply

图 9-10　修改正弦源的参数

当双击示波器时，将看到图形界面如图 9-11 所示。单击工具栏上的图标，将出现示波器属性设置窗口如图 9-12 所示，选择 3，这表明需要用这个示波器观察 3 个波形。当示波器改成 3 个输入端口后，这个框图显得有点拥挤，其实可以改变它的大小：先单击选中该示波器，可以看到这个模块周围有 4 个黑点，用鼠标选中其中任何一个，拖动改变其大小，直到令人满意为止。

Scope
File
Tools
View
Simulation
Help
Ready
Sample based

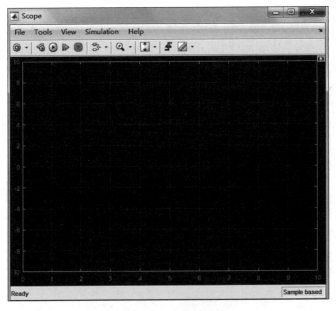

图 9-11　示波器的属性

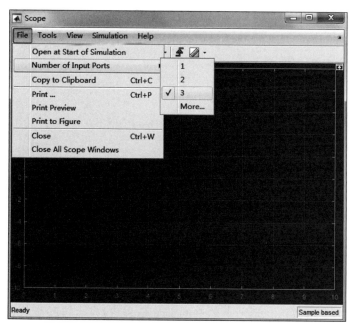

图 9-12　修改示波器的属性

小技巧：有时为了连线方便,需要将模块的端口移到合适的位置,可以用快捷键 Ctrl+R 来实现将某个模块顺时针旋转 90°,用快捷键 Ctrl+Shift+R 实现将某个模块逆时针旋转 90°。

将整个模型连接起来。Simulink 为用户提供了非常方便的连线方法,将鼠标指针置于某模块的输出或输入端口附近时,鼠标指针将变成十字形,按下鼠标左键并将其拖至待连接的另一模块的端口即可。若连线后对连线的走向不满意,可以选中该线,然后拖着它的关键点移动,直到满意为止。将两个正弦源的输出连至相乘器的输入,然后将相乘器的输出接到示波器的最下面一个输入。想把正弦源同时输出到示波器,这时就要在按下 Ctrl 键的同时单击原连线,然后再将之拖到目的地,这样就可以实现在一条连线上分叉。最后实现的系统如图 9-13 所示。

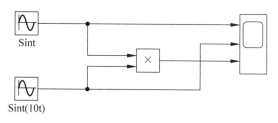

图 9-13　实现信号相乘的系统图

（5）进行系统仿真各参数的设置。

系统完整地搭建出来后,将设置仿真的时间、步长以及算法。在 Simulink 模型窗口中选择 Simulation→Configuration Parameters 命令,打开如图 9-14 所示的仿真参数设置对话框。

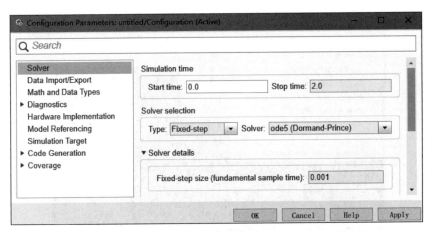

图 9-14　仿真参数设置对话框

① 设置起始时间和停止时间。选项卡的最上面是仿真时间设置,以秒为单位给出仿真始末时间,在本例中为 0~2 秒。

② 设置仿真步长和算法。选项卡的中间部分是解法选项,包括步长设置和算法设置,如图 9-14 所示。在 Type 选项中,步长可以设为 Variable-step(不定步长)和 Fixed-step(定步长),本例选择定步长计算,并将最大步长设为 0.001 秒。步长设置得越小,计算越准确,绘图越圆滑;如果选择 auto,则采用默认步长,为仿真时间的 1/50。算法设置有很多可选项,一般对于离散系统,要选择 discrete 算法,而对于连续系统,选择 ode 系列算法。本例中选择 ode5,即基于龙格-库塔(Runge-Kutta)法的五阶算法。一般算法采用的阶数越高,计算越准确。

在执行仿真之前,先将这个模型保存,单击模型窗口 Save 命令进行保存,将这个模型命名为 AM(因为这个系统实际上就是通信中的抑制载波调幅)保存在 MATLAB 下的 bin 目录下,这个目录在每次 MATLAB 启动时都被设为工作目录,从而保证了这个模型随时可以被引用。

最后通过单击模型窗口中的 Run 按钮来运行仿真。双击示波器,可以看到仿真的结果如图 9-15 所示。

9.2.4　Simulink 仿真参数设置

Simulink 仿真参数设置是 Simulink 动态仿真的重要内容,也是掌握 Simulink 仿真技术的关键内容之一。建立好系统的仿真模型后,需要对 Simulink 仿真参数进行设置。

在 Simulink 模型窗口中选择 Simulation→Model Configuration Parameters 命令,打开如图 9-16 所示的仿真参数设置对话框。从图 9-16 左侧可以看出,仿真参数设置对话框主要包括 Solver(求解器)、Data Imput/Export(数据输入/输出项)、Math and Data Types、Diagnostics(诊断)、Hardware Implementation、Model Referencing、Simulation Target、Code Generation、Coverage 共 9 项内容。其中 Solver 参数的设置最为关键。

1. Solver 参数设置

Solver 参数主要包括 Simulation time(仿真时间)、Solver Options(求解器选项)、

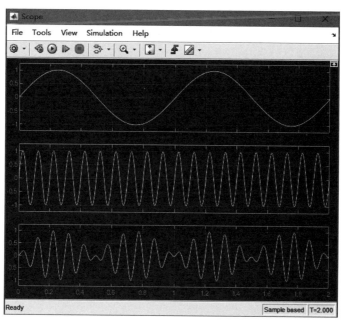

图 9-15 仿真结果

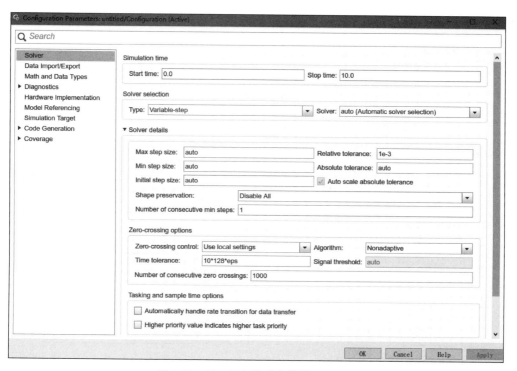

图 9-16 Simulink 仿真参数设置对话框

Tasking and sample time options(任务处理及采样时间项)和 Zero crossing options(过零项)共 4 项内容。Solver 参数设置如图 9-17 所示。

图 9-17　Solver 参数设置

1) Simulation time

仿真时间参数与计算机执行任务具体需要的时间不同。例如,仿真时间 10s,当采样步长为 0.2 时,需要执行 100 步。Start time 用来设置仿真的起始时间,一般从零开始(也可以选择从其他时间开始)。Stop time 用来设置仿真的终止时间。Simulink 仿真系统默认的起始时间为 0,终止时间为 10s。参数设置如图 9-18 所示。

图 9-18　Simulation time 参数设置

2) Solver selection

可设置 Type(仿真类型)和 Solver(求解器算法)。对于变步长仿真,还有 Max step size(最大步长)、Min step size(最小步长)、Initial step size(初始步长)、Relative tolerance(相对误差限)、Absolute tolerance(绝对误差限)等选项。参数设置如图 9-19 所示。

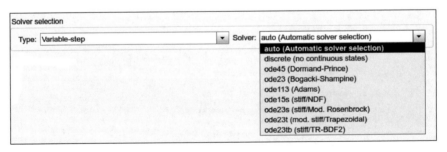

图 9-19　Solver selection 参数设置

(1) Type(仿真类型):包括固定步长仿真(Fixed-step)和变步长仿真(Variable-step),变步长仿真为系统默认求解器类型。

（2）Solver（变步长仿真求解器算法）：包括 discrete、ode45、ode23、ode113、ode15s、ode23s、ode23t 和 ode23tb,其功能如表 9-1 所示。

表 9-1　Solver 选项功能

选项	功　　能
discrete	当 Simulink 检测到模块没有连续状态时使用
ode45	求解器算法是四阶/五阶龙格-库塔法,为系统默认值,适用于大多数连续系统或离散系统仿真,但不适用于 Stiff（刚性）系统
ode23	求解器算法是二阶/三阶龙格-库塔法,在误差要求不高和所求问题不太复杂的情况下可能会比 ode45 更有效
ode113	是一种阶数可变的求解器,在误差要求严格的情况下通常比 ode45 更有效
ode15s	是一种基于数字微分公式的求解器,适用于刚性系统。当用户估计要解决的问题比较复杂,或不适用 ode45,或效果不好时,采用 ode15s。通常对于刚性系统,若用户选择了 ode45 求解器,运行仿真后 Simulink 会弹出警告对话框,提醒用户选择刚性系统,但不会终止仿真
ode23s	是一种单步求解器,专门用于刚性系统,在弱完成允许下效果好于 ode15s。它能解决某些 ode15s 不能解决的问题
ode23t	是梯形规则的一种自由差值实现,在求解适度刚性的问题而用户又需要一个无数字振荡的求解器时使用
ode23tb	具有两个阶段的隐式龙格-库塔法

3）仿真时间设置

在设置仿真步长时,最大步长要大于最小步长,初始步长则介于两者之间。系统默认最大步长为"仿真时间/50",即整个仿真至少计算 50 个点。最小步长及初始步长建议使用默认值（auto）即可。

4）误差容限

Relative tolerance（相对误差）指误差相对于状态的值,一般是一个百分比。默认值为 1e-3,表示状态的计算值要精确到 0.1%。Absolute tolerance（绝对误差）表示误差的门限,即在状态为零的情况下可以接受的误差。如果设为默认值（auto）,则 Simulink 为每一个状态设置初始绝对误差限为 1e-6。

5）其他参数项

建议使用默认值。

2. Data Imput/Export 参数设置

Data Imput/Export 参数设置包括 Load from workspace（从工作空间输入数据）、Save to workspace（将数据保存到工作空间）、Simulation Data Inspector（信号查看器）、Additional parameters（附加选项）。其设置如图 9-20 所示。

1）Load from workspace（从工作空间输入数据）

从工作空间输入数据如图 9-21 所示,选中两个复选框,运行仿真即可从 MATLAB 工作空间输入指定变量。一般时间定义为 t,输入变量定义为 u,也可以定义为其他名称,但要与工作空间中的变量名保持一致。

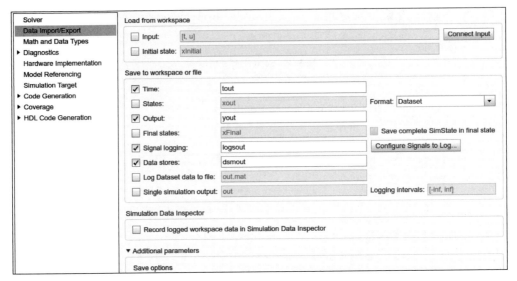

图 9-20　Data Import/Export 参数设置

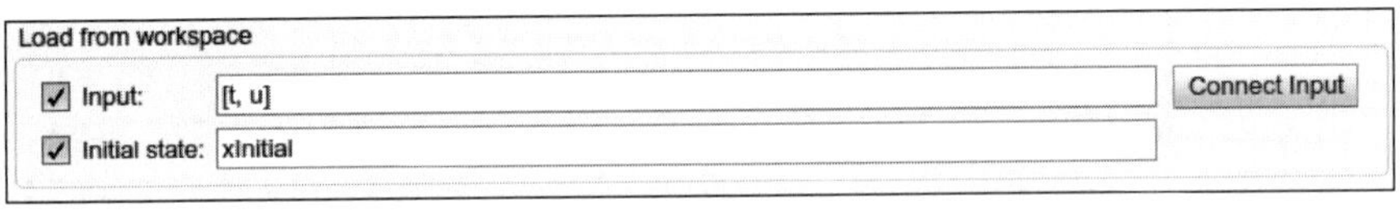

图 9-21　Load from workspace 参数设置

2) Save to workspace(将数据保存到工作空间)

将数据保存到工作空间如图 9-22 所示,通常需要设置保持的时间向量 tout 和输出数据项 yout。

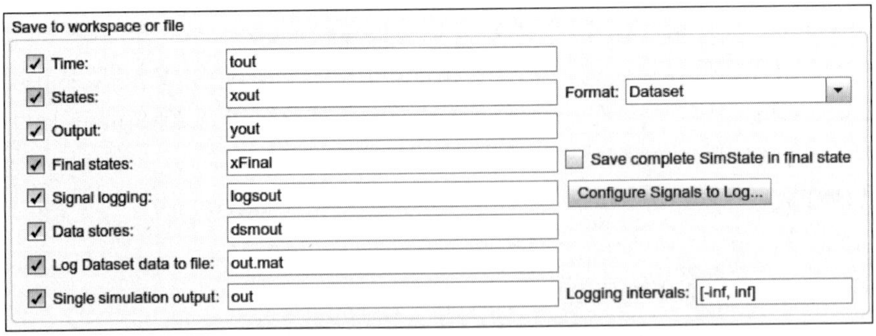

图 9-22　Save to workspace 参数设置

3) Simulation Data Inspector(Simulink 信号查看器)

如用于信号数据的测试,如图 9-23 所示。用于将需要记录/监控的信号录入信号查看器,或将信号流写入 MATLAB 工作空间。

图 9-23　Simulation Data Inspector 参数设置

4）Additional parameters（附加选项）

附加选项包含保存数据点设置和保存数据类型等，如图 9-24 所示。选中 Limit data points to last 复选框将编辑保存最新的若干个数据点，系统默认值为保存最近的 1000 个数据点。通常取消选中复选框，则保存所有的数据点。若展开复选框 Format 选项用来保存数据格式，其中 Array 为以矩阵形式保存数据，矩阵的每一行对应于所选中的输出变量 tout、xout、yout 或 xFinal，矩阵的第一行对应于初始时刻。对于绘图操作，建议将数据保存为 Array 格式。

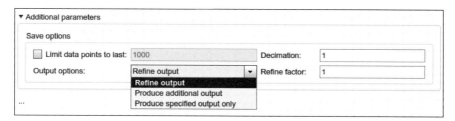

图 9-24　Additional parameters 参数设置

（1）Output options 选项。Output options 选项功能如表 9-2 所示。

表 9-2　Output options 选项功能

选　　项	功　　能
Refine output	可理解为精细输出，其意义是在仿真输出太稀松时，Simulink 会产生额外的精细输出，如同插值处理一样。若要产生更光滑的输出曲线，改变精细因子比减少仿真步长更有效。精细输出只能在变步长模式中才能使用，并且在 ode45 效果最好
Produce additional output	允许用户直接指定产生输出的时间点。一旦选择了该项，在它的右边就会出现一个 Output times 编辑框，在这里用户指定额外的仿真输出点，它既可以是一个时间向量，也可以是表达式。与精细因子相比，这个选项会改变仿真的步长
Produce specified output only	让 Simulink 只在指定的时间点上产生输出。为此求解器要调整仿真步长以使之和指定的时间点重合。这个选项在比较不同的仿真时，可以确保它们在相同的时间输出

（2）Decimation。设定一个亚采样因子，默认值为 1，也就是对每一个仿真时间点产生值都保存。若为 2，则每隔一个仿真时刻才保存一个值。

（3）Refine factor。用户可用其设置仿真时间步内插入的输出点数。

3. Math and Data Types 参数设置

用来对 Simulink 仿真进行数学和数据类型设置，如图 9-25 所示。

4. Diagnostics 参数设置

主要用于对一致性检验、是否禁用过零检测、是否禁止复用缓存、是否进行不同版本的 Simulink 检验、仿真过程中出现各类错误时发出的警告等级等内容进行设置，如图 9-26 所示。设置内容为 3 类：warning 表示提出警告，但警告信息并不影响程序的运行；error 为提示错误同时终止运行的程序；none 为不做任何反应。

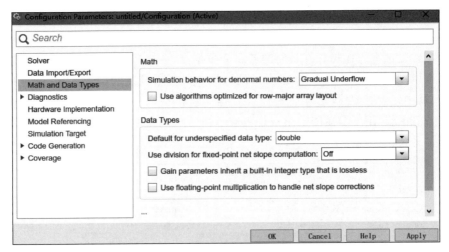

图 9-25　Math and Data Types 参数设置

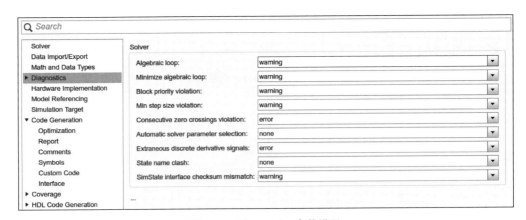

图 9-26　Diagnostics 参数设置

5. Hardware Implementation 参数设置

主要针对于计算机系统模型,如嵌入式控制器。允许设置这些用来执行模型所表示系统的硬件参数,如图 9-27 所示。

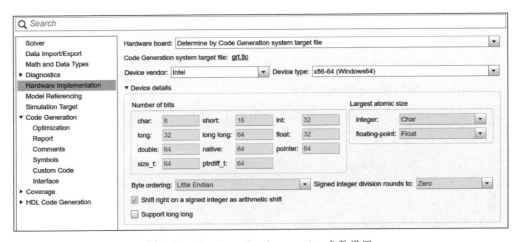

图 9-27　Hardware Implementation 参数设置

6. Model Referencing 参数设置

主要设置模型引用的有关参数。允许用户设置模型中的其他子模型,以便仿真的调试和目标代码的生成,如图 9-28 所示。

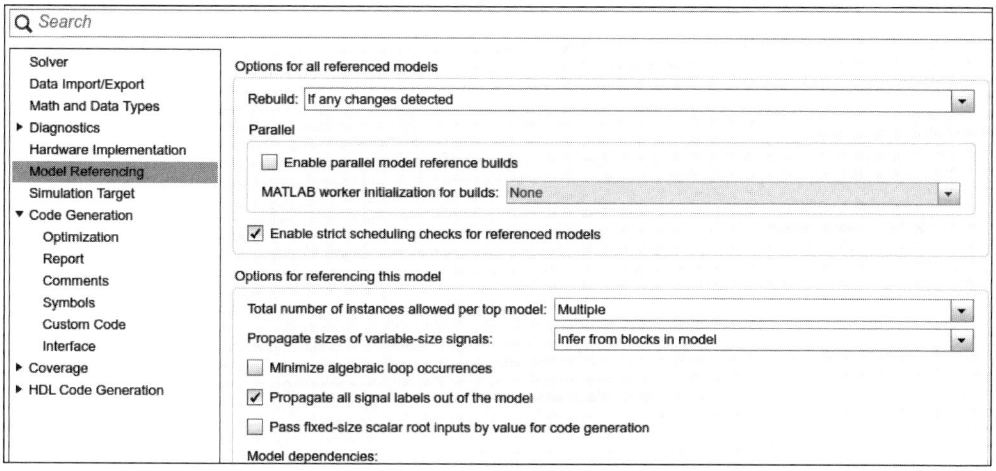

图 9-28 Model Referencing 参数设置

7. Simulation Target 参数设置

Simulation Target 主要设置模拟目标,如图 9-29 所示。

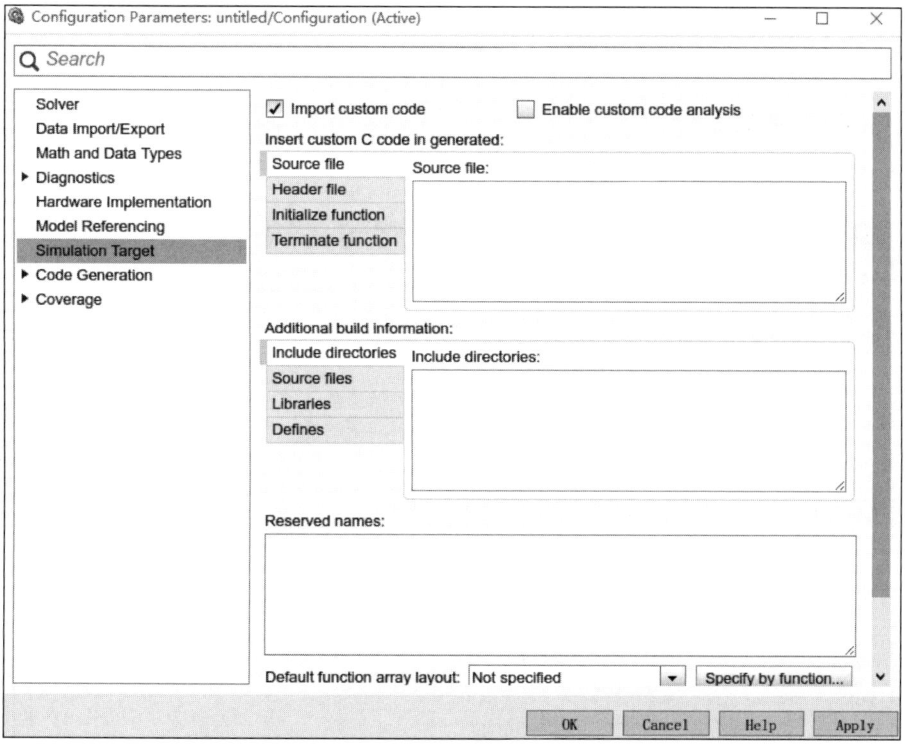

图 9-29 Simulation Target 参数设置

8. Code Generation 参数设置

Code Generation 主要对代码生成进行设置，如图 9-30 所示。

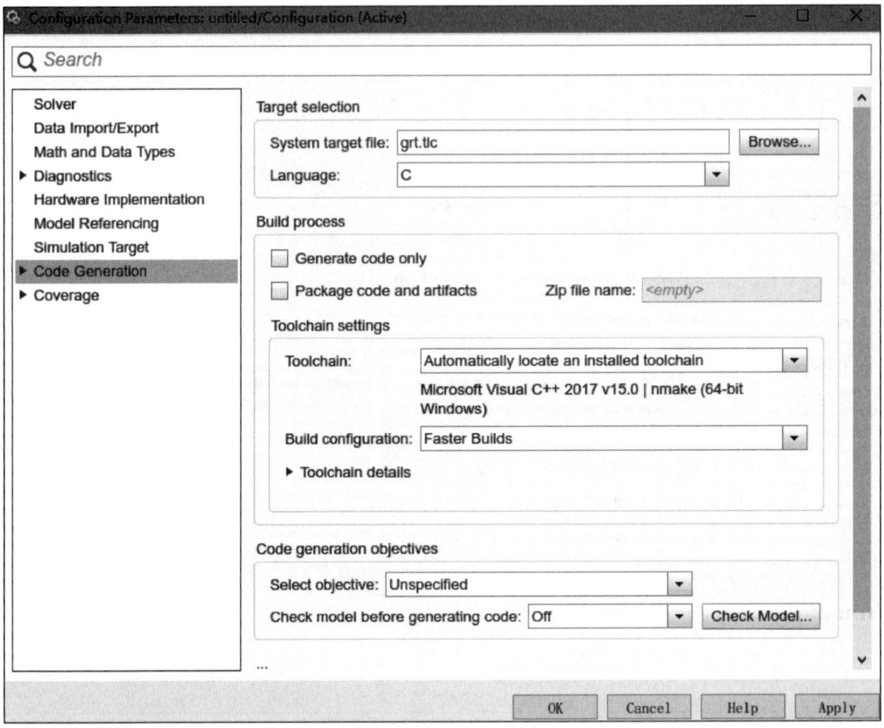

图 9-30　Code Generation 参数设置

9. Coverage 参数设置

Coverage 主要对信息的指标等分析进行设置，如图 9-31 所示。

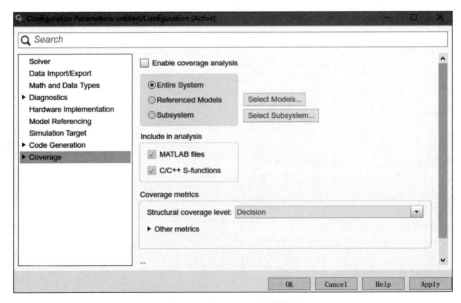

图 9-31　Coverage 参数设置

9.2.5 Simulink 仿真实例

【例 9-2】 有初始状态为 0 的二阶微分方程 $x''+0.2x'+0.4x=0.2u(t)$，其中 $u(t)$ 是单位阶跃函数，试建立系统模型并仿真。

方法 1：用积分器直接构造求解微分方程的模型。

把原微分方程改写为

$$x''=0.2u(t)-0.2x'-0.4x$$

x'' 经积分得 x'，x' 再经积分就可以得 x，由此建立系统模型并仿真。步骤为：

（1）利用 Simulink 模块库库中的公共模块，建立系统模型如图 9-32 所示。

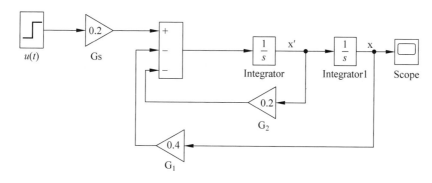

图 9-32 求解微分方程的模型

模型中各个模块说明如下：

$u(t)$ 输入模块——它的 step time 设置为 0，模块名称由原来的 step 改为 $u(t)$。

Gs 增益模块——增益参数 Gain 设置为 0.2。

求和模块——符号列表 List of signs 设置为 $+--$。

积分模块——参数不需改变。

G_1 和 G_2 增益模块——增益参数分别设置为 0.4 和 0.2，它们的方向旋转可借助 Rotate & Flip 中的命令实现。

（2）设置系统仿真参数。在 Simulink 模型窗口中选择 Simulation→Configuration Parameters 命令，打开仿真参数设置对话框，把仿真停止时间设置为 20。

（3）仿真操作。双击示波器图标，打开示波器窗口，单击"运行"按钮，就可在示波器窗口中看到仿真结果，如图 9-33 所示。

方法 2：利用传递函数模块建模。

对微分方程两边进行拉普拉斯变换，得

$$s^2X(s)+0.2sX(s)+0.4X(s)=0.2U(s)$$

经整理得传递函数

$$G(s)=\frac{X(s)}{U(s)}=\frac{0.2}{s^2+0.2s+0.4}$$

在 Continuous 子模块库中有标准的传递函数（Transfer Fcn）模块可供调用。于是就可以构建求解微分方程的模型并仿真。具体步骤如下：

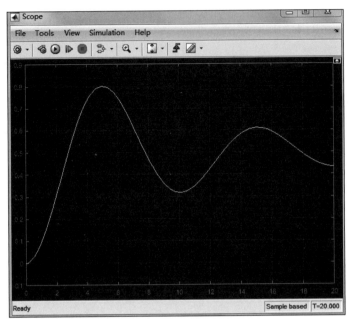

图 9-33   仿真曲线

(1) 根据系统传递函数构建如图 9-34 所示的仿真模型。

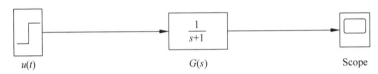

图 9-34   由传递函数模块构建的仿真的模型

模型中各个模块说明如下：

$u(t)$ 输入模块——设置 step time 为 0。

Gs 模块——双击 Transfer Fcn 模块，在弹出的参数设置对话框中输入分子、分母栏所需的系数，如图 9-35 所示。

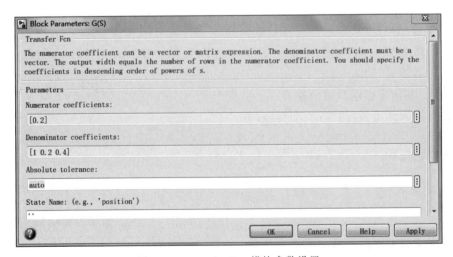

图 9-35   Transfer Fcn 模块参数设置

（2）设置系统仿真参数。在 Simulink 模型窗口中选择 Simulation→Configuration Parameters 命令，打开仿真参数设置对话框，把仿真停止时间设置为 20。在 Data Imput/ Export 选项中，把初始状态设置为[0,0]。

（3）仿真操作。双击示波器图标，打开示波器窗口，单击运行按钮，就可在示波器窗口中看到仿真结果，如图 9-33 所示。

方法 3：利用状态方程模块建模。

令 $x_1 = x$，$x_2 = x'$，那么微分方程 $x'' + 0.2x' + 0.4x = 0.2u(t)$ 可写成

$$\dot{x} = \begin{bmatrix} x'_1 \\ x'_2 \end{bmatrix} = \begin{bmatrix} 0 & 1 \\ -0.4 & -0.2 \end{bmatrix} \begin{bmatrix} x_1 \\ x_2 \end{bmatrix} + \begin{bmatrix} 0 \\ 0.2 \end{bmatrix} u(t)$$

写成状态方程

$$\begin{cases} \dot{x} = Ax + Bu \\ y = Cx + Du \end{cases}$$

式中，$A = \begin{bmatrix} 0 & 1 \\ -0.4 & -0.2 \end{bmatrix}$，$B = \begin{bmatrix} 0 \\ 0.2 \end{bmatrix}$，$C = \begin{bmatrix} 1 & 0 \end{bmatrix}$，$D = 0$

在 Continuous 子模块库中有标准的状态方程（State-Space）模块可供调用。于是就可以构建求解微分方程的模型并仿真。步骤为：

（1）根据系统状态方程构建如图 9-36 所示的仿真模型。

模型中各个模块说明如下：

$u(t)$ 输入模块——设置 step time 为 0。

State-Space 模块——双击 State-Space 模块，在弹出的参数设置对话框中依次输入[0,1;-0.4,-0.2]、[0;0.2]、[1,0]和0，如图 9-37 所示。

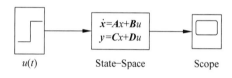

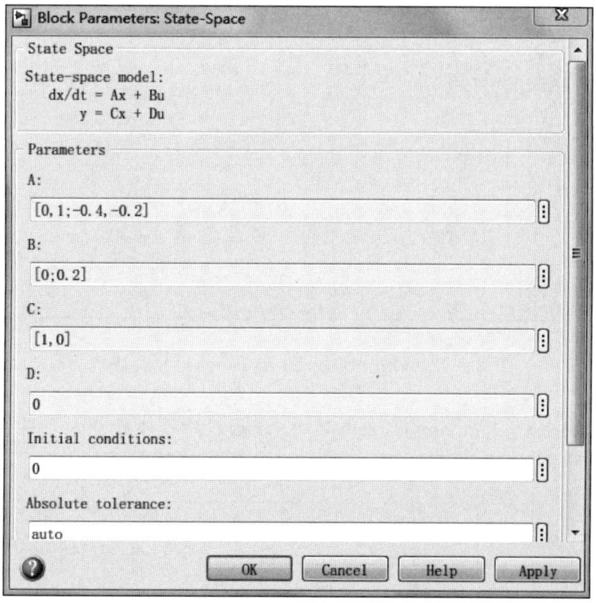

图 9-36 由状态方程模块构建的仿真的模型

图 9-37 State-Space 模块参数设置

（2）设置系统仿真参数。在 Simulink 模型窗口中选择 Simulation→Configuration Parameters 命令，打开仿真参数设置对话框，把仿真停止时间设置为 20。

（3）仿真操作。双击示波器图标，打开示波器窗口，单击"运行"按钮，就可在示波器窗口中看到仿真结果，如图 9-33 所示。

9.3　Simulink 公共模块库

模块库的作用就是提供各种基本模块，并将它们按应用领域及功能进行分类管理，以便于用户查找和使用。库浏览器将各种模块库按树结构进行罗列，便于用户快速查找所需的模块，同时它还提供了按照名称查找的功能。模块是 Simulink 建模的基本元素，了解各个模块的作用是进行 Simulink 仿真的前提和基础。

Simulink 的模块库由两部分组成：基本模块和各种应用工具箱。例如，对通信系统仿真来说，主要用到 Simulink 基本库、通信系统工具箱和数字信号处理工具箱。

Simulink 公共模块库中包含了以 17 个子模块库：Commonly Used Blocks、Continuous、Dashboard、Discontinuous、Discrete、Logic and Bit Operations、Lookup Tables、Math Operations、Model Verification、Model-Wide Utilities、Ports and Subsystems、Signals Attributes、Signals Routing、Sinks、Sources、String、User-defined Functions。

9.3.1　Commonly Used Blocks 子模块库

Commonly Used Blocks(常用元件)子模块库为系统仿真提供常见元件，如图 9-38 所示，其所含模块及功能如表 9-3 所示。

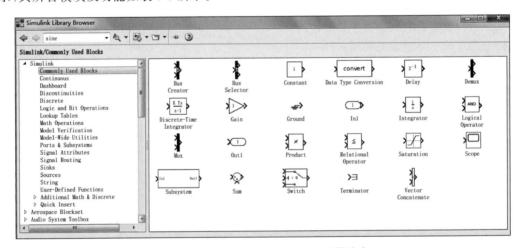

图 9-38　Commonly Used Blocks 子模块库

表 9-3　Commonly Used Blocks 子模块库基本模块及功能

模 块 名 称	功 能 说 明
Bus Creator	将输入信号合并成向量信号
Bus Selector	将输入向量分解成多个信号(输入只接收 Mux 和 Bus)
Constant	输出常量信号

续表

模 块 名 称	功 能 说 明
Data Type Conversion	数据类型的转换
Delay	延时器，延时一个采样时间
Demux	将输入向量转换成标量或更小的标量
Discrete-Time Integrator	离散积分器
Gain	增益模块
Ground	接地，当有端口却无输入时使用
In1	输入模块
Integrator	连续积分器
Logical Operator	逻辑运算模块
Mux	将输入的向量、标量或矩阵信号合成
Out1	输出模块
Product	乘法器（执行向量、标量、矩阵的乘法）
Relational Operator	关系运算（输出布尔类型数据）
Saturation	定义输入信号的最大和最小值
Scope	输出示波器
Subsystem	创建子系统
Sum	加法器
Switch	选择器（根据第二个输入来选择输出第一个或第三个信号）
Terminator	终止输出
Vector Concatenate	将向量或多维数据合成统一数据输出

9.3.2　Continuous 子模块库

Continuous 子模块库为仿真提供连续系统元件，如图 9-39 所示，其所含模块及其功能如表 9-4 所示。

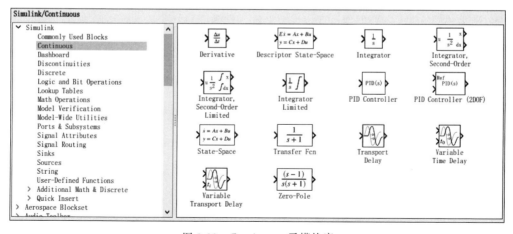

图 9-39　Continuous 子模块库

表 9-4　Continuous 子模块库基本模块及功能

模 块 名 称	功 能 说 明	模 块 名 称	功 能 说 明
Derivative	微分	PID Controller（2DOF）	PID 控制器
Descriptor State-Space	描述符状态空间	State-Space	状态方程
Integrator	积分器	Transfer Fcn	传递函数
Integrator，Second-Order Limited	二阶定积分	Variable Time Delay	可变时间延时
Integrator，Second-Order	二阶积分	Variable Transport Delay	可变传输延时
Integrator Limited	定积分	Transport Delay	传输延时
PID Controller	PID 控制器	Zero-Pole	零-极点增益模型

9.3.3　Dashboard 子模块库

Dashboard 子模块库为仿真提供离散系统元件，如图 9-40 所示，其所含模块及其功能如表 9-5 所示。

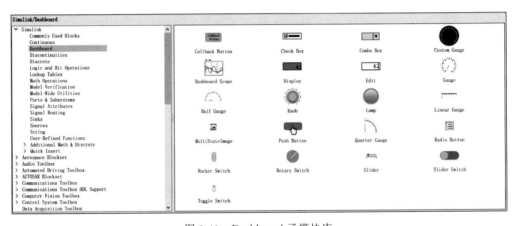

图 9-40　Dashboard 子模块库

表 9-5　Dashboard 子模块库基本模块及功能

模 块 名 称	功 能 说 明	模 块 名 称	功 能 说 明
Callback Button	根据用户输入执行 matlab 代码	Linear Gauge	以线性比例显示输入值
Check Box	选择参数或变量值	MultiStateImage	显示反映输入值的图像
Combo Box	从下拉菜单中选择参数值	Push Button	设置按下按钮时的参数值
Custom Gauge	自定义仪表	Quarter Gauge	按象限比例显示输入值
Dashboard Scope	在仿真过程中跟踪信号	Radio Button	选择参数值
Display	在仿真期间显示信号值	Rocker Switch	在两个值之间切换参数
Edit	为参数输入新值	Rotary Switch	将参数切换到设置拨号值
Gauge	以圆形刻度显示输入值	Slider	用滑动标尺调整参数值
Half Gauge	半圆形显示输入值	Slider Switch	在两个值之间切换参数
Knob	用拨号调整参数值	Toggle Switch	将参数在两个值之间切换
Lamp	显示反映输入值的颜色		

9.3.4　Discontinuous 子模块库

Discontinuous 子模块库为仿真提供非连续系统元件,如图 9-41 所示,其所含模块及其功能如表 9-6 所示。

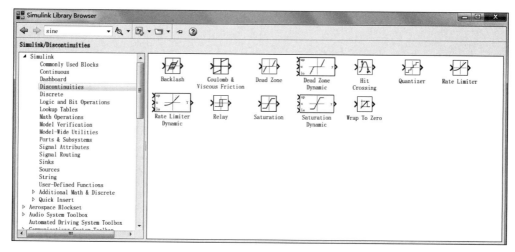

图 9-41　Discontinuous 子模块库

表 9-6　Discontinuous 子模块库基本模块及功能

模 块 名 称	功 能 说 明
Backlash	对间隙系统行为进行建模
Coulomb & Viscous Friction	库仑和黏性摩擦线性建模
Dead Zone	提供零值输出区域
Dead Zone Dynamic	提供零输出动态区域
Hit Crossing	检测穿越点
Quantizer	按给定间隔将输入离散化
Rate Limiter	静态限制信号变化的速率
Rate Limiter Dynamic	动态限制信号变化的速率
Relay	在两个常量输出之间进行切换
Saturation	将输入信号限制在饱和上界和下界值之间
Saturation Dynamic	将输入信号限制在动态饱和上界和下界值之间
Wrap To Zero	如果输入大于阈值,将输出设置为零

9.3.5　Discrete 子模块库

Discrete 子模块库为仿真提供离散系统元件,如图 9-42 所示,其所含模块及其功能如表 9-7 所示。

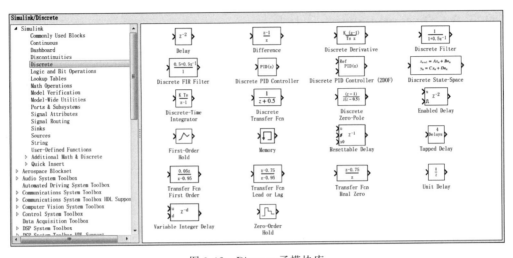

图 9-42　Discrete 子模块库

表 9-7　Discrete 子模块库基本模块及功能

模 块 名 称	功 能 说 明
Delay	按固定或可变采样期间延迟输入信号
Difference	计算一个时间步内的信号变化
Discrete Derivative	计算离散时间导数
Discrete Filter	构建无限冲激响应（IIR）滤波器模型
Discrete FIR Filter	构建 FIR 滤波器模型
Discrete PID Controller	离散时间或连续时间 PID 控制器
Discrete PID Controller（2DOF）	离散时间或连续时间双自由度 PID 控制器
Discrete State-Space	实现离散状态空间系统
Discrete-Time Integrator	执行信号的离散时间积分或累积
Discrete Transfer Fcn	实现离散传递函数
Discrete Zero-Pole	对由离散传递函数的零点和极点定义的系统建模
Enabled Delay	根据触发信号启用延迟
First-Order Hold	实现一阶采样保持器
Memory	输出上一个时间步的输入
Resettable Delay	通过可变采样周期延迟输入信号并用外部信号重置
Tapped Delay	将标量信号延迟多个采样期间并输出所有延迟版本
Transfer Fcn First Order	实现离散时间一阶传递函数
Transfer Fcn Lead or Lag	实现离散时间前导或滞后补偿器
Transfer Fcn Real Zero	实现具有实零点和无极点的离散时间传递函数
Unit Delay	将信号延迟一个采样期间
Variable Integer Delay	按可变采样期间延迟输入信号
Zero-Order Hold	实现零阶保持采样期间

9.3.6 Logic and Bit Operations 子模块库

Logic and Bit Operations 子模块库为仿真提供逻辑操作元件，如图 9-43 所示，其所含模块及其功能如表 9-8 所示。

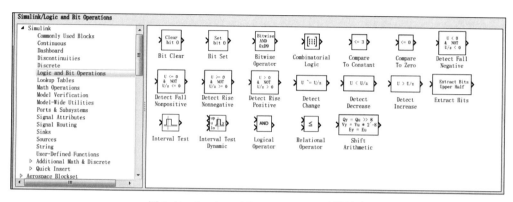

图 9-43 Logic and Bit Operations 子模块库

表 9-8 **Logic and Bit Operations 子模块库基本模块及功能**

模 块 名 称	功 能 说 明
Bit Clear	将存储整数的指定位设置为零
Bit Set	将存储整数的指定位设置为 1
Bitwise Operator	对输入执行指定的按位运算
Combinatorial Logic	组合逻辑
Compare To Constant	确定信号与指定常量的比较方式
Compare To Zero	确定信号与零的比较方式
Detect Fall Negative	检测负下降沿，以前的值为非负值
Detect Fall Nonpositive	检测非负下降沿，其前一个值为正值
Detect Rise Nonnegative	检测非负上升沿，其以前的值为负值
Detect Rise Positive	上升沿检测，当信号值从上一个严格意义上的负值变为非负值时
Detect Increase	检测信号值的增长
Detect Change	检测信号值的变化
Detect Decrease	检测信号值下降
Extract Bits	输出从输入信号选择的连续位
Interval Test	确定信号是否在指定区间中
Interval Test Dynamic	确定信号是否在指定的间隔内
Logical Operator	对输入执行指定的逻辑运算
Relational Operator	对输入执行指定的关系运算
Shift Arithmetic	移动信号的位或二进制小数点

9.3.7 Lookup Tables 子模块库

Lookup Tables 子模块库为仿真提供线性插值表元件，如图 9-44 所示，其所含模块及其功能如表 9-9 所示。

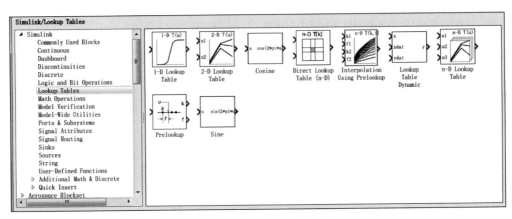

图 9-44　Lookup Tables 子模块库

表 9-9　Lookup Tables 子模块库基本模块及功能

模 块 名 称	功 能 说 明
1-D Lookup Table	逼近一维函数
2-D Lookup Table	逼近二维函数
Cosine	余弦函数查询表
Direct Lookup Table（n-D）	为 n 维表进行索引，以检索元素、向量或二维矩阵
Interpolation Using Prelookup	利用预先计算的指数和分数值加速 n 维函数的逼近
Lookup Table Dynamic	使用动态表逼近一维函数
n-D Lookup Table	逼近 n 维函数
Prelookup	预查询索引搜索
Sine	正弦函数查询表

9.3.8　Math Operations 子模块库

Math Operations 子模块库为仿真提供数学运算功能元件，如图 9-45 所示，其所含模块及其功能如表 9-10 所示。

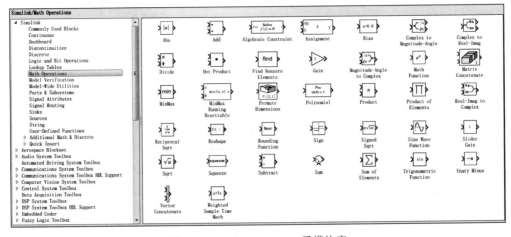

图 9-45　Math Operations 子模块库

表 9-10　**Math Operations 子模块库基本模块及功能**

模 块 名 称	功 能 说 明
Abs	取绝对值
Add	加法
Algebraic Constraint	限制输入信号
Assignment	为指定的信号元素赋值
Bias	为输入添加偏差
Complex to Magnitude-Angle	计算复信号的幅值和/或相位角
Complex to Real-Imag	输出复数输入信号的实部和虚部
Divide	除法
Dot Product	生成两个向量的点积
Find Nonzero Elements	查找数组中的非零元素
Gain	将输入乘以常量（比例运算）
Magnitude-Angle to Complex	将幅值和/或相位角信号转换为复信号
Math Function	执行数学函数
Matrix Concatenate	串联相同数据类型的输入信号以生成连续输出信号
MinMax	输出最小或最大输入值
MinMax Running Resettable	确定信号随时间而改变的最小值或最大值
Permute Dimensions	重新排列多维数组维度的维度
Polynomial	对输入值执行多项式系数计算
Product	标量和非标量的乘除运算或者矩阵的乘法和逆运算
Product of Elements	复制或求一个标量输入的倒数，或者缩减一个非标量输入
Real-Imag to Complex	将实和/或虚输入转换为复信号
Reciprocal Sqrt	计算平方根、带符号的平方根或平方根的倒数
Reshape	取整
Rounding Function	对信号应用舍入函数
Sign	符号函数
Signed Sqrt	符号根式
Sine Wave Function	使用外部信号作为时间源来生成正弦波
Slider Gain	使用滑块更改标量增益
Sqrt	平方根
Squeeze	从多维信号中删除单一维度
Subtract	减法
Sum	求和
Sum of Elements	输入信号的加减运算
Trigonometric Function	指定应用于输入信号的三角函数
Unary Minus	一元减法
Vector Concatenate	向量连接
Weighted Sample Time Math	权值采样时间运算

9.3.9　Model Verification 子模块库

Model Verification 子模块库为仿真提供模型验证模块元件，如图 9-46 所示，其所含模块及其功能如表 9-11 所示。

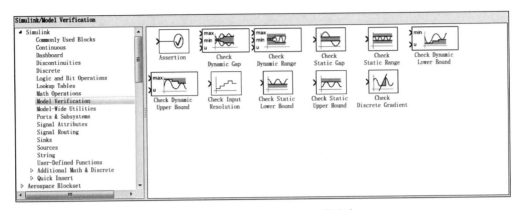

图 9-46　Model Verification 子模块库

表 9-11　**Model Verification 子模块库基本模块及功能**

模 块 名 称	功 能 说 明
Assertion	检查信号是否为零,确定操作
Check Dynamic Gap	检查信号动态偏差
Check Dynamic Range	检查信号静动态范围
Check Static Gap	检查信号静态偏差
Check Static Range	检查信号静态范围
Check Dynamic Lower Bound	检查一个信号始终小于另一个信号(动态下上限)
Check Dynamic Upper Bound	检查一个信号是否总是大于另一个信号(动态上限)
Check Input Resolution	检查输入信号的精度
Check Static Lower Bound	检查信号是否大于(或可选地等于)静态下限
Check Static Upper Bound	检查信号是否小于(或可选地等于)静态上限
Check Discrete Gradient	检查离散信号连续采样差绝对值是否小于上限(离散梯度)

9.3.10　Model-Wide Utilities 子模块库

Model-Wide Utilities 子模块库为仿真提供相关分析模块元件,如图 9-47 所示,其所含模块及其功能如表 9-12 所示。

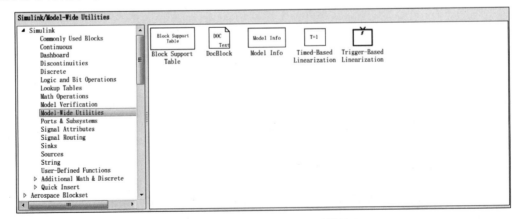

图 9-47　Model-Wide Utilities 子模块库

表 9-12 **Model-Wide Utilities 子模块库基本模块及功能**

模 块 名 称	功 能 说 明
Block Support Table	查看 Simulink 块的数据类型支持
DocBlock	创建用以说明模型的文本并随模型保存文本
Model Info	显示模型属性和模型中的文本
Timed-Based Linearization	时间线性分析
Trigger-Based Linearization	触发线性分析

9.3.11 Ports and Subsystems 子模块库

Ports and Subsystems 子模块库为仿真提供相关分析模块元件,如图 9-48 所示,其所含模块及其功能如表 9-13 所示。

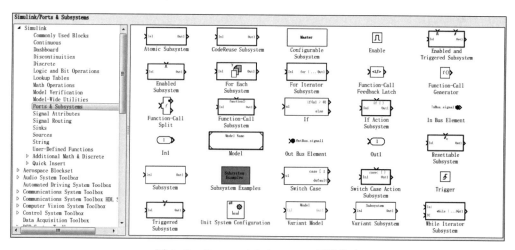

图 9-48 Ports and Subsystems 子模块库

表 9-13 **Ports and Subsystems 子模块库基本模块及功能**

模 块 名 称	功 能 说 明
Atomic Subsystem	单元子系统
CodeReuse Subsystem	代码重用子系统
Configurable Subsystem	可配置子系统
Enable	将使能端口添加到子系统或模型
Enabled and Triggered Subsystem	由外部输入使能和触发执行的子系统
Enabled Subsystem	由外部输入使能执行的子系统
For Each Subsystem	对于每个子系统
For Iterator Subsystem	在仿真时间步期间重复执行的子系统
Function-Call Feedback Latch	函数调用反馈锁存
Function-Call Generator	函数调用生成器
Function-Call Split	函数调用拆分
Function-Call Subsystem	函数调用子系统
If	选择子系统执行
If Action Subsystem	由 If 模块操作子系统

续表

模 块 名 称	功 能 说 明
In Bus Element	输入总线元件
In1	输入端口
Model	将多个模型实现作为模块包含在另一个模型中
Out Bus Element	输出总线元件
Out1	输出端口
Resettable Subsystem	用外部触发器重置其块状态的子系统
Subsystem	子系统
Subsystem Examples	子系统示例
Switch Case	使用类似于 switch 语句的逻辑选择子系统执行
Switch Case Action Subsystem	由 Switch Case 模块启用其执行的子系统
Trigger	在子系统或模型中添加触发端口
Triggered Subsystem	由外部输入触发执行的子系统
Unit System Configuration	配置单位
Variant Model	变量模型
Variant Subsystem	变量子系统
While Iterator Subsystem	在仿真时间步期间重复执行的子系统

9.3.12 Signals Attributes 子模块库

Signals Attributes 子模块库为仿真提供信号属性模块元件,如图 9-49 所示,其所含模块及其功能如表 9-14 所示。

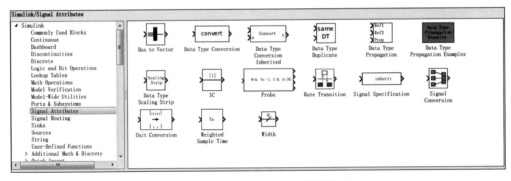

图 9-49 Signals Attributes 子模块库

表 9-14 Signals Attributes 子模块库基本模块及功能

模 块 名 称	功 能 说 明
Bus to Vector	将虚拟总线转换为向量
Data Type Conversion	将输入信号转换为指定的数据类型
Data Type Conversion Inherited	继承的数据类型转换
Data Type Duplicate	数据类型复制
Data Type Propagation	数据类型传播
Data Type Propagation Examples	数据类型传播示例

续表

模 块 名 称	功 能 说 明
Data Type Scaling Strip	数据类型缩放
IC	设置信号的初始值
Probe	输出信号属性(包括宽度、维数、采样时间和复杂信号标志)
Rate Transition	速率转换
Signal Conversion	信号转换,而不改变信号值
Signal Specification	指定信号所需的维度、采样时间、数据类型、数值类型和其他属性
Unit Conversion	单位换算
Weighted Sample Time	加权的采样时间
Width	信号宽度

9.3.13　Signals Routing 子模块库

Signals Routing 子模块库为仿真提供输入/输出及控制的相关信号处理模块元件,如图 9-50 所示,其所含模块及其功能如表 9-15 所示。

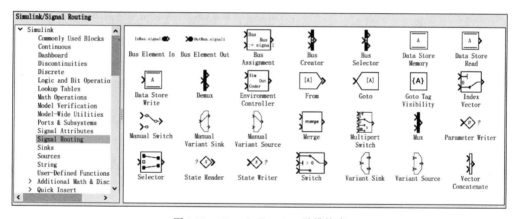

图 9-50　Signals Routing 子模块库

表 9-15　Signals Routing 子模块库基本模块及功能

模 块 名 称	功 能 说 明
Bus Element In	总线元件输入
Bus Element Out	总线元件输出
Bus Assignment	总线分配
Bus Creator	基于输入信号创建总线信号
Bus Selector	从传入总线中选择信号
Data Store Memory	定义数据存储
Data Store Read	从数据存储中读取数据
Data Store Write	向数据存储中写入数据
Demux	分路
Environment Controller	环境控制器
From	接受来自 Goto 模块的输入
Goto	将模块输入传递给 From 模块

续表

模 块 名 称	功 能 说 明
Goto Tag Visibility	Goto 标签可视化
Index Vector	索引向量
Manual Switch	手动选择开关
Manual Variant Sink	在输出时在多个变量选项之间切换
Manual Variant Source	在输入端在多个变量选项之间切换
Merge	将多个信号合并为一个信号
Multiport Switch	从多个模块输入之间进行选择
Mux	将相同数据类型和数值类型的输入信号合并为虚拟向量
Parameter Writer	参数编写器
Selector	信号选择器
State Reader	状态读取器
State Writer	状态写入器
Switch	将多个信号合并为一个信号
Variant Sink	使用变量在多个输出之间路由
Variant Source	使用变量在多个输入之间路由(变量源)
Vector Concatenate	串联相同数据类型的输入信号以生成连续输出信号

9.3.14 Sinks 子模块库

Sinks 子模块库为仿真提供输出设备模块元件,如图 9-51 所示,其所含模块及其功能如表 9-16 所示。

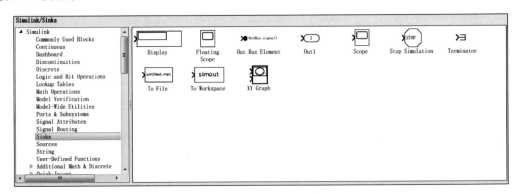

图 9-51　Sinks 子模块库

表 9-16　Sinks 子模块库基本模块及功能

模 块 名 称	功 能 说 明	模 块 名 称	功 能 说 明
Display	数字显示器	Stop Simulation	当输入为非零值时使仿真停止
Floating Scope	浮动示波器	Terminator	终止未连接的输出端口
Out Bus Element	为子系统或外部输出创建输出端口	To File	将数据写入到文件
		To Workspace	将数据写入工作区
Out1	输出端口	XY Graph	显示二维图形
Scope	示波器		

9.3.15　Sources 子模块库

Sources 子模块库为仿真提供信号源模块元件,如图 9-52 所示,其所含模块及其功能如表 9-17 所示。

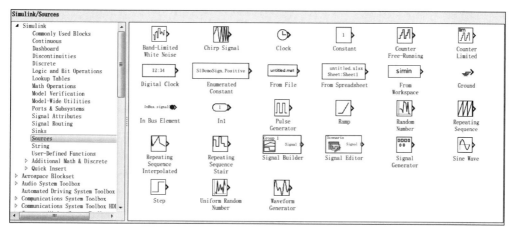

图 9-52　Sources 子模块库

表 9-17　Sources 子模块库基本模块及功能

模 块 名 称	功 能 说 明	模 块 名 称	功 能 说 明
Band-LimitedWhiteNoise	在连续系统中引入白噪声	Pulse Generator	脉冲发生器
		Ramp	斜坡输入信号
Chirp Signal	生成频率不断增加的正弦波	Random Number	生成正态分布的随机数
		Repeating Sequence	生成任意形状的周期信号
Clock	显示并提供仿真时间	Repeating Sequence Interpolated	重复序列内插值
Constant	生成常量值		
Counter Free-Running	无限计数器	Repeating Sequence Stair	重复阶梯序列
Counter Limited	有限计数器		
Digital Clock	数字时钟	Signal Builder	信号创建器
Enumerated Constant	生成枚举常量值	Signal Editor	信号编辑器
From File	从 MAT 文件加载数据	Signal Generator	生成各种波形
From Spreadsheet	从电子表格读取数据	Sine Wave	正弦波信号
From Workspace	从工作区加载信号数据	Step	阶跃函数
Ground	将未连接的输入端口接地	Uniform Random Number	生成均匀分布的随机数
In Bus Element	创建输入端口		
In1	输入端口	Waveform Generator	波形发生器

9.3.16　String 子模块库

String 子模块库为仿真提供有关字符串模块元件,如图 9-53 所示,其所含模块及其功能如表 9-18 所示。

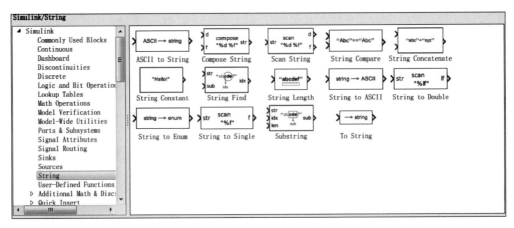

图 9-53   String 子模块库

表 9-18   String 模块库基本模块及功能

模 块 名 称	功 能 说 明
ASCII to String	从 ASCII 码字符转换为字符串
Compose String	根据指定格式和输入信号组合输出字符串信号
Scan String	扫描输入字符串并按指定格式转换为信号
String Compare	字符串比较
String Concatenate	字符串连接
String Constant	字符串常量
String Find	字符串查找
String Length	字符串长度
String to ASCII	从字符串转换为 ASCII 码字符
String to Double	将字符串信号转换为双精度信号
String to Enum	字符串转换为枚举
String to Single	字符串转换为单个信号
SubString	从输入字符串信号中提取子字符串
To String	将输入信号转换为字符串信号

9.3.17   User-defined Functions 子模块库

User-defined Functions 子模块库,为仿真提供用户自定义函数模块元件,如图 9-54 所示,其所含模块及其功能如表 9-19 所示。

表 9-19   User-defined Functions 模块库基本模块及功能

模 块 名 称	功 能 说 明
C Caller	调用在外部源代码和库中指定的外部 C 函数
Fcn	对输入应用指定的表达式
Function Caller	调用 Simulink 或导出的 Stateflow 函数
Initialize Function	初始化函数
Interpreted MATLAB Function	将 MATLAB 函数或表达式应用于输入
Level-2 MATLAB S-Function	2 级 MATLAB S 函数

续表

模 块 名 称	功 能 说 明
MATLAB Function	利用 MATLAB 现有函数进行计算
MATLAB System	MATLAB 系统
Reset Function	复位功能
S-Function	调用自编的 S 函数程序进行计算
S-Function Builder	创建 S 函数
S-Function Examples	S 函数示例
Simulink Function	使用 Simulink 模块定义的函数
Terminate Function	终止函数

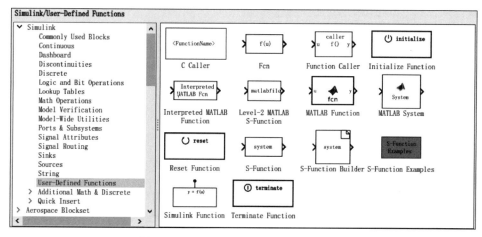

图 9-54　User-defined Functions 子模块库

9.4　子系统及其封装技术

随着系统规模的不断扩大,复杂性不断增加,模型的结构也变得越来越大、越来越复杂。在这种情况下,将功能相关的模块组合在一起形成几个小系统,将使整个模型变得非常简洁,使用起来非常方便。建立子系统的优点是:减少系统中的模块数目,使系统易于调试,而且可以将一些常用的子系统封装成一些模块,这些模块可以在其他模型中直接作为标准的 Simulink 模块使用。下面分别介绍子系统的建立和封装方法。

9.4.1　子系统的建立

建立子系统有两种方法:通过 Subsystem 模块建立子系统和通过已有的模块建立子系统。两者的区别是:前者先建立子系统,再为其添加功能模块;后者先选择模块,再建立子系统。

1. 通过 Subsystem 模块建立子系统

操作步骤为:

(1) 先打开 Simulink 模块库浏览器,新建一个仿真模型。

（2）打开 Simulink 模块库中的 Ports & Subsystems 模块库,将 Subsystem 模块添加到模型编辑窗口中。

（3）双击 Subsystem 模块打开一个空白的 Subsystem 窗口,将要组合的模块添加到该窗口中,另外还要根据需要添加输入模块和输出模块,表示子系统的输入端口和输出端口。这样,一个子系统就建好了。

（4）运行仿真并保存。

例如,将积分模块和微分模块组合建立一个子系统,子系统的模型和相应的图标如图 9-55 所示。

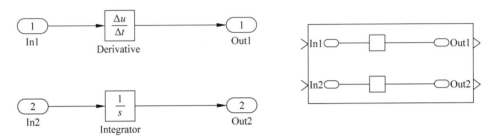

图 9-55　子系统的模型和图标

2. 通过已有的模块建立子系统

操作步骤为:

（1）先选择要建立子系统的模块,不包括输入端口和输出端口。

（2）选择模型编辑窗口 Edit 菜单中的 Create Subsystem 命令,这样,子系统就建好了。在这种情况下,系统会自动把输入模块和输出模块添加到子系统中,并把原来的模块变为子系统的图标。

微视频 9-2

【例 9-3】　PID 控制器是在自动控制中经常使用的模块,在工程应用中其数学模型为

$$U(s) = \left(K_p + K_i \frac{1}{s} + K_d \frac{du}{dt} \right) E(s)$$

试建立 PID 控制器的模型并建立子系统。

步骤如下:

（1）先建立 PID 控制器的模型,如图 9-56 所示。注意,模型中的变量 $K_p = 5$、$K_i = 0.1$、$K_d = 0.001$。

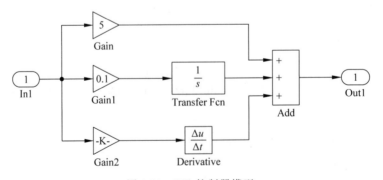

图 9-56　PID 控制器模型

（2）建立子系统。选中模型中所有模块,使用模型编辑窗口 Edit 菜单中的 Create Subsystem 命令建立子系统,模型将被一个 Subsystem 模块取代,如图 9-57 所示。

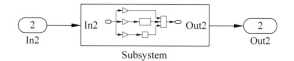

图 9-57　PID 控制器子系统

若双击 Subsystem 模块,则打开原来的子系统内部结构窗口,如图 9-55 所示。

9.4.2　子系统的条件执行

子系统的执行可以由输入信号来控制,用于控制子系统执行的信号称为控制信号,而由控制信号控制的子系统称为条件执行子系统。在一个复杂模型中,有的模块的执行依赖于其他模块,这种情况下,条件执行子系统是很有用的。根据控制信号对条件子系统执行的控制方式的不同,可以将条件执行子系统划分为如下 3 种基本类型。

1. 使能子系统

使能子系统表示子系统在由控制信号控制时,控制信号有负变正时子系统开始执行,直到控制信号再次变为负时结束。控制信号可以是标量也可以是向量。如果控制信号是标量,则当标量的值大于 0 时子系统开始执行。如果控制信号是向量,则向量中任何一个元素大于 0 时子系统将执行。

建立使能子系统的方法是:打开 Simulink 模块库中的 Ports & Subsystems 模块库,将 Enable 模块复制到子系统模型中,则系统的图标发生了变化,如图 9-58 所示。

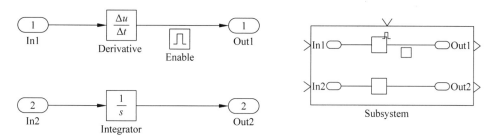

图 9-58　使能子系统

使能子系统外观上有一个“使能”控制信号输入口。“使能”是指当且仅当“使能”输入信号为正时,该模块才接受输入端的信号。

另外也可以直接选择 Enabled Subsystem 模块来建立使能子系统。双击 Enabled Subsystem 模块,打开其内部结构窗口,如图 9-59 所示。

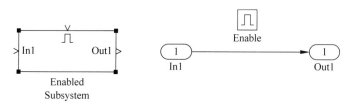

图 9-59　Enabled Subsystem 模块及其结构

【**例 9-4**】 利用使能子系统构成一个正弦半波整流器。

操作步骤如下：

(1) 打开 Simulink 模块库浏览器并新建一个仿真模型。

(2) 将 Sine Wave、Enabled Subsystem、Scope 3 个模块拖至新打开的模型编辑窗口,连接各模块并存盘。其中使能信号端接 Sine Wave 模块,如图 9-60 所示。

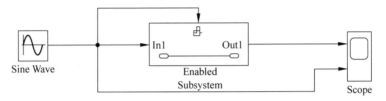

图 9-60　利用使能子系统实现半波整流

为了便于比较,除显示半波整流波形外,还显示正弦波,故在示波器属性窗口将 Number of axes 设置为 2。

使能子系统建立好后,可对 Enable 模块进行参数设置。双击 Enable 模块打开其参数对话框,如图 9-61 所示。选中复选框 Show output port 后,可以为 Enable 模块添加一个输出端,用来输出控制信号。在 States when enabling 选项列表框中有两个选项: held 和 reset。held 表示当使能子系统停止输出后,输出端口的值保持最近的输出值; reset 表示当使能子系统停止输出后,输出端口重新设为初始值,在此选择 reset。

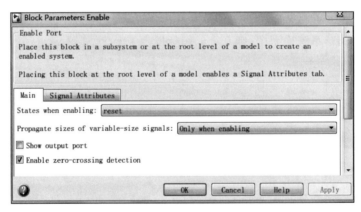

图 9-61　Enable 模块参数对话框

(3) 选择 Simulink 菜单中的 Start 命令,得到如图 9-62 所示的半波整流波形和正弦波形。

2. 触发子系统

触发子系统是指当触发事件发生时开始执行子系统。与使能子系统相类似,触发子系统的建立要把 Ports & Subsystems 模块库中的 Trigger 模块添加到子系统中或直接选择 Triggered Subsystem 模块来建立触发子系统。

触发子系统也是子系统,它只有在触发事件发生时才执行。触发子系统有单个的控制输入,称为触发输入(trigger input),它控制子系统是否执行。触发子系统在每次触发结束

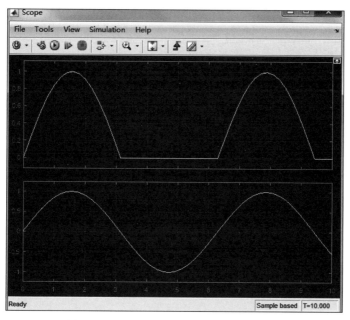

图 9-62　Enable 半波整流波形和正弦波形

到下次触发之前总是保持上一次的输出值,而不会重新设置初始输出值。触发形式以 Trigger 模块参数对话框如图 9-63 所示,在 Trigger type 下拉列表框中选择。

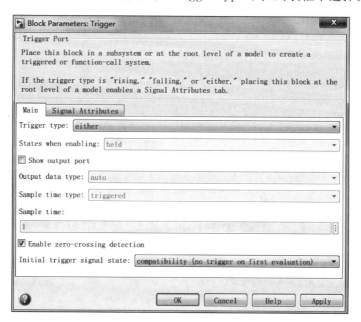

图 9-63　Trigger 模块参数对话框

(1) rising(上升沿触发):当控制信号由负值或零值上升为正值或零值(如果初始值为负)时,子系统开始执行。

(2) falling(下降沿触发):当控制信号由正值或零值下降为负值或零值(如果初始值为

正)时,子系统开始执行。

(3)either(双边沿触发):当控制信号上升或下降时,子系统开始执行。

(4)function-call(函数调用触发):函数调用子系统是在用户自定义的S-函数的内部逻辑决定,在发出函数调用时开始执行。

【例9-5】 利用触发子系统将一锯齿波转换成方波。

操作步骤如下:

(1)用Signal Generator、Triggered Subsystem和Scope模块构成如图9-64所示的子系统。双击Signal Generator模块图标,在Wave from的下拉列表框中选择sawtooth,即锯齿波,幅值设为4。打开Triggered Subsystem模块结构窗口,再双击Trigger模块,在其参数设置对话框中选择Trigger type触发形式为either。触发信号端接锯齿波模块。为了便于比较,除显示方波外,还显示锯齿波,故在示波器属性窗口将Number of axes设置为2。

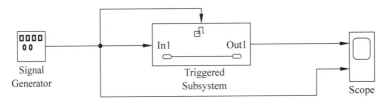

图9-64　利用触发子系统将锯齿波转换为方波

(2)选择Simulink菜单中的Start命令,就可看到如图9-65所示的波形。

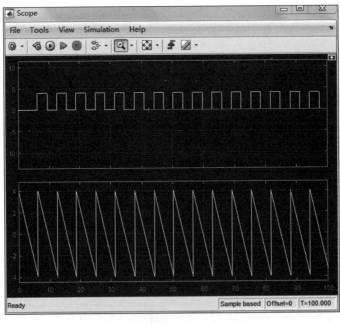

图9-65　将锯齿波转换为方波

3. 使能加触发子系统

所谓使能加触发子系统,就是把Enable和Trigger模块都加到子系统中,使能控制信号和触发控制信号共同作用子系统的执行,也就是前两种子系统的综合。该系统的行为方式与触发子系统相似,但只有当使能信号为正时,触发事件才起作用。

9.4.3 子系统的封装

所谓子系统的封装,就是为子系统定制对话框和图标,使子系统本身有一个独立的操作界面,把子系统中的各模块的参数对话框合成一个参数设置对话框,在使用时不必打开每个模块进行参数设置,这样使子系统的使用更加方便。

子系统的封装过程很简单,其步骤为:

(1) 选中所要封装的子系统。

(2) 右击子系统,从弹出的快捷菜单中选择 Mask→Create Mask 命令(或者 Ctrl+M),这时将出现封装编辑器(Mask Editor)对话框,如图 9-66 所示。

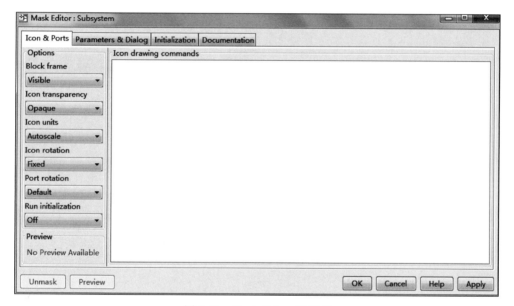

图 9-66 Mask Editor 对话框

(3) 在封装对话框中进行参数设置,主要有 Icon & Ports、Parameters&Dialog、Initialization 和 Documentation 4 个选项卡。子系统的封装主要就是对这 4 类参数进行设置。

1. Icon & Ports 选项卡

Icon & Ports 选项卡用于设定封装模块的名字和外观,如图 9-67 所示。

1) Icon Drawing commands 栏

Icon Drawing commands 区用来建立用户化的图标,可以在图标中显示文本、图像、图形和传递函数等。

2) Icon Options 栏

Icon Options 栏中各选项的含义如下:

Block fram——第一个属性为图标框选项,由一个下拉菜单组成,分别有可见、不可见选项。所谓的图标框即图标的边界线。

Icon transparency——第二个属性为图标的透明度选项,也是由一个下拉菜单组成,有3 个选项:透明、不透明和不带端口透明。

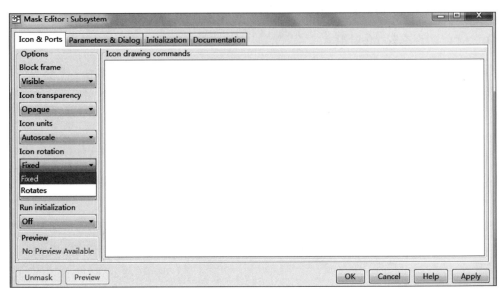

图 9-67　Icon & Ports 选项卡

Icon units——第三个属性为图标单位的选项,也由一个下拉菜单组成,有 3 个选项:自动刻度、像素和标准化。

Icon rotation——第四个选项为图标旋转选项,其下拉菜单选项为固定和旋转。这个选项决定了当执行 Format→Flip block 或 Formal→Rotate Block 指令时的图标形状。

Port rotation——第五个选项为端口旋转选项,也由一个下拉菜单组成,有两个选项:默认和设置给定。

Run initialization——第六个选项为运行初始化选项,也由一个下拉菜单组成,有 3 个选项:开、关和分析。

Preview:预览。

2. Parameters & Dialog 选项卡

Parameters & Dialog 选项卡用于输入变量名称和相应的提示,如图 9-68 所示。

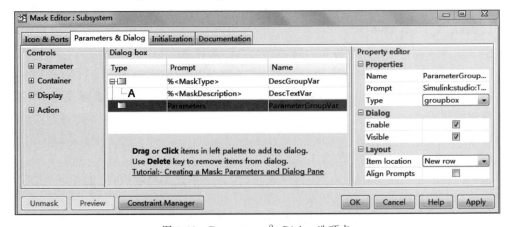

图 9-68　Parameters & Dialog 选项卡

用户可以从左侧添加功能进入 Dialog box 中,然后通过右击对该模块进行删除、复制和剪切等操作,具体如图 9-69 所示。

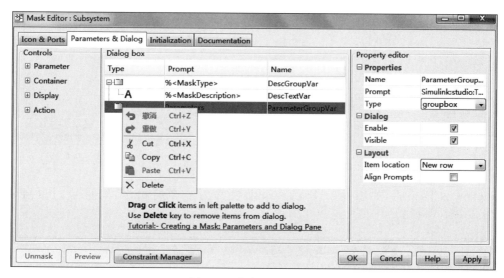

图 9-69　复制和删除功能

Parameters & Dialog 选项卡中各选项的含义如下:

(1) Prompt:输入变量的提示,其内容会显示在输入提示中。

(2) Name:输入变量的名称。

(3) Type:给用户提供设计编辑区的选择。

(4) Evaluate:用于配合。

Type 的选项提供相应的变量值,它有两个选项 Evaluate 和 Literal,其中 Evaluate 的含义如表 9-20 所示。

表 9-20　选项 Evaluate 的含义

Type	Evaluate	
	on	off
Edit	输入的文字是程序执行时所用的变量值	将输入的内容作为字符串
Checkbox	输出为 1 和 0	输出为 on 和 off
Popup	将选择的序号作为数值,第一项为 1	将选择的内容当作字符串

3. Initialization 选项卡

Initialization 选项卡用于初始化封装模子系统,如图 9-70 所示。

该界面主要用于用户参数的初始化设置,包括:

Dialog variables——对话框变量。

Initialization commands——初始化命令栏。在此区中可以输入 MATLAB 语句,如定义变量、初始变量值等等。

4. Documentation 选项卡

Documentation 选项卡用于编写与封装模块对应的 Help 和说明文字,分别有 Type、

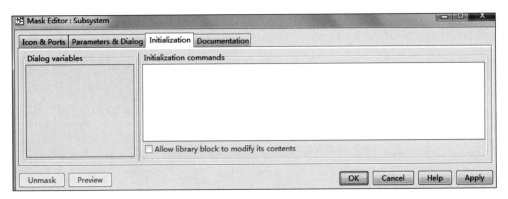

图 9-70　Initialization 选项卡

Description 和 Help 栏,如图 9-71 所示。每个栏都为一个自由区,既可填写也可以不填写。

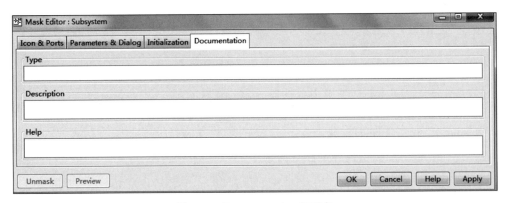

图 9-71　Documentation 选项卡

(1) Type:用于设置模块显示的封装类型。

(2) Description:用于输入描述文本或其他关于使用此模块的注意事项等。

(3) Help:用于输入中帮助文本,其内容应当包括使用此模块的详细说明。

5. 按钮

参数设置对话框中的 Apply 按钮用于将修改的设置应用于封装模块;Unmask 按钮用于将封装撤销,双击该模块就不会出现定制的对话框。

6. 封装和解封装

对于一个已封装的子系统要想查看其封装前子系统的具体内容,右击子系统,从弹出的快捷菜单中选择 Mask→Look Under Mask 命令。

若要对已经封装的模块进行解封装操作,要先选中此模块,打开封装编辑器,按下 Unmask 按钮,则封装就被解开。

若要再次封装此子系统,则右击子系统,从弹出的快捷菜单中选择 Mask→Create Mask 命令即可。

【例 9-6】 创建二阶系统 $H(s) = \dfrac{\omega_n}{s^2 + \zeta s + \omega_n}$,其中 ω_n 是无阻尼振荡频率,ζ 是阻尼系

数,并将该子系统进行封装。

ω_n 用 wn 来表示,ζ 用 zeta 来表示。

操作步骤如下:

(1) 创建模型,如图 9-72 所示。

(2) 选择菜单 Edit→Create Subsystem 命令,则产生子系统,如图 9-73 所示。

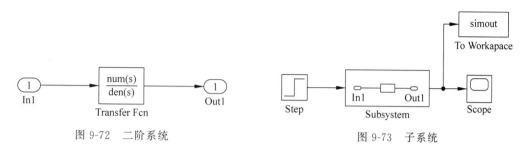

图 9-72　二阶系统　　　　　　　　　　　　　　　图 9-73　子系统

(3) 封装子系统,右击子系统,从弹出的快捷菜单中选择 Mask→Create Mask 命令,出现封装对话框,将 wn 和 zeta 作为输入参数。

(4) 在 Icon & Ports 选项卡 Icon drawing commands 栏中添加文字并绘制曲线,如图 9-74 所示。

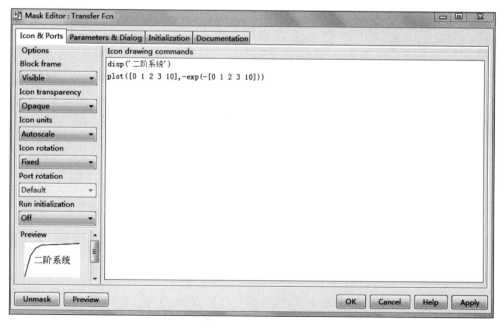

图 9-74　在 Icon drawing commands 栏中写程序

(5) 在 Parameters & Dialog 选项卡中,单击 Parameter 下 Edit 按钮添加两个输入参数,设置 Prompt 分别为 "阻尼系数" 和 "无阻尼振荡频率",并设置 Type 栏为 edit,对应的 Name 为 zeta 和 wn,如图 9-75 所示。

(6) 在 Initialization 选项卡中初始化输入参数,如图 9-76 所示。

(7) 在 Documentation 选项卡中输入提示和帮助信息,如图 9-77 所示。

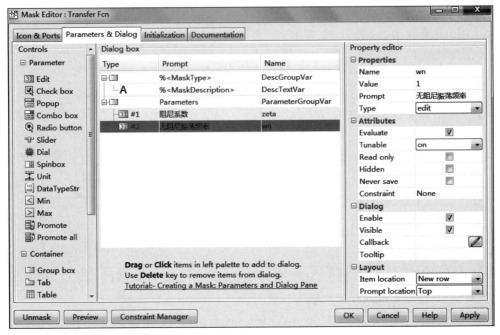

图 9-75　参数设置

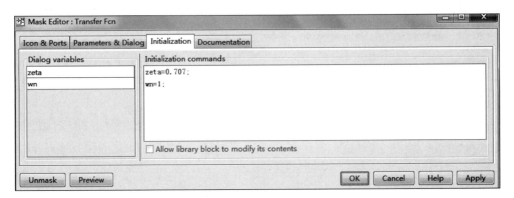

图 9-76　参数初始化

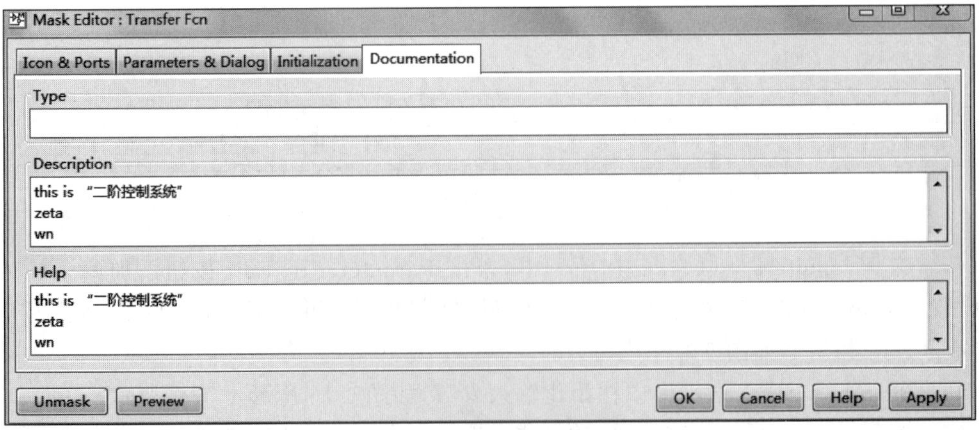

图 9-77　输入提示和帮助信息

（8）单击 Apply 按钮将设置信息应用于封装子系统，单击 OK 按钮完成参数设置，然后双击该封装子系统，则出现如图 9-78 所示的二阶封装子系统。

（9）双击封装子系统出现如图 9-79 所示的输入参数对话框，在对话框中输入参数。

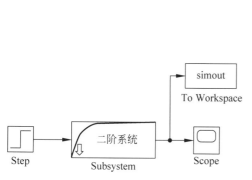

图 9-78　二阶封装子系统

图 9-79　参数输入

（10）运行仿真文件，输出结果如图 9-80 所示。

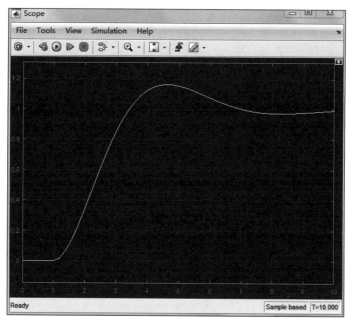

图 9-80　仿真结果

9.5　用 MATLAB 命令创建和运行 Simulink 模型

当程序和 Simulink 模型结合起来运行时，使用 MATLAB 命令创建和运行 Simulink 模型很简洁，用户可以将模型内嵌到 GUI 设计中，或者在程序设计中进行参数的循环运算从而得到最佳模拟状态。

9.5.1　创建 Simulink 模型与文件

在 MATLAB 中,创建新模型的命令如表 9-21 所示。

表 9-21　创建 Simulink 模型的命令

命　令	功　能	说　明
new_system('newmodel', option)	创建新模型	newmodel:模型名;option:可以选 Library 和 Model, 也可以省略,默认为 Model
open_system('model')	打开模型	model:模型名
save_system('model',文件名)	保存模型	newmodel:模型名,可省略,若不给出模型名,则自动 保存当前的模型;文件名:保存的文件名,是字符串, 可省略,若不省略则保存为新文件。扩展名为.slx

9.5.2　添加模块和信号线

在 MATLAB 中,添加模块和信号线的命令如表 9-22 所示。

表 9-22　添加模块和信号线的命令

命　令	功　能	说　明
add_block('源模块名','目标模 块名','属性1',属性值1…)	添加模块	源模块名:表示一个已知的库模块名,或在其他模 型窗口中定义的模块名,Simulink 自带的模块为内 在模块;目标模块名:表示在模型窗口中使用的模 块名
add_line('模块名','起始模块名/ 输出端口号','终止模块名/输入 端口号') add_line('模块名',m)	添加信号线	模型名:表示在模型窗口中的模块名 m:表示有两列元素的矩阵,每列给出一个转折点 坐标
delete_block('model')	删除模块	model:模块名

9.5.3　设置模型和模块属性

在 MATLAB 中,设置模型和模块属性的命令如表 9-23 所示。

表 9-23　设置模型和模块属性的命令

命　令	功　能	说　明
simget('模型文件名')	模型属性的获得	默认为当前分析的 Simulink 文件
set_param('模型文件名','属性1', 属性值1…)	设置模块和信号线 属性	模型名:表示当前在模型窗口中的模 块名

9.5.4　仿真

使用 sim 命令可以在命令窗口方便地对模型进行分析和仿真。其调用格式为:

```
[t,x,y] = sim('model',timespen,options,ut)        % 利用输入参数进行仿真,输出矩阵
[t,x,y1,y2,...] = sim('model',timespen,options,ut)   % 利用输入参数进行仿真,逐个输出
```

说明：

（1）mModel——模型名。

（2）timespen——仿真时间区间，可以是[t0,tf]，表示起始时间和终止时间，也可以是[ ]，利用模型对话框设置时间，如果是标量则指终止仿真时间。

（3）options——模型控制参数。

（4）ut——外部输入向量。

（5）t——时间列向量。

（6）x——状态变量构成的矩阵。

（7）y——输出信号构成的矩阵，每列对应一路输出信号。

仿真中 timespen、options 和 ut 参数都可以省略。

9.6 应用实例

9.6.1 组合逻辑电路设计和仿真

在数字信号的传送过程中，有时需要从很多数字信号中将任何一个需要的信号挑选出来，这就要用到一种叫作数据选择器的逻辑电路。

1. 数据选择器

【例 9-7】 设计一个四选一数据选择器，也就是说，它有 4 个数据输入端，1 个数据输出端，通过控制端来控制究竟输出哪一个数据。

（1）数据选择器的设计思路。

用 Simulink 设计四选一数据选择器，还要加上 4 个信号来进行仿真。最终设计出的电路如图 9-81 所示。

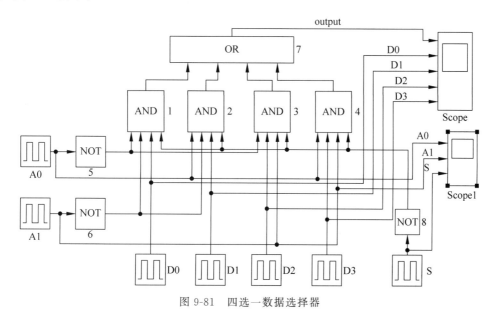

图 9-81 四选一数据选择器

下面来分析四选一数据选择器需要多少个选择控制端。由于每一个控制端只能输入 0 和 1 两种信号,所以从逻辑上来说 2 个选择控制端就可以控制 4 个数据。只要利用门电路组合一下,让控制端出现 00、01、10、11 时,分别使一个信号送到输出端,这样就实现了数据选择的功能。

由于数据选择器的逻辑关系很清晰,所以可以不用写出真值表,而直接写出其逻辑表达式为

$$Y = \left[D_0(\overline{A}_1 \cdot \overline{A}_0) + D_1(A_1 \cdot \overline{A}_0) + D_2(\overline{A}_1 \cdot A_0) + D_3(A_1 \cdot A_0) \right] \cdot \overline{S}$$

式中的 S 是一个控制端(也叫使能端),用来控制电路是否工作,当它为低电平时,数据选择器正常工作;当它为高电平时,数据选择器不工作;输出恒为 0。A_1、A_0 是选择控制端,从逻辑表达式中可以看出,当它们为 00、01、10、11 时,输出的数据分别为 D_0、D_1、D_2 和 D_3。

下面开始设计仿真电路。将 4 个输入数据 $D_0 \sim D_3$ 设置成频率不同的方波,然后让 A_1A_0 由 00 变到 11,即依次选择 $D_0 \sim D_3$,最后将输出和 4 个输入端波形对比,检查数据选择的功能。另外,在仿真过程中的某一段时间内,把使能端 S 置为高电平,观察使能端的作用。

(2) Simulink 实现。

① 添加模块。从图 9-81 可以看出,这个电路中用到了 3 种模块,分别是逻辑运算模块 (Simulink→Math→Logical Operator)、离散脉冲源(Simulink→Sources→Discrete Pulse Generator)、示波器(Simulink→Sinks→Scope)。添加后,如图 9-81 所示。

② 修改模块参数。这个电路中使用到的逻辑门有:4 个 4 输入与门(AND)、1 个 4 输入或门(OR)、以及 3 个非门。将这些逻辑运算模块的参数设置好,并复制出相应的个数,最后右击模块将模块名隐藏起来。

此电路中需要 7 个离散脉冲源,其中 4 个用于数据输入($D_0 \sim D_3$),2 个用于数据选择 (A_1、A_0),最后一个用于使能端(S)。将这些模块照此命名后,开始修改其参数。这 7 个信号源的参数如表 9-24 所示。

表 9-24　数据选择器的输入设置

	D_0	D_1	D_2	D_3	A_1	A_0	S
幅度	1	1	1	1	1	1	1
周期	2	5	2	3	2	2	40
脉宽	1	1	1	1	1	1	4
相位延迟	0	0	0	0	1	1	20
采样时间	0.5	0.5	0.25	0.5	10	5	1

可以看到 $D_0 \sim D_3$ 是 4 个频率不同的方波,而 A_1A_0 将每隔 5 秒依次取值 00、01、10、11。S 则从 20 秒起,每隔 40 秒送出一个宽度为 4 的正脉冲,将输出清零。最后将示波器复制成两个:一个改为 5 个输入端,另一个改为 3 个输入端。这样即完成了参数设置。

③ 连线及仿真。将这些模块摆放整齐如图 9-81 所示,然后依照该图或前面推出的逻辑表达式进行连线。5 输入的示波器 Scope 用于观察输入的 4 个数据波形以及输出波形,3 输入的示波器 Scope1 用于观察 3 个控制信号 S、A_1 和 A_0。

连线完毕后,为了电路易于理解,可以给某些连线命名。先单击选中输出送入示波器的

连线，将其修改为 output。照此方法，将该示波器的另外 4 个输入对应脉冲源命名为 $D_0\sim$ D_3，将另一个示波器 3 个输入对照控制信号命名为 S、A_1 和 A_0。这样做除了可以使电路图更为清晰明了之外，还可以让示波器输出波形时，自动为波形加上标题，这个标题就是对应的连线名称。

单击 Simulink 菜单下的 Parameters 命令（或者直接用快捷键 Ctrl＋E），将仿真时间设为 0～30 秒，其余采用默认值。然后将这个模型保存到 MATLAB 的 Work 目录下，可以命名为 shuxuan41。

最后，单击模型窗口中的▶图标（或按 Ctrl＋t 键）开始仿真。双击打开示波器 Scope1，它观察的 3 个输入信号如图 9-82 所示。

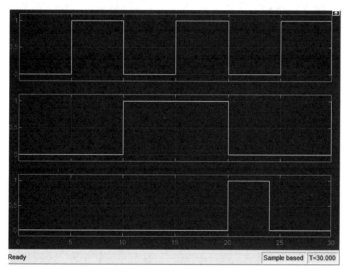

图 9-82　数据选择器的输出及输入波形

由四选一数据选择器的逻辑表达式和图 9-81 所示的电路图可以知道，输出端在 0～5 秒时输出 D_0 的波形，接下来 5 秒输出 D_1 的波形，再依次输出 D_2 和 D_3 的波形各 5 秒。从 20～24 秒之间，由于使能端 S 为高电平，数据选择器将不工作，输出端维持低电平，过了这 4 秒后，数据选择器继续工作，将在 24～25 秒间输出 D_0 波形，然后进入前面的循环。

输出波形是否如我们分析的一样？双击示波器 Scope，打开数据选择器的输出输入对比波形，如图 9-83 所示。可以看到数据选择器果然根据控制端的输入，将 4 种不同频率的方波依次输出。

2. 加法器

两个二进制数之间的算术运算无论是加、减、乘、除，最后都是化作若干步相加运算进行的。因此，加法器是算术运算的基本单元。其实在计算机的 CPU 中，最基本的计算单元就是加法器。

【例 9-8】　设计一个 4 位串行二进制加法器。

（1）加法器的设计思路。

用于计算两个 4 位二进制加法的电路如图 9-84 所示。为了设计这个 4 位二进制加法器，先从一位全加器的设计说起。

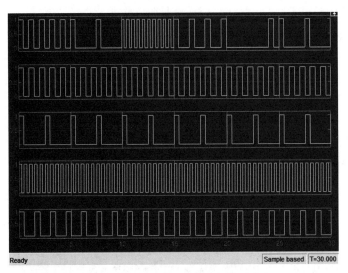

图 9-83　数据选择器控制波形

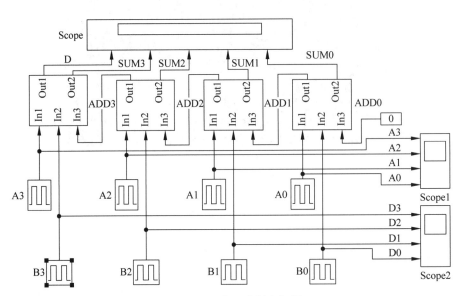

图 9-84　四位二进制全加器

　　首先来设计一位的不带进位的加法器,也称为半加器。如果用 A、B 表示两个输入的加数,S 表示相加的和(注意,由于不带进位,所以这里 S 也是一位的二进制数),这个半加器的逻辑表达式为

$$S = A\bar{B} + \bar{A}B = A \oplus B$$

　　显然,半加器就是一个异或运算,当输入的两个加数相同时,输出 0;当输入的两个加数不同时,输出 1。但是如果要进行 4 位二进制数的运算,就必须考虑进位问题。

　　下面就来考虑一位的二进制全加器。所谓全加器,就是带进位输入和进位输出的加法器。一位全加器有 3 个输入,分别是加数 A、B 和来自低位的进位 C;还有 2 个输出端,分别是和 S 以及向高位的进位 D。列出全加器的真值如表 9-25 所示。

表 9-25 一位全加器的真值表

A	B	C	S	D	A	B	C	S	D
0	0	0	0	0	1	0	0	1	0
0	0	1	1	0	1	0	1	0	1
0	1	0	1	0	1	1	0	0	1
0	1	1	0	1	1	1	1	1	1

由这个真值表可以得到一位全加器的输入输出逻辑表达式为：

$$\begin{cases} S = \overline{A}\,\overline{B}C + \overline{A}B\overline{C} + A\overline{B}\,\overline{C} + ABC \\ D = AB + BC + CA \end{cases}$$

有了逻辑表达式，就可以用 Simulink 来实现这个一位全加器。从逻辑表达式中可以看出，和 S 的逻辑形式相当复杂，如果用基本的逻辑门（与门、或门、非门）来实现，需要 4 个与门、3 个或门和 6 个非门。但是如果将 S 进行一次变形。

$$\begin{aligned} S &= A\overline{B}\,\overline{C} + \overline{A}B\overline{C} + \overline{A}\,\overline{B}C + ABC \\ &= (A\overline{B} + \overline{A}B)\overline{C} + (\overline{\overline{A}B + AB})C \\ &= (A \oplus B)\overline{C} + (\overline{A \oplus B})C \\ &= A \oplus B \oplus C \end{aligned}$$

可以看到，就可以仅用一个异或门就实现 S 的电路。

小技巧：在得到了逻辑表达式之后，不要就立即动手设计电路，考虑一下能否用更简单的电路实现它，从而可以大大减少工作量。

实现了一位全加器之后，就可以很轻松地得到 4 位全加器。只要将 4 个一位全加器级联起来，前一个的高位进位端 D 送入后一个的低位进位端 C，就可以实现 4 位数的相加了。这其实就是利用进位端，将 4 个一位全加器分别用于个位、十位、百位、千位上的运算。

（2）用 Simulink 实现 4 位全加器。

① 添加模块。首先从 MATLAB 命令窗口运行 Simulink，然后新建一个电路模型。在这个电路中，由于要用到 4 个全加器，所以可以引入子系统来简化电路。这个电路中只需要逻辑运算模块（Simulink→Math→Logical Operator）、离散脉冲源（Simulink→Sources→Discrete Pulse Generator）、示波器（Simulink→Sinks→Scope）以及子系统（Simulink→Signals & Systems→SubSystem）。

采用直接生成子系统的方法，所以不必将子系统模块拖入模型中。将另外 3 种模块放入新建模型中。

② 修改模块参数。首先来完成逻辑部分的电路。将逻辑运算模块复制为 5 个，其中 3 个设为二输入与门（AND），另一个设置为三输入或门，最后一个设置为三输入异或门（XOR）。连线如图 9-85 所示。

然后用鼠标将这一部分逻辑电路圈起来，选择 Edit 菜单下的 Creat Subsystem 命令，将自动生成一个子系统。可以看到，系统已经自动识别出这个子系统有 3 个输入端、2 个输出端。然后双击这个子系统，将会看到全加器子系统的电路图。将各个输入输出端口命名为 A、B、C、SUM 和 D，如图 9-86 所示。然后在顶层图中，将这个子系统模块命名为 ADD0，并复制为 4 个。

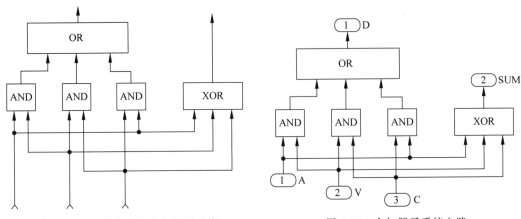

图 9-85　组合模块成为全加器子系统　　　　图 9-86　全加器子系统电路

再来完成仿真部分的电路。将脉冲源复制到 8 个,用来产生两个 4 位的加数,分别命名为 $A_0 \sim A_3$ 和 $B_0 \sim B_3$。参数设置如表 9-26 所示。

表 9-26　全加器脉冲源参数设置

参　　数	A_0	A_1	A_2	A_3	B_0	B_1	B_2	B_3
幅度	1	1	1	1	1	1	1	1
周期	4	4	4	4	4	4	4	4
脉宽	1	1	1	1	3	3	3	3
相位延迟	0	1	2	3	0	1	2	3
采样时间	5	5	5	5	5	5	5	5

最后将示波器复制为 3 个,两个改为 4 输入,用于观察两个加数的波形,另一个改为 5 输入,用于观察两数的和以及进位情况。

这样就完成了所有参数的设置,现在模型窗口中应该只看到 4 个子系统、8 个脉冲源和 3 个示波器。

③ 连线及仿真。参照图 9-84 连线,并在相应的连线上标注。

单击 Simulink 菜单下的 Parameters 命令(或者直接用快捷键 Ctrl+E),将仿真时间设为 0~20 秒,其余采用默认值。然后将这个模型保存到 MATLAB 的 Work 目录下,可以命名为 add4。

最后,单击模型窗口中的 ▶ 图标(或 Ctrl+t)开始仿真。双击打开示波器 Scope1,它观察的两个加数对应的 8 个输入信号如图 9-87 所示。

从这个波形图上可以读出加数的值,从而可以做一下计算,看一看理论上的结果应该是怎样的,再与电路输出的波形进行比较。理论计算的结果如下:

0~5 秒:

```
A3A2A1A0 = 0001    B3B2B1B0 = 0001    DS3S2S1S0 = 00010
```

5~10 秒:

```
A3A2A1A0 = 0010    B3B2B1B0 = 0011    DS3S2S1S0 = 00101
```

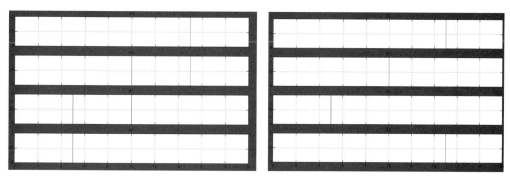

图 9-87　两个加数的波形

10～15 秒：

A3A2A1A0 = 0100　　　B3B2B1B0 = 0111　　　DS3S2S1S0 = 01011

15～20 秒：

A3A2A1A0 = 1000　　　B3B2B1B0 = 1110　　　DS3S2S1S0 = 10110

双击示波器 Scope 打开输出波形；如图 9-88 所示，可以看出实际的输出和计算的结果是一致的。

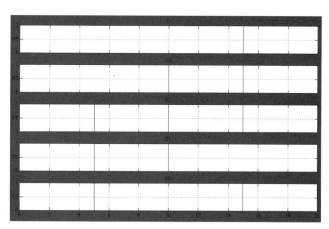

图 9-88　加法器输出结果

9.6.2　时序逻辑电路设计和仿真

简单地说，移位寄存器就是只能接收一个输入源的寄存器，它将输入数据依次通过寄存器堆进行缓存，就像是数据在沿寄存器进行平移一样。

【例 9-9】　用 D 触发器来实现移位寄存器。

（1）移位寄存器的工作原理。

在移位寄存器中，前一个触发器的输出端连接到下一个触发器的输入端，由第一个触发器的输入端接收输入信号，每个触发器都采用同一个时钟源。信号每经过一个触发器，就被缓存一次。由于在实际中，信号通过每个触发器是需要一定时间的，所以当时钟源的第一次上升沿到来时,信号就被第一个触发器读入并送到输出端,但第二个触发器并不能将这个信号读入,因为等这个信号到达第一个触发器的输出端时,时钟的上升沿已经过去了。只有等到下一个上升沿到来的时候,第二个触发器才能读入这一个信号,同时第一个触发器从输入端又读入一个新信号。这样,每个信号都在每个触发器的输出端保持一个时钟周期,而且每个触发器的输出端信号依次延时一个周期,就像信号在进行移位一样。

注意:使用 Simulink 中的模块进行仿真时,由于这些模块都是理想的,所以信号通过任何一个模块都是没有所谓"延时"的。而设计的移位寄存器的关键就是利用了触发器的延时特性,所以在这里不能按照逻辑电路直接设计这个寄存器。必须在两级触发器之间插入一个延时单元,人为地实现触发器的延时功能。所以要引入一种新的模块——单位延时模块,可通过 Simulink→Discrete→Unit Delay 命令调用该模块。

最后得到的电路如图 9-89 所示。

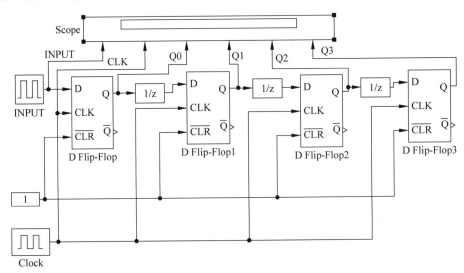

图 9-89　4 位移位寄存器

(2) D 触发器功能介绍。

所有的触发器都是以基本 RS 触发器为基本结构构造的,D 触发器也不例外,是由两个基本 RS 触发器连接成维持阻塞结构而构成的。具体的电路结构和工作原理比较复杂,这里就不详细说明。最后成形的 D 触发器具有 3 个输入端、2 个输出端。它的真值表如表 9-27 所示。

表 9-27　D 触发器的真值表

$\overline{CLR}$	CLK	D	Q
0	*	*	0
1	上升沿	0	0
1	上升沿	1	1

由于两个输出端 Q 和 $\overline{Q}$ 是互补的,所以只写出 Q 的输出就足够了。通过这个真值表可以写出 D 触发器的逻辑表达式为

$$Q^{n+1} = D$$

由此可知,D触发器的输入输出是完全一样的,但它并不是简单的传输门,要注意到D触发器只有在输入时钟源的上升沿时才将输入端读到输出端,在其他的时间里,输出端一直保持不变。

（3）用D触发器构造移位寄存器。

① 添加模块。在这个电路中用到了6种模块,分别是：D触发器（Simulink→Extras→Flip Flops→D Flip—Flop）、时钟源（Simulink→Extras→Flip Flops→Clock）、单位延时单元（Simulink→Discrete→Unit Delay）、常数源（Simulink→Sources→Constant）、离散脉冲源（Simulink→Sources→Discrete Pulse Generator）、示波器（Simulink→Sinks→Scope）。

运行Simulink,将这些模块全部拖入一个新建模型中。

② 修改模块参数。D触发器没有参数需要设置,复制4个即可。时钟源的周期采用默认值2即可。双击单位延时模块,可以看到如图9-90所示的对话框。这个模块需要填写两个参数：第一个是初始值（Initial Condition）,这里采用默认值0；第一个是采样时间（Sample Time）,也可以理解为延迟时间,由于这里只需要延时将时钟的上升沿错过即可,所以设为0.1秒。然后将单位延时模块复制3个。

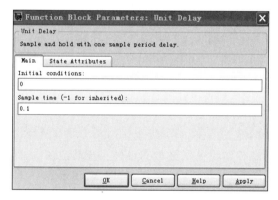

图9-90　单位延时模块参数设置

脉冲源的参数设置如下：幅度为1,周期为3,脉宽为1,相位延迟为0,采样时间为0.3。然后将这个脉冲源命名为INPUT。

常数源的值设置为1。

最后将示波器的输入端设置为6个。这样就完成了参数设置。

③ 连线及仿真。将各模块摆放整齐,参照图9-89连线。将4个触发器依次级联,前级的 Q 通过一个单位延时模块,然后连到后级的D端。脉冲源送入第一个触发器。时钟源同时送到4个触发器的时钟端（CLK）,常数源1同时送到4个触发器的清零端（!CLR）。接着将脉冲源、时钟源以及4个触发器的输出依次送到示波器,并在连线上标注。

然后将整个模型保存在MATLAB的work子目录下,可以命名为Djicun。

单击Simulink菜单下的Parameters命令,将仿真时间设为20秒,单击工具栏上的“运行”图标,开始仿真,然后双击示波器观察输出波形,如图9-91所示。

由图9-91可以看到,只有在时钟信号的上升沿,各个触发器的输出端才会发生变化。4个触发器的输出依次延时一个周期,这和前面的分析是吻合的,这也是移位寄存器名称的由来。

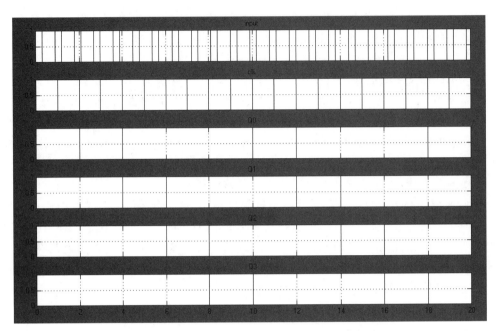

图 9-91　移位寄存器输出波形

实训项目九

本实训项目的目的如下：

- 熟悉 Simulink 的操作环境并掌握建立系统模型的方法。
- 掌握利用 Simulink 中子系统模块的建立与封装技术。
- 对简单系统所给出的数学模型能够转化为系统仿真模型并进行仿真分析。

9-1　有初始状态为 0 的二阶微分方程 $x'' + 0.2x' + 0.4x = 0.2u(t)$，其中 $u(t)$ 是单位阶跃函数，试建立系统模型并仿真。

9-2　先建立一个子系统，在利用该子系统产生曲线 $y = 2\mathrm{e}^{-0.5x}\sin(2\pi x)$。

9-3　已知传递函数为 $H(s) = \dfrac{5.2s^2 + 11.2s + 35.3}{s^4 + 8.5s^3 + 32s^2 + 3s}$，试建立其 Simulink 模型。

9-4　利用 Simulink 构建逻辑关系为 $Z = \overline{X \cdot \overline{X} \cdot Y + Y \cdot \overline{X} \cdot Y}$ 的模型。

9-5　构建一个 Simulink 模型实现 3-8 线译码器电路，当输入脉冲序列时仿真并观察译码结果。

9-6　试用基本 RS 触发器构造一个并行寄存器并仿真。

参 考 文 献

［1］ 刘卫国.MATLAB 程序设计与应用[M].3 版.北京：高等教育出版社,2017.

［2］ 温正.精通 MATLAB 科学计算[M].北京：清华大学出版社,2017.

［3］ 沈再阳.MATLAB 信号处理[M].北京：清华大学出版社,2017.

［4］ 徐国保,赵黎明,吴凡,等.MATLAB/Simulink 实用教程[M].北京：清华大学出版社,2018.

［5］ 周友玲,杜锋,汤全武,等.MATLAB 在电子信息类专业中的应用[M].北京：清华大学出版社,2011.

［6］ 汤全武.信号与系统[M].北京：高等教育出版社,2011.

［7］ 汤全武.信号与系统实验[M].北京：高等教育出版社,2008.

［8］ 周群益,侯兆阳,刘让苏.MATLAB 可视化大学物理学[M].北京：清华大学出版社,2011.

［9］ 王广,邢林芳.MATLAB GUI 程序设计[M].北京：清华大学出版社,2017.

［10］ 陈垚光,毛涛涛,王正林,等.精通 MATLAN GUI 设计[M].2 版.北京：电子工业出版社,2011.

［11］ 宋叶志,贾东永.MATLAB 数值分析与应用[M].北京：机械工业学出版社,2010.

［12］ 张德丰.详解 MATLAB 数字信号处理[M].北京：电子工业出版社,2010.

图书资源支持

感谢您一直以来对清华大学出版社图书的支持和爱护。为了配合本书的使用，本书提供配套的资源，有需求的读者请扫描下方的"书圈"微信公众号二维码，在图书专区下载，也可以拨打电话或发送电子邮件咨询。

如果您在使用本书的过程中遇到了什么问题，或者有相关图书出版计划，也请您发邮件告诉我们，以便我们更好地为您服务。

我们的联系方式：

地　　址：北京市海淀区双清路学研大厦 A 座 714

邮　　编：100084

电　　话：010-83470236　　010-83470237

资源下载：http://www.tup.com.cn

客服邮箱：tupjsj@vip.163.com

QQ：2301891038（请写明您的单位和姓名）

用微信扫一扫右边的二维码，即可关注清华大学出版社公众号。

教学资源·教学样书·新书信息

人工智能科学与技术
人工智能|电子通信|自动控制

资料下载·样书申请

书圈